W0254907

MikroComputer-Praxis

Die Teubner Buch- und Diskettenreihe für
Schule, Ausbildung, Beruf, Freizeit, Hobby

Becker/Beicher: **TURBO-PROLOG in Beispielen**
In Vorbereitung

Becker/Mehl: **Textverarbeitung mit Microsoft WORD**
2. Aufl. 279 Seiten. DM 29,80

Bielig-Schulz/Schulz: **3D-Grafik in PASCAL**
216 Seiten. DM 25,80

Busch

Danc   atorik

Duen

Duen

Erbs: rogrammiert

Erbs/

Fisch

Fisch

Glaes

Grab

Grab

Haas   BASIC

Hain

Hanu

Hartn

Holla

Hopp

Horn

Kling

FZ DIN 1500   ekz Best.-Nr. 806643.2

B. G. Teubner Stuttgart

MikroComputer–Praxis

Herausgegeben von
Dr. L. H. Klingen, Bonn, Prof. Dr. K. Menzel, Schwäbisch Gmünd
und Prof. Dr. W. Stucky, Karlsruhe

Einführung in TURBO-PASCAL

Von Prof. Henning Mittelbach, München

Mit 140 Programmen und Modulen

Springer Fachmedien Wiesbaden GmbH 1988

In diesem Buch verwendete Produktnamen wie APPLE, CP/M, BORLAND, IBM, MS.DOS, PC.DOS, TURBO und andere sind gesetzlich geschützt.

CIP-Titelaufnahme der Deutschen Bibliothek

Mittelbach, Henning:
Einführung in TURBO-PASCAL / von Henning Mittelbach. –
Stuttgart : Teubner, 1988
  (MikroComputer-Praxis)
  ISBN 978-3-519-09327-5   ISBN 978-3-663-12243-2 (eBook)
  DOI 10.1007/978-3-663-12243-2

Umschlaggestaltung: M. Koch, Reutlingen

VORWORT

Etwa 1983 begann der Siegeszug von TURBO-Pascal, als die ersten
Sprachpakete um rund 250 Mark bei uns vertrieben wurden; in der
Zwischenzeit hat BORLAND INT. die Version 4.0 herausgebracht.
Die didaktischen Vorteile von Pascal waren nie umstritten, aber
der endgültige Durchbruch konnte erst gelingen, als Pascal in
der schnellen Version TURBO auf PCs (insbesondere unter MS.DOS)
implementiert worden ist ...

Für den Anfänger bietet TURBO so viele Vorteile, daß der Einstieg ins Programmieren damit unbedingt vorzuziehen ist. Aber
auch der BASIC-Anhänger kann leicht umsatteln. - An der Fach-
hochschule München haben wir diese Umstellung beim Erscheinen
von TURBO rigoros vollzogen.

Das vorliegende Buch ist die völlig überarbeitete und großzügig
erweiterte Fassung einer Vorlesung, die ich seit dem WS 1984/85
regelmäßig in zwei Versionen halte. Im einen Fall sind nur zwei
Wochenstunden vorgesehen: Hier wird der Stoff nur etwa bis zum
Kapitel 8 im Detail behandelt. Die Kapitel 12 und 13 können gerade noch angesprochen werden. - Im zweiten Fall steht in der
Grundausbildung der Informatiker wesentlich mehr Zeit zur Verfügung; dann wird im Rechnerpraktikum der weitere Stoff (insb.
Zeigervariable und Dateiverwaltungen) eingehend erörtert. Er
ist in den verbleibenden Kapiteln ausführlich dargestellt und
steht damit auch im Selbststudium zur Verfügung.

Im Übungsbetrieb bietet sich aber für jeden Studenten die Gelegenheit, zu allen auftauchenden Problemen Dozenten direkt zu
befragen. Häufig vorkommende Schwierigkeiten sind daher bekannt
und wurden zusammen mit gängigen Übungen im letzten Kapitel
dieses Buches berücksichtigt.

Mit meinem Kursaufbau liegen mittlerweile gute Erfahrungen vor;
Hauptziel war und ist es, von Anfang an lauffähige, insbesondere aber nicht-triviale Programme bereitzustellen. Alle Anweisungen werden in Einsatzbeispielen eingeführt. Damit ist eine
durchgehende Systematik der Darstellung weder möglich noch erwünscht; diese wird in vielen guten Lehrbüchern vorexerziert,
aber doch oft um den Preis, den Spaß am Programmieren bald zu
verlieren. Hier hingegen wird besonderer Wert auf eingängige
Beispiele gelegt, die das Studium von teils schwer lesbaren
Handbüchern mindestens am Anfang überflüssig machen. Dies tut
sowieso kein Anfänger gerne, zumal ihm viele Begriffe aus dem
Fachchinesisch des als Insider vorausgesetzten Lesers anfangs
erfahrungsgemäß fehlen ...

Der Adressatenkreis ist damit klar umrissen: All jene, die auch
ohne Vorkenntnisse aus der EDV in Pascal schnell zum Erfolg
kommen möchten, werden mit dem vorliegenden Text zufrieden sein
können. - Wer dieses Buch durchgearbeitet hat, sollte es im
Entwerfen und Schreiben eigener Programme nicht mehr schwer
haben und dann bei speziellen Fragen auch Manuale mit Gewinn zu
Rate ziehen können. Im Vordergrund steht also der Wunsch nach
dem Wissen, "wie es geht". Die bisherige Aufnahme des Textes
als Skriptum (etwa in halber Länge) hat mich in der Intention
zu diesem Buch bestärkt.

In der jetzt vorliegenden Erweiterung und vor allem im letzten
Kapitel sind zusätzlich Hintergrundinformationen eingestreut,
wobei Begriffe aus der Informatik und aus der elementaren Rech-
nerkunde zumindest vorläufig eingeführt werden. Vieles davon
taucht überall in der Literatur auf und wird offenbar stets als
bekannt vorausgesetzt, auch wenn es das oft nicht ist ... Der
reine Anfänger (vielleicht sogar ohne BASIC-Kenntnisse) ist daher ebenfalls als Leser berücksichtigt und eingeladen.

Dem erwähnten letzten Kapitel des Buches kommt wesentliche Bedeutung zu; es ist erst nach Fertigstellung und Überarbeitung
des gesamten Manuskripts entstanden und enthält insofern die
Klärung mancher Frage, die zunächst offen geblieben ist.

Das Kapitel über Rekursionen ist aus einer Lehrerfortbildung
entstanden; das Thema verdiente in der Lehrbuchliteratur mehr
Beachtung hinsichtlich der Vorteile wie Schwächen. An teils
komplizierten Beispielen läßt sich da einiges lernen.

Ausdrücklich hingewiesen sei auf das ebenfalls bei TEUBNER er-
schienene Buch "TURBO-Pascal aus der Praxis", für das ich zusammen mit einem Kollegen von der FHM/Fachbereich Maschinenbau
verantwortlich zeichne; es ergänzt das vorliegende Buch insbesondere zu den Abschnitten Grafik und zum Themenkomplex des
modularen Programmierens, der hier nur erwähnt werden kann. Als
ergänzende Programmsammlung ist es ebenfalls gut zu gebrauchen,
da Überschneidungen weitgehend vermieden worden sind.

Mein Dank gilt allen, die den Vorläufertexten kritische Beachtung schenkten und dort Fehler und Ungereimtheiten entdeckten,
etwa bis zum Kapitel 8 (und in 15). Eventuelle Fehler in den
folgenden Kapiteln gehen voll zu meinen Lasten. Für Hinweise
bin ich in jedem Fall dankbar.

Zu danken ist weiter meiner Freundin Petra Hille, die das mühe-
volle Durchlesen der Druckvorlagen mit viel Geduld übernahm und
auch einige Illustrationen beisteuerte. Manche Störung verdanke
ich Kater Pythagoras, der mit besonderer Hingabe die Tasten des
PCs bedient und die teils langen Arbeitsnächte mit solchermaßen
erzeugten RUN-TIME-Fehlern kurzweiliger gestaltete ...

Besonderer Dank gilt zuletzt dem Verlag B.G.TEUBNER, der sich
spontan für das Verlegen des erweiterten Skriptums entschieden
und meine Vorlesung damit in die Reihe "MikroComputer-Praxis"
als weiteres Buch eingereiht hat.

München / Friedberg, im Frühjahr 1988   Der Verfasser

<u>**INHALTSVERZEICHNIS**</u>

VORWORT

INHALTSVERZEICHNIS

1 EINLEITUNG

Die Steuerung von Computern erfolgt mit Programmen (d.h. Folgen
von Bitmustern), die von der CPU ('Central Processor Unit') des
Rechners unmittelbar "verstanden" und in einer gewissen zeitlichen Abfolge abgearbeitet werden. Solche prozessorabhängigen
Maschinenprogramme ('object code') können zwar durchaus selber
entwickelt werden, doch ist das für den Anfänger schwierig und
fehlerträchtig. Heutzutage bedient man sich daher meist sog.
höherer Programmierungssprachen, die auf ganz unterschiedlichen
Rechnern "laufen", kompatibel sind.

Eine solche höhere Sprache wie BASIC oder Pascal ist eine Kunstsprache, ein sehr kleiner Ausschnitt aus einer lebenden Sprache
(meistens Englisch) mit präziser Abgrenzung der Semantik und im
Blick auf maschinelle Bearbeitung (noch) sehr strenger Syntax.
Die lauffähigen Bausteine solcher Sprachen heißen Anweisungen
('statements'); jede zulässige Anweisung bewirkt eine definierte
Reaktionsfolge des Computers. Zulässig ist eine Anweisung dann,
wenn sie aus den vorab definierten (noch kleineren) Elementen
der Sprache syntaktisch regelgerecht aufgebaut ist. Man muß also
einerseits die Syntax (etwa "Grammatik") lernen, aber auch die
Bedeutung der Sprachelemente (Semantik: etwa Bedeutungsinhalt)
kennen, um die gewünschte Wirkung zu erzielen.

Mehr wissenschaftstheoretisch formuliert ist eine Programmier-
sprache ein abgeschlossenes System mnemotechnisch, d.h. fürs
Erinnern günstig formulierter Anweisungen zur Steuerung eines
Automaten. "Abgeschlossen" bedeutet dabei, daß jede sinnvolle
Verknüpfung solcher Anweisungen zu Sätzen nach den geltenden
Regeln wiederum zu einer spezifischen Aktion dieses Automaten
führt. Eine (endliche) Menge zulässiger Anweisungen (und daraus
aufgebauter Sätze) zu einem bestimmten Zweck nennt man dann ein
Programm. Es kann als Abbild eines Algorithmus zur Lösung eines
vorher analysierten Problems angesehen werden.

Damit ein Automat ein solches Quellprogramm ('source code') abarbeiten kann, muß es erst in ein Objektprogramm verwandelt, sozusagen "übersetzt" werden. Diese Arbeit leistet ein bei Bedarf
verfügbares Programm des jeweiligen Sprachsystems, das zum Betriebssystem des Rechners hinzugeladen wird. Zwei grundsätzlich
verschiedene Typen solcher Übersetzer existieren:

Wird das Quellprogramm in Laufzeit ('RUN-TIME') Zeile für Zeile
übersetzt und dann sogleich zeilenweise abgearbeitet, so redet
man von einem Interpreter. Charakteristisch ist für diesen Fall,
daß auch ein Programm mit fehlerhaften Anweisungen gestartet
werden kann, weil solche erst unter Laufzeit erkannt werden.
Interpretierte Programme laufen relativ langsam, da bei jeder
Ausführung neuerlich übersetzt werden muß.

Ein Compiler hingegen erstellt zuerst den vollständigen Objektcode (und speichert ihn auf Wunsch auch dauerhaft ab); nur bei
erfolgreicher Übersetzung steht ein syntaktisch fehlerfreies
Maschinenprogramm auch ohne Quellcode zur Verfügung, das dann
sehr schnell abgearbeitet werden kann. Daß jenes Programm dann
"läuft", spricht noch nicht für seine "Richtigkeit", denn logische Fehler, also Fehler im Algorithmus, werden auch von Com-
pilern nicht erkannt. Höhere Programmiersprachen sind in der

Regel problemorientiert, d.h. prozedural für einen ganz gewissen
Zweck konzipiert. Dies geht häufig schon aus den gewählten Namen
hervor:

```
ALGOL    - ALGOrithmic Language,
BASIC    - Beginners All-purpose Symbolic Instruction Code,
COBOL    - COmmon Business Organization Language,
FORTRAN  - FORmula TRANslator   u.a.
```

Die zweitgenannte Sprache ist meistens in ein interpretierendes
Sprachsystem eingebunden (es gibt aber auch BASIC-Compiler),
die übrigen werden stets compiliert. Ihnen allen ist gemeinsam,
daß das zu lösende Problem streng algorithmisiert werden muß, der
Lösungsweg also detailliert prozedural zu beschreiben ist. Hingegen ist z.B. PROLOG (PROgramming in LOGics) eine deklarative
Sprache der fünften Generation, in der ein Programm die Aufgabe
beschreibt, der Rechner dann nach einer Lösungsstrategie sucht.
In diesem Fall ist die Programmiertechnik grundsätzlich anders.

Die Sprache Pascal ist benannt nach dem französischen Mathematiker und Philosophen BLAISE PASCAL (1623 - 1662), der als erster
eine funktionsfähige Rechenmaschine entworfen hat. Pascal wurde
um 1971 an der ETH Zürich von NIKLAUS WIRTH vorgestellt und ist
konzipiert als Sprache, die "klar und natürlich definiert ist
und das Erlernen des Programmierens als einer systematischen
Disziplin im Sinne des Strukturierens unterstützen soll." Wirth
hat seinerzeit wohl kaum ahnen können, welchen Siegeszug sein
Entwurf einer didaktischen Lernsprache antreten würde: Mittlerweile sind weltweit Millionen von Sprachsystemen installiert,
nicht zuletzt deswegen, weil sich Pascal auch auf kleinen Rechnern mit relativ wenig Speicherplatz komfortabel implementieren
läßt und zudem eine Kunstsprache ist, die die Vorteile bis dahin
bekannter Sprachen verbindet und gleichzeitig eine Reihe von
Nachteilen vermeidet: Pascal ist kaum schwerer erlernbar als
BASIC, weist aber bessere Strukturierungsmerkmale auf und hat
nicht die komplizierte Formatierungssyntax von z.B. FORTRAN:

```
BASIC             10   REM : SUMME
(Standarddialekt) 20   S = 0
                  30   FOR L = 1 TO 6
                  40   INPUT A
                  50   S = S + A
                  60   NEXT L
                  70   PRINT "SUMME "; S
                  80   END


ALGOL 60               "BEGIN"
                           "COMMENT" SUMME;
                           "REAL" S, A;
                           "INTEGER" L;
                           S := 0;
                           "FOR" L := 1 "STEP" 1 "UNTIL" 6 "DO"
                           "BEGIN"
                           INPUT (60,"("")",A);
                           OUTPUT(61,"("/")", A);
                           S := S + A;
                           "END";
                           OUTPUT(61,"("/"("SUMME ")"")",S)
                       "END"
```

```
FORTRAN IV          C     SUMME
                          S=0.
                          DO 10 L = 1,6
                          READ (5,20) A
                     20   FORMAT (F9.2)
                          WRITE (6,30) A
                     30   FORMAT (20X,F9.2)
                          S=S+A
                     10   CONTINUE
                          WRITE (6,40) S
                     40   FORMAT (15X,5HSUMME,F9.2)
                          STOP
                          END


Pascal              PROGRAM summe;
                    (* berechnet eine Summe *)
                    VAR    l : integer;
                         s, a : real;
                    BEGIN
                    s := 0;
                    FOR l := 1 TO 6 DO BEGIN
                                    readln (a);
                                    s := s + a
                                    END;
                    writeln ('Summe ... ', s : 10 : 2)
                    END.
```

BASIC ist unter den angegebenen Beispielen die einfachste Sprache; das Programm ist auch ohne spezielle Vorkenntnisse lesbar
und verständlich: Es liest 6 Zahlen ein, addiert zur Summe auf
und gibt den erhaltenen Wert aus. In ALGOL (ab etwa 1960, daher
die Versionsbezeichnung) und FORTRAN IV (eine zeitlich spätere
Entwicklung von IBM) ist der "Durchblick" beim gleichwertigen
Programm schwerer. - Pascal ähnelt in den Formulierungen BASIC,
ist jedoch besser strukturiert, was ein Vergleich oben freilich
noch nicht überzeugend erkennen läßt. Übrigens: Die Groß- bzw.
Kleinschreibung der Anweisungen (in Pascal) ist für den Rechner
ohne Bedeutung; dies hat lediglich didaktische Gründe, die später
erläutert werden.

Die Übersetzung eines Pascal-Quelltextes, beispielsweise des
obigen benutzerlesbaren Programms, erfolgt mit einem Compiler.
Enthält der Quelltext Syntaxfehler oder gewisse einfache logische Fehler (z.B. Nichtabschluß von Schleifen und ähnliches), so
ist kein Maschinencode generierbar. Ist die Übersetzung erfolgreich, so liegt ein Objektcode vor, der auch ohne Quelltext
lauffähig ist. Kommerzielle Software wird meistens so geliefert.
Ein Pascal-Sprachsystem (d.i. ein Software-Paket) enthält neben
verschiedenen Dienstprogrammen (wie Editor, Lister u.a.) auch
immer einen solchen Compiler. - Im wesentlichen gibt es heute
drei solcher Pakete im Handel:

Standard-Pascal, das seit Mitte der Siebzigerjahre vor allem
auf Großrechenanlagen im Einsatz ist. Es geht unmittelbar auf
Wirth zurück und ist in seinem Anweisungsvorrat genormt. Der
Compiler erstellt direkt ein schnelles Maschinenprogramm.

UCSD-Pascal, eine seit 1977 verfügbare Version, die an der Uni-
versity of California San Diego speziell für kleinere Rechner

(v.a. APPLE) entwickelt worden ist. Die Dialogfähigkeit ist verbessert, "Programmbibliotheken" und Grafikroutinen können sehr
effizient genutzt werden. Der Compiler erstellt in UCSD einen
p-Zwischencode, der unter Laufzeit interpretiert wird. Allerdings ist das Handling von UCSD etwas schwerfällig: Das gesamte
Sprachsystem kann i.a. nicht komplett im Rechner gehalten werden, vielmehr sind immer wieder Ladevorgänge erforderlich.

TURBO-Pascal, eine Entwicklung von BORLAND INT. ab 1983. Auch
diese Version enthält im Kern Standard-Pascal, zeichnet sich
aber durch geringen Speicherbedarf aus und kann auch auf Klein-
rechnern ab 64 kB mit einem einzigen Laufwerk voll genutzt werden, weil das gesamte Sprachsystem stets geladen bleibt. Der
extrem schnelle Compiler erstellt direkt einen prozessororien-
tierten Maschinencode. Augenfällige Unterschiede gegenüber UCSD
sind zunächst in der Dateiverwaltung erkennbar. Und: auf sehr
kleinen Rechnern bietet TURBO leider keine Grafik. Der Einsatz
von TURBO kann unter verschiedenen Betriebssystemen erfolgen,
weit verbreitet sind CP/M und MS.DOS / PC.DOS. - Quellprogramme
in TURBO-Pascal sind hardware-kompatibel, sofern eine andere
Maschine die jeweilige Diskette lesen kann. Dies gilt natürlich
nicht für die jeweils generierten Objektcodes!

Beim Erlernen von Pascal beginnt man immer mit dem harten Kern
der Sprache, d.h. mit einer Teilmenge des Standard, der allen
o.g. Versionen gemeinsam ist. Im weiteren Lernfortschritt werden dann Anweisungen vermittelt, die versionsspezifisch sind.
Das vorliegende Buch behandelt in diesem Sinn TURBO.

Ehe wir jedoch mit der eigentlichen Beschreibung von TURBO beginnen, sollen noch einige allgemeine Hinweise gegeben werden,
die zumindest für den Anfänger von Nutzen sind.

Die Informationseinheit 1 Bit ist der Gewinn an Wissen nach Beseitigung der Unsicherheit in einer direkten Frage mit Ja/Nein-
Charakter. 1 Bit läßt sich schaltungstechnisch leicht realisie-
ren, so z.B. mit einem Relais, das offen oder geschlossen ist,
allgemeiner mit jeder abfragbaren Schaltung, die genau zweier
definierter elektrischer Zustände fähig ist. Genutzt werden heute
hauptsächlich Halbleiterschaltungen (für Bearbeiten unter Zeit)
und magnetische Eigenschaften von Schichtträgern für dauerhaftes
Speichern (wie z.B. auf unseren 5.25" Disketten).

Texte, Daten und Programme werden vom Rechner dual codiert, mit
einem standardisierten Code (meist der ASCII der USA - Norm) in
eine maschinenlesbare Form gebracht. 8 Bit werden dabei zur
Einheit 1 Byte zusammengefaßt, der kleinsten sog. "Wortlänge".
Ein solches Wort (oder ein längeres wie auf den jetzt üblichen
16-Bit-Maschinen) wird vom Betriebssystem unter einer "Adresse"
(wiederum ein Wort) gefunden, die auf einen Speicherplatz im
Rechner weist. Diese Verwaltungsarbeiten laufen automatisch ab
und interessieren den Benutzer im allgemeinen nicht. Der 'user'
muß über die internen Vorgänge nichts wissen; er kommuniziert nur
über eine "Softwareschnittstelle" mit dem gesamten System.

2^{10} Byte (= 1024 Byte oder 8192 Bit) ergeben ein Kilobyte, gut
1000 Byte also. Ein sog. 64-kB-Rechner hat demnach etwas mehr
als 64 000 Speicherplätze (Adressen), zu deren mechanischer Ver-
wirklichung über eine halbe Million Schalter notwendig wären.

Die eben skizzierte Speicherungsform legt es nahe, Zahlen und
Zeichen dual (0, 1, 10, 11, 100, ...) mit der Basiszahl 2 zu
verschlüsseln und damit zu rechnen. In der Praxis verwendet man
allerdings die sog. hexadezimale Codierung zur Basiszahl 16,
die mit der dualen Form eng verwandt ist. Da alle Speicherplätze
im Rechner nur in eingeschaltetem Zustand aktiviert sind, gehen
Informationen beim Ausschalten verloren, von den kleinen Fest-
speichern (ROM = Read Only Memory) einmal abgesehen, die z.B.
für Startroutinen (feste "Vorkenntnisse" des Rechners beim Einschalten, etwa für das Ansprechen eines peripheren Speichers)
erforderlich sind. Periphere Speicher sind notwendig, um Informationen wie z.B. Programme und Daten dauerhaft verfügbar zu
machen. Hierzu gehört meistens auch das Betriebssystem, das beim
Starten der Anlage von einer sog. System-Diskette eingelesen
("geladen"), d.h. in den Arbeitsspeicher gebracht wird.

An dieser Stelle soll eine möglichst allgemein gehaltene Kurzbe-
schreibung eines Rechnersystems nicht fehlen: Im Zentrum steht
die CPU (deutsch: Zentraleinheit), ein Chip mit Fähigkeiten
elementaren Rechnens, die getaktet ablaufen, etwa mit 4 oder 8
MHz. Ihm direkt zugeordnet sind Speicherplätze ("Register") für
die Überwachung der jeweiligen Abläufe (Inhalt z.B. aktuelle
Adressen und dgl.), ferner ein ROM für die Startroutinen bzw.
sogar für eine einfache Sprachversion von BASIC bei sehr kleinen Rechnern. Über Datenleitungen ("Bus") steht die CPU mit dem
Arbeitsspeicher (sog. schneller Zugriffsspeicher) in Verbin-
dung, ferner mit wenigstens einer Eingabeeinheit ('Keyboard' =
Tastatur, aber auch anderen) und einer Ausgabeeinheit wie dem
Bildschirm ('Monitor'), Drucker ('Line-Printer') und anderen.
Periphere Speicher (Diskettenlaufwerk: 'Drive', oder Harddisk
und andere) ergänzen fallweise das System.

Nach dem Einschalten ("Booten") meldet sich die sog. Kommando-
ebene des Betriebssystems und wartet auf die Eingaben des Benutzers. Kommandos ('command') sind Befehle an das System, die
im Gegensatz zu Anweisungen ('statement') sofort im sog. direkten Modus ausgeführt werden. Kommandos sind also nicht Bestand-
teile einer Programmiersprache, sondern Bedienungskürzel der
Betriebsystem-Software und werden im Manual des Herstellers erläutert. Anweisungen hingegen wirken unter Laufzeit und werden
in einem Lehrbuch der Sprache erklärt, etwa in der vorliegenden
Einführung von TURBO. Beide Begriffe müssen streng unterschieden
werden. (In BASIC gibt es Verwirrung, weil dort viele Kommandos
auch als Anweisungen mit Zeilennummer verwendbar sind, eine in
Pascal nicht vorgesehene Möglichkeit.) Während BASIC in vielen
Betriebssystemen schon beim Start eingebunden wird, muß Pascal
wahlweise nachgeladen werden, wird also meistens "unter einem
Betriebssystem gefahren" (Ausnahme: UCSD benützt ein eigenes
Betriebssystem). Unter MS.DOS erfolgen alle Sprachwechsel auf
der Betriebssystemebene ohne Ausschalten des Rechners.

Auch das Betriebssystem stellt schon Dienstleistungen zur Verfügung, die ohne Sprache nützlich sind (Kopieren von Disketten,
Erstellung einfacher Programme mit einem Editor und dergleichen); im wesentlichen werden aber seine Möglichkeiten von der
Sprachebene her abgefragt, d.h. sind vom Hersteller des Sprach-
pakets im Hintergrund der Anweisungen berücksichtigt. Insofern
genügen zur effizienten Nutzung von z.B. Pascal mindestens am
Anfang recht bescheidene Kenntnisse über das Betriebssystem.

Wir haben weiter oben von dualer und hexadezimaler Codierung gesprochen. Während wir heutzutage im Dezimalsystem zu rechnen gewohnt sind (die alten Babylonier hatten aber 12-er bzw. 60-er Systeme, siehe Zeiteinheiten Minute, Sekunde!), sind Computer aus o.g. technischen Gründen auf duale oder hexadezimale Berechnungen fixiert, wobei es zur Kommunikation mit dem Benutzer Umwandlungsprogramme gibt (Ein Beispiel findet sich zu Ende von Kapitel 6, siehe später auch Kapitel 9). Wir zählen

$$1 \quad 2 \quad 3 \quad 4 \quad 5 \quad 6 \quad 7 \quad 8 \quad 9 \quad 10 \quad 11 \quad \ldots,$$

schreiben also die Basiszahl Zehn als erste mit zwei Ziffern; die Null symbolisiert einen Platzhalter für die Einer. Dual (oder auch "binär") sieht dies hingegen so aus:

$$1 \quad 10 \quad 11 \quad 100 \quad 101 \quad 110 \quad 111 \quad 1000 \quad 1001 \quad 1010 \quad 1011 \ldots,$$

d.h. schon die Zwei benötigt zwei Stellen, die Vier drei, die Acht vier usw. Acht ist 2^3, daher eine Eins mit drei Nullen. Dezimal 1000 ist analog 10^3 ... Im Zweiersystem besteht das ganze "Einmaleins" aus vier Sprüchlein

$$0*0 = 0 \quad 0*1 = 0 \quad 1*0 = 0 \quad 1*1 = 1,$$

ideal für "Grundschüler" wie unseren Rechner. Addition mit Übertrag ist ebenfalls leicht.

```
     110
  +   11
    ====
    1001              (dezimal: 6 + 3 = 9).
```

Man spricht (von rechts nach links) etwa: 1 + 0 ist 1, 1 an; 1 + 1 ist 10 ("eins null"), 0 an, 1 gemerkt, d.h. weiter; ...

Die Rückverwandlung des Ergebnisses ist unter Berücksichtigung der Stellenschreibweise einfach:

Man beginnt rechts (hinten) und rechnet sich aus:

$$1*1 + 0*2 + 0*4 + 1*8 = 9.$$

Dezimalzahlen werden mit dem am Beispiel der Zahl 11 sogleich vorgeführten Divisionsalgorithmus in Dualzahlen verwandelt:

```
11 : 2 = 5     Rest 1
 5 : 2 = 2     Rest 1
 2 : 2 = 1     Rest 0
 1 : 2 = 0     Rest 1
```

Dieser bricht ab, wenn erstmals ein Wert 0 herauskommt; dann liest man die Reste rückwärts, also 11 (dual) = 1011. Im Hexadezimalsystem reichen unsere Ziffern zur Darstellung der Zahlen nicht aus, man fügt Buchstaben A ... F hinzu und zählt

$$1 \quad 2 \quad 3 \quad 4 \quad 5 \quad 6 \quad 7 \quad 8 \quad 9 \quad A \quad B \quad C \quad D \quad E \quad F \quad 10 \ldots$$

wobei 10 ("eins null") jetzt 16 bedeutet. Die größte zweistellige Zahl ist also FF, d.h. dezimal $15*16 + 15 = 255 = 16^2 - 1$.

2 PROGRAMME IN PASCAL

Ein Pascal - Quellprogramm besteht aus dem Programmkopf, einem
Deklarationsteil und dem eigentlichen Anweisungsteil. Wir beginnen mit einem einfachen Beispiel; um dieses testen zu können,
lesen Sie die Hinweise im Anhang A zum Umgang mit dem System.

```
PROGRAM summe (input, output);
(* Kommentar: Dieses Programm summiert a und b *)
VAR a, b, sum : integer;
BEGIN
    write    ('Zwei ganze Zahlen eingeben ... ');
    readln (a, b);
    sum := a + b;
    writeln ('Summe von ', a, ' und ', b, ' = ', sum)
END.
```

Die in Pascal sog. reservierten Wörter haben wir mit großen Buchstaben geschrieben; sie können niemals als benutzerdefinierte
Bezeichner von Variablen ("Namen") verwendet werden und haben
einen ganz bestimmten, unveränderlichen Sinn (Semantik!): Sie
dienen der Strukturierung des Algorithmus und gliedern zusammen
mit gewissen Steuerzeichen (Komma, Semikolon u.a.) den Text
beim Compilieren. Wir schreiben die reservierten Wörter daher
groß, aber man kann sie durchaus auch klein schreiben.

PROGRAM steht am Anfang des Quelltextes, gefolgt von einem frei
wählbaren Namen, der für den Compiler ohne Bedeutung ist (und
auch nicht mit dem Namen der Programmdatei auf Diskette oder im
Arbeitsspeicher übereinstimmen muß, dem sog. 'Workfile'). BEGIN
und END markieren im Beispiel den Anweisungsteil des Programms.
Allgemeiner dienen diese beiden Wörter (dann meistens paarweise)
als "Klammern" von Anweisungsblöcken in Programmen. Die Liste
der reservierten Wörter in Standard-Pascal sieht vollständig so
aus:

```
AND   ARRAY  BEGIN  CASE  CONST  DIV  DO  DOWNTO  ELSE   END
FILE   FOR   FORWARD  FUNCTION  GOTO   IF  IN  LABEL  MOD
NIL   NOT  OF  OR  PACKED  PROCEDURE  PROGRAM  RECORD
REPEAT  SET  THEN  TO  TYPE  UNTIL  VAR  WHILE  WITH
```

In TURBO kommen einige weitere hinzu; sie alle sind im allgemeinen Bausteine von Anweisungen, beschreiben logische Verknüpfungen oder kommen im Deklarationsteil von Programmen vor.
Bis auf PACKED werden nach und nach alle in diesem Buch besprochen. Eng verwandt mit ihnen sind die sog. Standardbezeichner;
hier ist eine kleine Auswahl (teils spezifisch TURBO):

```
assign  boolean  char  chr  close  clrscr  cos  false
gotoxy  input  integer  lowvideo  normvideo  odd  ord  pi
pos  pred  random  read  readln  real  rename  reset
rewrite  round  seek  sin  sqr  sqrt  succ  true  trunc
upcase  val  write  writeln    ... und andere.
```

Sie stehen für sog. Typenbezeichnungen, Konstanten, Prozeduren
und Funktionen und können prinzipiell umdefiniert werden (dazu
Kapitel 8). Mindestens am Anfang wird man dies aber nicht tun;
wir bezeichnen reservierte Wörter und Standardbezeichner als
Elemente der Sprache zumeist einheitlich als "Pascalwörter".

Im obigen Programmbeispiel kommen die Ein- und Ausgabeprozedu-
ren (kurz: Anweisungen) *write*, *readln* und *writeln* vor, jeweils mit Variablenbezeichnern (in Klammern), die man selber
wählen darf. Alle in einem Pascalprogramm vorkommenden Variablen
müssen im Deklarationsteil des Programms aufgeführt werden. Diese
Liste wird mit dem Wort VAR eingeleitet, gefolgt von einer Aufzählung aller Variablen von je einheitlichem Typ, hier vom Typ
integer. Kommata, Doppelpunkt und Strichpunkt in dieser Zeile
sind als Trennzeichen für den Compiler verbindlich.

Der Typ *integer* bedeutet eine Festlegung des vom Betriebssystem
ausgewählten Speicherplatzes für die jeweilige Variable. Im Beispiel können damit nur ganze Zahlen eingegeben und verarbeitet
werden; der entsprechende Speicherplatz hat zwei Byte. Der Typ
real macht reelle Zahlen (d.h. Dezimalzahlen mit Punkt als De-
zimalkomma!) verfügbar. Weitere Grunddatentypen sind *char* (das
ist irgendein Zeichen der Tastatur) und *boolean* für die beiden
logischen Wahrheitswerte true und false, schließlich noch der
Typ *byte*. Man nennt diese fünf einfachen Datentypen "skalar".
In TURBO ist von Haus aus noch der Datentyp STRING vorgesehen,
der in Kapitel 6 genauer besprochen wird. Er bildet den Übergang zu den sog. strukturierten (zusammengesetzten) Datentypen,
die wir erst später behandeln werden. Dann wird sich zeigen,
daß der Programmierer auch eigene Datentypen definieren kann.

Das Programm enthält noch eine Zeile für eine sog. Wertzuweisung;
solche Zeilen dürfen auf der linken Seite nur einen Variablennamen aufführen, gefolgt von " := ", also zwei für sich getipp-
ten Zeichen, die aber ohne Zwischenraum ('blank', d.h. Leertaste) eingegeben werden müssen. Auf der rechten Seite einer
solchen Wertzuweisung steht ein arithmetischer Ausdruck, im
einfachsten Falle nur ein Variablenname. Im Beispiel wird die
Summe a + b berechnet und in sum abgespeichert. Testhalber
können Sie als weitere Zeile danach *sum := sum + 10;* eingeben
und das Ergebnis beobachten.

Neben den Buchstaben a ... z bzw. A ... Z der Tastatur zur Bil-
dung von Pascalwörtern und Variablennamen (signifikant, d.h. vom
Compiler identifiziert werden die ersten 8 Zeichen) haben wir
die Ziffern 0 ... 9 für Zahlen zur Verfügung; Ziffern dürfen
auch in Variablennamen verwendet werden, aber nicht an erster
Position. Es versteht sich von selbst, daß Pascalwörter <u>nicht</u>
als Variablenbezeichner verwendet werden können, denn deren
Bedeutung ist ja vorweg festgelegt. a und b sind also korrekte
Bezeichner, aber auch hoehe1, test22a, aber nicht wetter! oder
22test oder höhe. (ö ist ein Umlaut!)

Als Rechenzeichen haben wir +, -, *, und / (später noch DIV
und MOD). Komma, Semikolon und Punkt (am Programmende und bei
Records) sowie der Doppelpunkt sind syntaktische Trennzeichen.
=, < und > verwendet man in logischen Vergleichen (mit den
Bildungen >=, <= für größer/gleich bzw. kleiner/gleich und <>
im Sinne von ungleich, nicht etwa das Zeichen # !). Die Klammern (bzw.) gelten im Sinne der Mathematik, d.h. zum Gliedern
von Ausdrücken (a + b) * c und zum Einschreiben von Argumenten
bei Wertzuweisungen wie beispielsweise in *z := sin(3);*.

Klartexte in Ausgabeanweisungen wie z.B. *writeln ('Dies ist ein
Text.');* werden in einfache Gänsefüßchen ("Hupferl") gesetzt; in

solchen Texten sind alle Zeichen der Tastatur verwendbar, also
auch alle bisher nicht genannten sog. Sonderzeichen, der einfache Gänsefuß ausgenommen. Für Anführungen wäre dann " zu verwenden. Die deutschen Umlaute und ß gelten als Sonderzeichen,
denn sie kommen im angloamerikanischen Alphabet nicht vor. Die
eckigen Klammern [und] haben eine spezielle Bedeutung bei
Feldern und können nicht zum Gliedern arithmetischer Ausdrücke
herangezogen werden. Hier muß man sich notfalls mit der Klammer-
hierarchie von (und) behelfen.

Alle Anweisungen werden mit einem Strichpunkt abgeschlossen,
der vor END entfallen kann. Mehrere Anweisungen dürfen auch in
einer Zeile stehen, doch gliedert man aus Gründen der Lesbarkeit
gerne wie in unserem ersten Beispiel und fügt zusätzliche blanks
und Einrückungen bei Bedarf hinzu. Diese werden vom Compiler
ignoriert. Ein Wechsel zwischen Groß- und Kleinschreibung ist
(außer in Klartexten!) ohne Bedeutung.

Kommentare, die nur für den menschlichen Leser bestimmt sind,
dürfen überall in Klammern (* ... *) oder { ... } hinzugefügt
werden, d.h. (* und { bzw. *) und } sind gleichwertig und als
syntaktische Zeichen zu verstehen; der Compiler ignoriert derartige Einschübe, wenn sie nicht gerade mit der Zeichenfolge $I
beginnen (siehe Kapitel 11). Mit dem obigen Programm faktisch
identisch (d.h. nach dem Compilieren wirkungsgleich) ist also
z.B. die schlechter lesbare, sehr komprimierte Programmversion,
die aber noch einige notwendige blanks enthält:

```
PROGRAM summe;VAR a,b,sum:integer;BEGIN
write('Zwei Zahlen eingeben ');readln(a,b);
sum:=a+b;writeln('Summe',sum) END.
```

Wir haben dabei auf die Angabe des Ein- und Ausgabekanals verzichtet, was in TURBO generell möglich ist, in Standard-Pascal
aber nicht vergessen werden darf. Zu *readln (a, b);* wäre noch zu
sagen, daß die Eingabe der beiden Zahlen durch wenigstens ein
blank getrennt in einer Zeile vorzunehmen ist, erst dann darf
man die Taste <RETURN> drücken! Besser ist die Schreibweise

```
...
write ('Erster Summand  '); readln (a);
write ('Zweiter Summand '); readln (b);
...
```

zur Vermeidung von Unklarheiten beim Benutzer, der den Quelltext nicht kennt. *write* und *writeln* bzw. *read* und *readln* sind
für den programmierten Algorithmus gleichwertig, unterscheiden
sich aber in ihren Wirkungen am Bildschirm hinsichtlich des
sog. Zeilenvorschubs erheblich. Vor langen Erklärungen: abändern
und die Wirkung am Bildschirm beobachten! - Um eine Ausgabe am
Drucker zu erhalten (man sagt, "der Ausgabekanal werde auf den
Drucker umgelenkt"), genügt fürs erste der Hinweis, daß in diesem
Fall im Argument der Ausgabeanweisung die Kanalangabe *lst* mit-
zuführen ist, also z.B. *writeln (lst, sum);*.

Das einführende Beispiel auf Seite 13 zeigt auch, daß man in
Ausgabeanweisungen Texte und Variableninhalte beliebig mischen
kann, getrennt durch Kommata. In *readln* hingegen dürfen (im
Gegensatz zu INPUT bei BASIC) keine Texte vorkommen.

writeln; alleine bewirkt einen Zeilenvorschub, wobei der Cursor (das blinkende Wartezeichen des Rechners) an den Anfang einer neuen Zeile gesetzt wird.

Mit den bisherigen Kenntnissen ist es nun möglich, selbständig ein kleines Programm zu schreiben, das nach der Eingabe von z.B. drei Zahlen deren Produkt ausgibt. Man vereinbart für diesen Fall am besten reelle Variablen. Hier ist die Kurzlösung:

```
PROGRAM uebung;                          (* nicht übung ! *)
VAR  a, b, c, pro : real;
BEGIN
    readln  (a, b, c); pro := a * b * c;
    writeln ('Produkt = ', pro)
END.
```

Eine Eingabezeile in Laufzeit sieht hier beispielsweise so aus:

    2.31 5 7.28   (mit blanks, dann Taste ⟨RETURN⟩).

Die mittlere Zahl 5 ist zwar ganzzahlig, wird aber vom Rechner reell interpretiert, d.h. in anderer Form abgespeichert. Der Zahlentyp *real* läßt also auch ganzzahlige Verarbeitung zu, aber nicht umgekehrt! Das Ergebnis erscheint in wissenschaftlicher, sog. Exponentialschreibweise, die nicht immer gewünscht wird. Um diese zu unterdrücken, ist in Pascal eine einfache Formatierung vorgesehen: In der jeweiligen Ausgabeanweisung wird nach der auszugebenden Variablen durch zwei ganze Zahlen das "Format" näher beschrieben. Im obigen Beispiel könnte dies etwa so aussehen:

```
    writeln ('Produkt =', pro : 7 : 2);
```

Dies bedeutet, daß zwei Nachkommastellen gewünscht sind, bei insgesamt sieben Schreibstellen rechtsbündig, von denen eine für den Dezimalpunkt reserviert ist, eine weitere für ein eventuelles Vorzeichen - . Die größtmögliche formatgerechte Ausgabe ist daher 9999.99, die kleinste -999.99. Diese beiden schließen unmittelbar an den Text 'Produkt =' an, d.h. dann finden sich vor der Zahlenausgabe keine blanks mehr. Wäre das Ergebnis pro z.B. zufällig 3, so sähe die Ausgabe so aus: Produkt =   3.00

Kann nicht formatgerecht ausgegeben werden (d.h. ist das Ergebnis betragsmäßig zu groß), so ignoriert der Rechner die Formatanweisung n : m bezüglich n und gibt ohne Fehlermeldung aus, aber eben nicht rechtsbündig wie gewünscht. Auch Zahlen des Typs *integer* sind formatierbar mit einem Parameter: *write (z : 12);.* Es ist also stets möglich, Ausgaben in verschiedenen Zeilen bündig untereinander zu schreiben; man wählt einfach ein hinreichend großes Format. Tatsächlich *real* vereinbarte Zahlen r können mit der Formatierung r : n : 0 scheinbar ganzzahlig ausgegeben werden. - Zu guter Letzt: Formatieren heißt stets ausgabeseitig (aber nicht im Variablenspeicher!) runden.

Testen Sie das Beispielprogramm von oben auch mit der Typenvereinbarung *integer* und zwei verschiedenen Versuchen: Geben Sie zunächst Dezimalzahlen ein. Dann erhalten Sie Ihre erste Fehlermeldung unter Laufzeit, einen sog. 'RUN-TIME-Error'. Aber auch sehr große Ganzzahlen, mindestens wenn das Produkt be-

tragsmäßig einen gewissen Wert übersteigt, liefern u.U. eine
Fehlermeldung unter Laufzeit, die wir weiter unten erörtern.
Lehrreich ist noch der abgeänderte "gemischte" Deklarationsteil

```
   ...
   VAR  a, b, c : integer;
            pro : real;
   ...
```

der vom Compiler nicht reklamiert wird. Unter Laufzeit tritt
aber ein Fehler auf, wenn nicht-ganzzahlige Eingaben versucht
werden. Jetzt ist auch zu beachten, daß eine eventuelle Formatierung von pro in der Ausgabe "passen" muß. Umgekehrt jedoch
verhält sich das System, wenn a, b und c *real*, pro hingegen
integer deklariert werden: Jetzt reklamiert schon der Compiler!
Probieren Sie das unbedingt aus! Schließlich wäre noch zu ergänzen, daß u.U. auf die Deklaration von Variablen verzichtet
werden kann, wenn allfällige Rechnungen ohne weitere Benutzung
des Ergebnisses schon in der Ausgabeanweisung untergebracht
werden können: Das obige Beispiel kann daher ohne alle Texte
ganz kurz so lauten:

```
   PROGRAM uebung;
   VAR a, b, c : real;
   BEGIN
   readln  (a, b, c);
   writeln (a * b * c)
   END.
```

Zu bemerken wäre, daß eine deklarierte Variable im Programm nicht
benutzt werden muß, also pro im Teil VAR ... durchaus (und also
überflüssigerweise) genannt werden dürfte. Ferner sind, wie schon
erwähnt, gewisse Schreibfehler unerheblich: *writeln (a * B* c);*
wird akzeptiert.

Wir haben bisher nur addiert und multipliziert; die Subtraktion
ist ebenfalls ohne Probleme bei *real* und *integer* anwendbar. Die
Division hingegen wird unterschiedlich gehandhabt.

Im Typenbereich *real* lautet das Divisionszeichen immer /, also
z.B. *ergebnis := a / b;* mit (mindestens) der Deklaration *real*
für ergebnis; a und b können aber zufällig ganzzahlig sein
oder sogar so deklariert werden.

Die Division a DIV b hingegen ist nur für *integer* deklarierte
a und b zulässig und liefert als Ergebnis einen ganzzahligen
Wert (also den Typ *integer*) mit Unterdrückung des Divisions-
restes:

   21 DIV 4 hat den Wert 5, denn 5 * 4 = 20 (Rest 1).

Ergänzt wird diese sehr schnelle Rechnung durch MOD zur Ausgabe
des Restes:

   21 MOD 4 hat den Wert 1.

Ist p eine Primzahl, so liefert a MOD p sofort Antwort auf
die Frage, ob a den Teiler p hat: dann und nur dann ist
nämlich a MOD p Null. Hierzu ein weiteres kleines Programm:

```
PROGRAM teilerpruefung;
VAR testzahl, modul, rest : integer;
BEGIN
    write ('Zahl eingeben ... '); readln (testzahl);
    write ('Teiler eingeben . '); readln (modul);
    writeln; rest := testzahl MOD modul;
    writeln ('Rest ', rest)
END.
```

Auch hier kann auf die Variable rest verzichtet werden, denn
kürzer geht es unmittelbar mit *writeln (testzahl MOD modul);*.

Im TURBO-Sprachsystem sind etliche Standardfunktionen implementiert, so *sin(x), cos(x), sqr(x)* und *sqrt(x)*, ferner *abs(x)*.
Die Argumente der beiden Winkelfunktionen können beliebig reell
sein (sind also so zu deklarieren), die Ergebnisse sind reell.
Zu beachten ist, daß x im Bogenmaß gemessen wird; für einen Eintrag im Gradmaß grad gilt die Umrechnung

```
ergebnis := sin (grad * pi / 180);
```

wobei die Konstante pi = 3.14159... dem System bekannt ist, also nicht vereinbart werden muß. Ansonsten werden Konstanten dem
Compiler im Deklarationsteil vor den Variablen nach dem Muster

```
PROGRAM ... ;
CONST zahl = 7.12; zeichen = 'x'; wort := 'HANS'; ...
VAR ...
```

mitgeteilt, wobei zahl, zeichen und wort frei wählbare Bezeichner sind. - Eine spätere Anweisung wie *writeln (zeichen, wort);*
schreibt dann xHANS . Mit *CONST pi = 3;* hätten Sie die Kreis-
zahl pi absichtlich umdefiniert, also verändert! Man beachte,
daß eine Konstante vom Typ *char* in ' ' zu setzen ist, analoges
gilt für Zeichenketten.

Die Quadratfunktion *sqr(x)* läßt für x den Typ *integer* wie auch
real zu, ebenso die Wurzelfunktion *sqrt(x)*. Bei ihr ist aber
zu beachten, daß das Argument nicht negativ sein darf, um Fehler
unter Laufzeit zu vermeiden. Entsprechend muß in *ln(x)* das
reelle Argument stets größer Null sein. Die Exponentialfunktion
exp(x) unterliegt im Argument keinen Beschränkungen. Es gibt im
übrigen keine allgemeine Potenzfunktion a^x wie in BASIC. Man
muß mit Blick auf eine Formelsammlung dafür exp (x * ln (a))
schreiben. Auch weitere goniometrische Funktionen müssen bei Bedarf erst umschrieben oder mittels Prozeduren (siehe später im
Kapitel 8) eigens definiert werden.

Vorhanden sind auch Funktionen zum Verwandeln von Zahlen unterschiedlichen Typs ineinander:

```
trunc(1.4) = 1      trunc(1.9) = 1      trunc(-2.5) = -2
round(1.4) = 1      round(1.9) = 2      round(-2.4) = -2
(= zu lesen im Sinn "die jeweilige Funktion liefert" ...)
```

Die Argumente sind vom Typ *real*, die Ergebnisse *integer*. Die
Funktion *round* rundet im üblichen Sinne, *trunc* schneidet ab.
Hier ist eine vollständige Liste aller in TURBO implementierten
mathematischen Funktionen:

```
arctan (x),  Bogenmaß, dessen Tangens x ist
cos(x),
sin(x),       die Winkelfunktionen mit x im Bogenmaß
exp(x),       die e-Funktion zur Basis e = 2,718 ...
ln (x),       der natürliche Logarithmus für x > 0
abs(x),       der Wert von x ohne Vorzeichen, d.h. >= 0
int(x),       die größte ganze Zahl <= x für x >= 0
              bzw. die kleinste ganze Zahl >= x für x < 0,
              der zurückgegebene Wert ist real
trunc(x),     identisch mit int(x), aber Wert integer
round(x),     rundet x im üblichen Sinn, d.h. Rückgabe integer
              von trunc (x+0.5) bzw. trunc(x-0.5)
frac (x),     gebrochener Anteil von x, d.h. Rückgabe real
              des Wertes  x - int(x),
              d.h. frac (x) = x - int (x)
sqr (x),      das Quadrat von x          (merke: 'square')
sqrt(x),      die Wurzel aus x für x >= 0      ('squareroot')
```

Vorhanden ist noch ein Zufallsgenerator (s. Kapitel 7.)

Anstelle des Arguments x , das vorher zugewiesen sein muß, können in allen Fällen selbstverständlich konkrete Zahlenwerte aus dem jeweiligen Definitionsbereich eingesetzt werden, aber, was viel wichtiger ist, umfangreiche arithmetische Ausdrücke. Hierbei ist ebenfalls zu beachten, daß mit vorherigen Zuweisungen im Programm der Definitionsbereich nicht verlassen wird. - Somit kann man z.B. ohne Gefahr eines Laufzeitfehlers schreiben

```
ergebnis := 25 + 3 * sqrt (x - y);
```

wenn für x und y nur Werte in Frage kommen, für die gilt

```
x - y >= 0.
```

Zum ersten Umgang mit BOOLEschen Ausdrücken bzw. Variablen am besten zwei Programmbeispiele:

```
PROGRAM suchtaste;
CONST w = 'gefunden'; n = 'Niete';
VAR   a : char;
BEGIN
   writeln ('Ratespiel ... ');
   write   ('Suchen Sie einen Buchstaben ... ');
   readln  (a);
   IF (a =   'X') THEN writeln (w);
   IF (a <> 'X') THEN writeln (n)
END.
```

Die neue Anweisung IF ... THEN enthält einen sog. BOOLEschen Ausdruck (der hier auch ohne Klammern geschrieben werden kann); wird der Buchstabe X eingegeben, so ist a = 'X' wahr und die Anweisung nach THEN wird ausgeführt. Gefunden werden muß dabei X und nicht nur x. Um dies zu umgehen, kann man nach *readln(a);* die Anweisung *a := upcase (a);* einfügen. Sie verwandelt fallweise x in X.

Eine BOOLEsche Variable kann nur zwei Werte 'true' oder 'false' annehmen; ihr Inhalt kann nicht direkt mit *writeln (b);* ausgegeben werden. Dazu ein Beispiel:

```
PROGRAM fragezeichen;
VAR eingabe : char;
          b : boolean;
BEGIN
   write  ('Zeichen eingeben ... ');
   readln (eingabe);
   writeln;
   b := false;
   IF eingabe = '?' THEN b := true;
   IF b THEN writeln ('? gefunden ... ', ' true')
END.
```

Eine Wertzuweisung auf b erfolgt mit true oder false; aber der
festgelegte Wert kann nur indirekt (per Klartext) ausgegeben
werden. In der Abfrage IF b THEN ... genügt schon b allein
anstelle von IF b = true THEN ... , denn im Vergleich b = true
liegt schon derselbe Wahrheitswert vor, hier in einem sehr
kurzen BOOLEschen Ausdruck. (Mehr dazu im Kapitel 5.)

Der Variablentyp *char* ('character' = Zeichen) gestattet die Abspeicherung genau eines Zeichens von der Tastatur. Wegen ihrer
maschineninternen Codierung haben alle Zeichen eine Rangfolge
(Anordnung), die bei den Ziffern 0 ... 9 und den Buchstaben
A ... Z bzw. a .. z der natürlichen entspricht. 3 kommt also vor
7, C vor V und so weiter. Die Kleinbuchstaben kommen erst nach
den großen, die Umlaute (sie sind außerhalb des USA - Standards!)
ganz zuletzt. Das folgende Programm gibt über diesen Code Auf-
schluß:

```
PROGRAM ascii_code;      (* Programm mit CTRL-S anhalten, *)
VAR i : integer;         (* mit beliebiger Taste weiter *)
BEGIN
   FOR i := 33 TO 255 DO
         write (i : 3, ' = ',  chr(i), '    ')
END.
```

Die später noch im Detail zu besprechende FOR ... DO - Schleife
druckt zuerst den Code i, danach das zugehörige Zeichen chr(i).
Die Funktion *chr(i)* ist dabei von der Typenbezeichnung *char*
zu unterscheiden! - Wir haben drei blanks nachgeschoben und erzielen dadurch auf dem Bildschirm je Ausgabe einen Bedarf von
10 Plätzen, also in einer Zeile gerade 8 Meldungen wegen der
Zeilenlänge 80. So wird ein zusätzlicher Zähler überflüssig, und
trotzdem kann man die Ausgaben gut studieren. Ändern Sie die
Anzahl der blanks versuchsweise ab!

Die Schleife erfaßt alle Werte bis i = 255, damit auch verschiedene graphische Symbole und dergleichen. Bis i = 127 ist
der (ursprüngliche 7-Bit-) Code standardisiert, danach nicht
mehr. Denn es ist 127 = 128 - 1. 128 aber ist jene Zweierpo-
tenz, die mit einer Stelle für das Vorzeichen dual gerade ein
Byte belegt, d.h. die Zahlen 0 bis 1111111. (Mehr dazu später.)
Suchen Sie also die Umlaute, β und ähnliches. Versuchsweise kann
man auch mit i = 0 beginnen ... Dabei findet man u.a.: chr(7)
ergibt einen Piepton; ein solcher kann also in jedem Programm
mit *write (chr(7));* oder *writeln (chr(7));* bei Bedarf erzeugt
werden. Töne überhaupt sind ebenfalls vorhanden; ein Programm
im letzten Kapitel zeigt das Grundsätzliche.

Beispielsweise ist chr(65) = 'A'. Umgekehrt liefert die Funktion *ord* mit ord('A') den Wert 65. Jetzt ist das Argument ein Zeichen, und die Funktion wirft den Code aus. Zum Suchen von Vorgänger und Nachfolger eines Zeichens stehen noch weitere Funktionen zur Verfügung: *pred* und *succ*; Beispiele:

```
pred('Z') ergibt 'Y'  und  succ('K') ergibt 'L'
pred('B') = chr (ord ('B') - 1) = chr (66 - 1) = 'A'
```

Das Programm der vorigen Seite druckt die sog. ASCII-Tabelle, die man in fast jedem Handbuch irgendwo findet. Sie beginnt mit verschiedenen Steuerzeichen, die noch aus der Frühzeit der Fernschreiber stammen. So bedeutet chr(7) die Klingel BEL, chr(10) ist LF ('Line Feed' = Zeilenvorschub), chr(13) ist CR ('Carriage Return' = Wagenrücklauf) und anderes. Bei Bedarf werden wir auf das eine oder andere Signal zurückkommen, da man mit ihnen unter anderem den Drucker steuern kann. ASCII ist die Abkürzung für 'American Standard Code for Interchange of Information'. (Andere Codes als der ASCII werden kaum verwendet.)

In Standard-Pascal nicht vorhanden, aber in TURBO implementiert ist ferner noch der nützliche Datentyp STRING, eine Zeichenkette vorgebbarer Länge n <= 255. Die grundsätzliche Einführung zeigt

```
PROGRAM text;
VAR kette : STRING [10];
BEGIN
   readln (kette);
   writeln; writeln ('***', kette, '***')
END.
```

Die maximal gewünsche Länge, hier 10, wird eingangs deklariert. Gibt man ein längeres Wort ein, so wird der überschießende Rest ohne Fehlermeldung unterdrückt. In Zeichenketten zählen auch "mittige" blanks, wie man leicht probieren kann, etwa mit der Eingabe <aber = 5> für kette. Zur Stringbearbeitung stehen verschiedene Funktionen und Prozeduren zur Verfügung, über die in Kapitel 6 ausführlich gesprochen wird.

Immerhin könnten Sie nun ein kleines Programm schreiben, das auf dem Drucker eine Visitenkarte nach dem Muster

```
Titel, Name

Straße Hausnummer
PLZ und Ort
Telefonnummer
```

ausgibt. Es besteht aus einem Eingabeteil für die genannten Bausteine und einem Ausgabeteil, in dem Sie die Texte mit 'lst' auf den Drucker umleiten, also

```
writeln (lst, titel, ' ', name);
writeln (lst);
writeln (lst, strasse);
writeln (lst, ort);
writeln (lst, 'Telefon ', telnum);
```

Eine Leerzeile ergibt sich mit *writeln (lst);*.

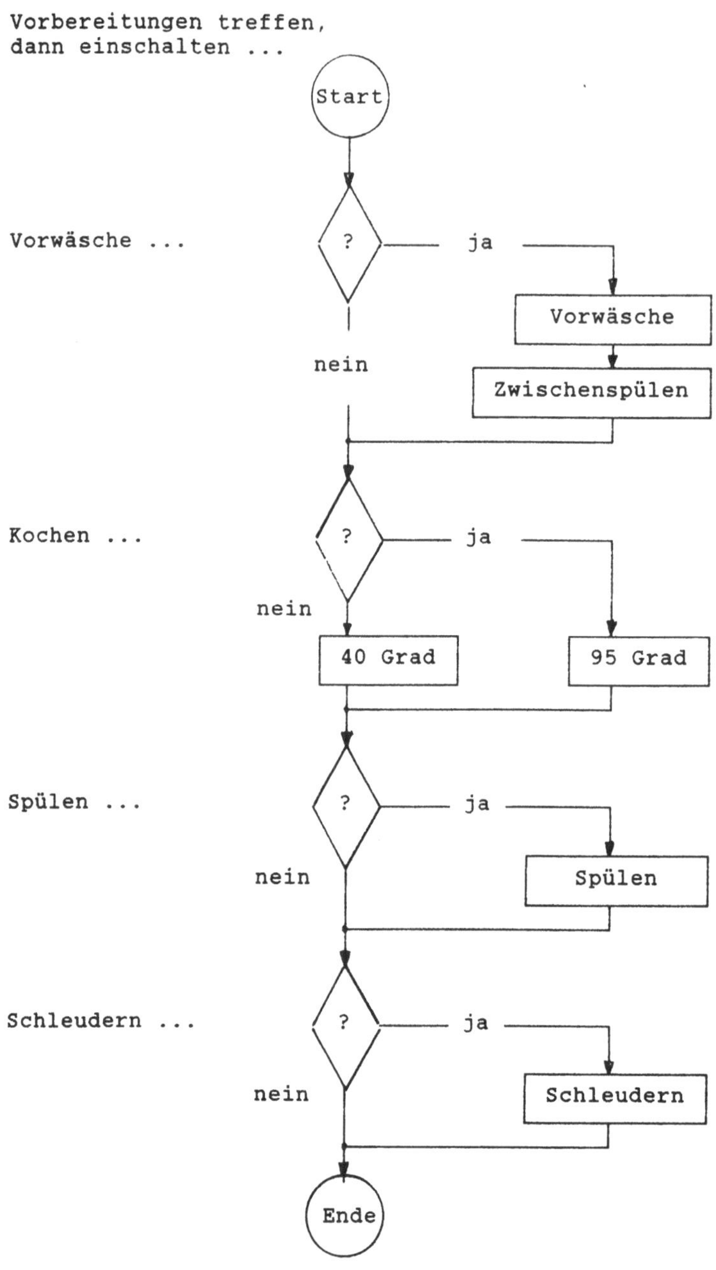

Zum nächsten Kapitel: Nicht nur Rechenautomaten sind programm-
gesteuert, sondern auch Waschmaschinen. Die entsprechenden Programme, vor wenigen Jahren noch mechanisch über Steuertrommeln
abgewickelt, haben freilich wenige Verzweigungsmöglichkeiten.
Das Flußdiagramm zeigt vereinfacht die Abläufe, nachdem alle
Vorbereitungen (Füllen, Anschlüsse herstellen und Programmwahl)
getroffen sind ...

3   PROGRAMMENTWICKLUNG

Zwar besteht - vor allem beim Programmieren in BASIC - stets
die Neigung, unmittelbar vor der Tastatur nachzudenken und dann
gleich zu tippen, aber diese Methode ist bei umfangreicheren
Aufgaben weder problemgerecht noch ökonomisch. Man sollte sich
vielmehr von Anfang an ein organisiertes Vorgehen angewöhnen:

- Welche Informationen sind verfügbar, die später die Eingangs-
  daten des Algorithmus darstellen; welche Ausgaben sollen erfolgen? Gibt es Randbedingungen und Sonderfälle? Wurden ähn-
  liche Aufgaben schon gelöst?   (* Problemanalyse *)

- In welcher Abfolge sind welche Operationen durchzuführen? Welche Entscheidungen fallen an und welche Zwischeninformationen
  müssen gespeichert werden? Ist eine schematische Darstellung
  mit Flußdiagramm, Struktogramm oder dgl. notwendig oder zumindest nützlich?   (* Algorithmisierung *)

- Jetzt erfolgt eine erste Formulierung in der gewählten Programmiersprache, also das Programmieren im engeren Sinne des
  Wortes.   (* Codierung des Quelltextes *)

- Das entworfene Programm wird nunmehr eingegeben, in unserem
  Fall 'on-line' von der Tastatur mit Kontrolle am Monitor. Auf
  Großrechnern schreibt man häufig 'off-line' z.B. Lochkarten auf
  einem Kartenlocher und läßt sie dann einlesen. (* Eingabe *)

- Mit einschlägigen Kommandos wird nun die Übersetzung in den
  Maschinencode erzeugt; danach erfolgt der erste Testlauf des
  Objektcodes. U.U. sind Korrekturen und entsprechende Wieder-
  holungen notwendig.   (* Compilieren, Testen *)

- Liefert das Programm die gewünschten Ergebnisse, so empfiehlt
  sich für die spätere (und/oder Fremd-) Nutzung eine Beschreibung mit Hinweisen auf Änderungsmöglichkeiten und dgl. Sofern
  der Quelltext mitgeteilt wird, sind entsprechende Kommentare
  in diesem vielfach ausreichend.   (* Dokumentation *)

Bei sehr kleinen Programmen mag der eine oder andere Schritt
sehr kurz ausfallen oder explizit erkennbar unterbleiben; aber
im Prinzip kommt man um diese Vorgehensweise nicht herum. Die
Übersicht zeigt, daß zum eigentlichen Programmieren nicht unbedingt ein Rechner verfügbar sein muß: Die Schritte des Ein-
gebens und Testens können auch von Hilfspersonal (Typistin) erledigt werden, während die beiden ersten Schritte bei umfang-
reichen kommerziellen Aufgaben häufig von sog. Systemanalytikern
erledigt werden, hochbezahlten Spezialisten mit Zusatzkennt-
nissen aus dem jeweils angesprochenen Umfeld (z.B. Buchhaltung)
der gestellten EDV - Aufgabe.

Am (eigenen) Personal Computer fallen alle diese Tätigkeiten in
einer Person zusammen; hier ist die Zeit vielleicht kein besonderer ökonomischer Faktor. Trotzdem: siehe oben!

Neben logischen Fehlern, d.h. solchen, die zu einem falschen
oder unvollständigen Algorithmus führen und die vom Compiler bis
auf Ausnahmen nicht entdeckt werden, sind im wesentlichen zwei
Arten von Fehlern möglich:

Fast nicht vermeidbar bei längeren Quelltexten sind Übersetzungs-
fehler, d.h. solche, die gegen die Syntax verstoßen. Sie werden
vom Compiler unnachsichtig entdeckt und verhindern bis zu ihrer
Beseitigung die Erstellung des Objektcodes. Zu den Übersetzungs-
fehlern gehören einfache Schreibfehler wie vergessene Kommata
und Strichpunkte, aber auch fehlende BEGIN und/oder END (d.h.
unkorrekte Programmblöcke) und unvollständige Anweisungen, um nur
ein paar Beispiele zu nennen. - In Pascal ist das letzte END.
ohne Punkt bzw. <RETURN> ein beliebter Fehler von Anfängern ...

Läuft das Programm schon, so sind noch Laufzeitfehler möglich,
solche, die fallweise in RUN-TIME auftreten und eigene Fehlermeldungen erzeugen. So wird beispielsweise irgendwo durch Null
dividiert (wenn das also möglich ist, hat das Programm entsprechende Vorsorge zu treffen), eine ganze Zahl überschreitet den
integer-Bereich (siehe folgendes Beispiel), eine angesprochene
Datei ist nicht vorhanden und ähnliches mehr.

Ein Programm mit professionellem Anspruch muß alle diese Möglichkeiten vorsehen und abfangen, darf also nicht "abstürzen", was
auch immer der arglose Benutzer treibt. - Betont werden muß, daß
ein Programm ohne auftretende Laufzeitfehler noch nicht "richtig" sein muß: Der programmierte Algorithmus ist vielleicht unvollständig oder falsch (aber eben "richtig" programmiert). Ob
daher ein größeres Programm tatsächlich falsch ist, kann u.U. un-
erkannt bleiben; ein Fehler ist bisher nicht aufgetreten und
eine stets nur endliche Anzahl von Testläufen ohne Probleme ist
kein Beweis ... Die Theorie (der Fehlerfreiheit) zu diesem Fra-
genkreis ist bisher nur unvollständig entwickelt.

Beispielhaft betrachten wir die folgende Aufgabe:

Der Rechner soll für die natürlichen Zahlen n = 1, 2, 3, ... die
sog. Fakultät n! ausrechnen, das Produkt der Zahlen von 1 bis
n. Gewünscht wird eine kleine Tabelle; ein Programm mit Zeilen
wie *writeln(1*2*3);* und dgl. wäre nicht problemgerecht, denn es
erfordert ebenso viele Zeilen Schreibarbeit, wie die Tabelle
später Zeilen haben soll.

Man erkennt bald, daß n! leicht auszurechnen ist, wenn (n-1)!
schon bekannt ist, nämlich durch "Nachmultiplizieren" mit n. Ein
solches Vorgehen nennt man "rekursiv"; es wird die eigentliche
Idee für unseren Algorithmus. Offenbar wird dazu ein Startwert,
ein Rechenanfang gebraucht, die "Initialisierung" für 1! = 1.
Nach einiger Zeit findet man ein Programm, das etwa wie folgt
aussehen kann:

```
PROGRAM fakultaet;
VAR zaehler, fak, ende : integer;
BEGIN
clrscr;                               (* löscht den Bildschirm *)
write ('Wie weit soll die Tabelle gehen? '); readln(ende);
fak := 1;
FOR zaehler := 1 TO ende DO
    BEGIN
    fak := fak * zaehler;
    writeln (zaehler : 2, '! = ', fak)
    END
END.
```

Die im Programm benützte Schleife FOR ... DO ... ist nach der
Syntax von Pascal allgemein so aufgebaut:

    FOR Laufvariable := Anfangswert TO Endwert DO Anweisung;

Da im Beispiel jeweils zwei Anweisungen für jeden Wert von zaehler zu bearbeiten sind, werden diese in einem sog. Block mit
BEGIN ...; ... END zusammengefaßt, sozusagen zu einer neuen Superanweisung. Da vor END kein Semikolon stehen muß, entfällt dieses hier gleich zweimal. In der Schleife wird die Variable fak
angesprochen, verändert auf sich selbst zugewiesen. Sie muß daher
vorher einmal gesetzt (initialisiert) werden, damit das Programm zielgerecht abläuft. Die wegen nachlässigen Programmierens
eventuell fehlende Zeile *fak := 1;* würde der Compiler nicht
reklamieren, aber das Programm wäre falsch! Denn in der Zeile
*fak := fak * zaehler;* wird dann unter RUN-TIME beim ersten Mal
der mehr oder weniger zufällige Inhalt von fak "hochmulti-
pliziert", der vom Zustand des Arbeitsspeichers abhängt.

Testen Sie das Programm mit ein paar Läufen für Werte von ende
unterhalb 8. Und geben Sie dann einmal einen größeren Wert ein,
etwa 15 oder 20. Die Ergebnisse sind nunmehr recht merkwürdig,
und zwar wegen Überschreitung des sog. *Integer*-Bereichs, der von
-32768 bis + 32767 geht; diese Grenzen werden durch Zweierpo-
tenzen gezogen und vom Compiler nicht entdeckt. Mehr dazu in
Kapitel 9. 30! oder dergleichen kann man also mit dem obigen
Programm nicht ausrechnen, obwohl der Algorithmus auch für diese
Fälle gilt. Für den Anfang kann man sich mit *Real*-Rechnung behelfen, d.h. fak *real* deklarieren und in der Ausgabeanweisung
durch ein passendes Format "zurechtstutzen":

```
    ...
    VAR zaehler, ende : integer;
              fak : real;
    BEGIN ...
        ...    writeln (zaehler : 2, '! = ', fak : 30 : 0)
        ...
    END.
```

Für größere Werte von ende ist die Rechnerantwort freilich un-
befriedigend, weil ganz offenbar die letzten Ziffern nicht mehr
stimmen: Die nötige Rechengenauigkeit fehlt und wird durch das
Runden nur verschleiert. - Lassen Sie die Formatierung in der
Ausgabeanweisung zum Vergleich einmal weg! Die größte Fakultät,
die auf diese Weise in Näherung berechnet werden kann, ist 33!
Geht die Schleife weiter, so erfolgt eine Fehlermeldung unter
RUN-TIME wegen Speicherüberlaufs; Zahlen jenseits von 2^36 sind
nicht mehr darstellbar. Mit passender Software kann diese Be-
grenzung aber aufgehoben werden, insbesondere sind dann große
Ganzzahlen bearbeitbar. (Ein Beispiel in Kapitel 6.)

Ergänzend sei angemerkt, daß bei *Integer*-Rechnung der Wert von

    a := 100 * 2000 / 20;

falsch ermittelt wird, da beim Rechnen von "links nach rechts"
das Produkt den *Integer*-Bereich überschreitet. Dagegen liefert
100 / 20 * 2000 richtig 10000 als Ergebnis. Ist a reell deklariert, so tritt dieses Problem nicht auf.

Zur anschaulichen Darstellung von Algorithmen bedient man sich
verschiedener Methoden; besonders gebräuchlich sind Flußdiagramme
und Struktogramme (nach NASSI-SHNEIDERMAN).

Flußdiagramme (die gerne von BASIC-Programmierern gewählt werden)
verwenden einige leicht eingängige Symbole für Anfang und Ende
(Kreis oder Oval), für Ein- und Ausgabe (Parallelogramm), für
Verzweigungen (Raute), für Wertzuweisungen und allgemeine Operationen (Rechteck) sowie für Schleifen. - Unser obiges Programm
sieht damit so aus:

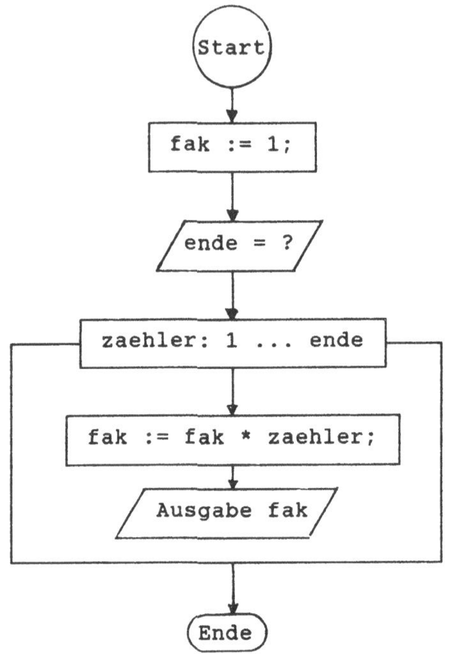

Es kann nützlich sein,
einen sog. Speicher-
belegungsplan aufzu-
schreiben:

zaehler	fak
1	1
2	2
3	6
4	24

und so weiter ...

Flußdiagramm zum
Programm Seite 24

Verzweigungen kommen hier nicht vor; sie führen sehr häufig zu
Überschneidungen im Diagramm und machen damit den Algorithmus
undurchsichtig. Struktogramme haben diese Schwäche nicht; sie
entsprechen zudem besser der Sprachstruktur von Pascal und
sollten daher eher zur Darstellung gewählt werden. Wir stellen
ihre Beschreibung aber bis zum nächsten Kapitel noch etwas zurück und nehmen uns ein weiteres Beispiel vor:

Die sog. "Fellachenmultiplikation" m = a * b für zwei natürliche
Zahlen a und b verläuft nach folgendem Algorithmus, den wir in
einer Art Pseudocode (formalisierte Kunstsprache) so notieren:

    Gegeben seien a und b; setze zunächst m = 0:
    Wiederhole, solange a ungleich 0:
        Ist a ungerade, so ersetze m durch m + b.
        Ersetze a durch a DIV 2 und b durch 2 * b.
    Ende des Wiederholungsteils. - Ergebnis: m.

Beschreiben Sie übungshalber diesen Algorithmus in einem Flußdiagramm. Und hier ist das Pascal-Quellprogramm:

```
PROGRAM fellache;
(* hier u.U. Compileroption eintragen *)
VAR fak1, fak2, ergeb : integer;
BEGIN
ergeb := 0;
write ('2 Faktoren ... '); readln (fak1, fak2);
WHILE fak1 <> 0 DO
      BEGIN
      IF fak1 MOD 2 = 1 THEN ergeb := ergeb + fak2;
      fak1 := fak1 DIV 2;
      fak2 := 2 * fak2
      END;
writeln ('Ergebnis ... ', ergeb)
END.
```

Beachten Sie die Prüfung, ob fak1 ungerade ist. Da die beiden
fak1 und fak2 im Programm verändert werden, sind sie zu Ende
nicht mehr mit den Anfangswerten bekannt. Wie ist das Programm
demnach zu ergänzen, damit die erweiterte Ausgabezeile

```
writeln (a, ' * ', b, ' = ', ergeb)
```

einen Sinn bekommt? - Man muß von Anfang an zwei zusätzliche Variable zum "Merken" bis Ende einführen und *fak1 := a; fak2 := b;*
setzen oder (was geschickter ist) die Ausgabe auftrennen:

```
...
write (fak1, ' * ', fak2, ' = ');   (* nach der Eingabe *)
... WHILE - Schleife ...
writeln (ergeb)
END.
```

Im Programm kommt eine sog. WHILE - DO - Schleife vor, eine im
folgenden Kapitel noch näher beschriebene Anweisung vom Typ

```
WHILE Bedingung DO Anweisung;
```

mit einem BOOLEschen Ausdruck "Bedingung", der wahr oder falsch
ist, und einem nachgeschalteten Anweisungsblock mit BEGIN und
END anstelle einer einzigen Anweisung zur wiederholten Ausführung solange, wie die Bedingung fak1 <> 0 zutreffend (wahr)
ist. Diese muß also irgendwann einmal falsch werden ... Im Programm sind mehrere Anweisungen durch die Klammer BEGIN ... END
zu einem Block zusammengefaßt, sozusagen eine Superanweisung.

Würde fak1 im obigen Programm nicht ständig verkleinert (und
damit einmal Null), so ergäbe sich eine sog. "tote Schleife",
d.h. ein Algorithmus, der nie mehr abbricht (und damit im ge-
nauen Sinn des Wortes keiner ist). Vergißt man also die Zeile
fak1 := fak1 DIV 2; (was der Compiler nicht bemerkt), so ist
das Programm falsch. - Es kann aber auch durch unkorrekte Eingaben zu Anfang eine tote Schleife erzeugt werden, nämlich z.B.
durch negatives fak1.

Damit man den Rechner nicht mit RESET anhalten muß (man nennt
dies "Warmstart" des Systems), ist in TURBO-Pascal eine sog.
Compileroption (*$U+*) oder {$U+} vorgesehen, die Möglichkeit,
ein Programm unter RUN-TIME mit CTRL-C abzubrechen.

Im Quelltext wird dazu der Hinweis (*$U+*) nach dem Programm-
kopf als zweite Zeile linksbündig eingesetzt. Das Programm wird
zwar etwas langsamer, aber eben "abbruchfähig". Von Haus aus ist
der Compiler auf (*$U-*) "voreingestellt" ('default'). Im Fort-
gang dieses Kurses werden wir noch weitere solcher Optionen
kennenlernen. - Sie sollten nicht verwechselt werden mit vom
Hauptmenü aus aufrufbaren Optionen, etwa der, einen Quelltext
entweder nur in den Arbeitsspeicher oder aber auf Diskette zu
compilieren, d.h. ein sog. *.COM-File zu erzeugen.

Hier ist ein Algorithmus, von dem bis heute unbekannt ist, ob
er für jedes natürliche a abbricht:

Starte mit einem positiven a und wiederhole, solange a von Eins
verschieden ist: Ist a durch 2 teilbar, so ersetze dieses a
durch a DIV 2, ansonsten aber durch 3 * a + 1. Versuchen Sie,
ein Programm mit Schrittzähler zu schreiben ... Eine erste
Lösung findet sich im Kapitel 21.

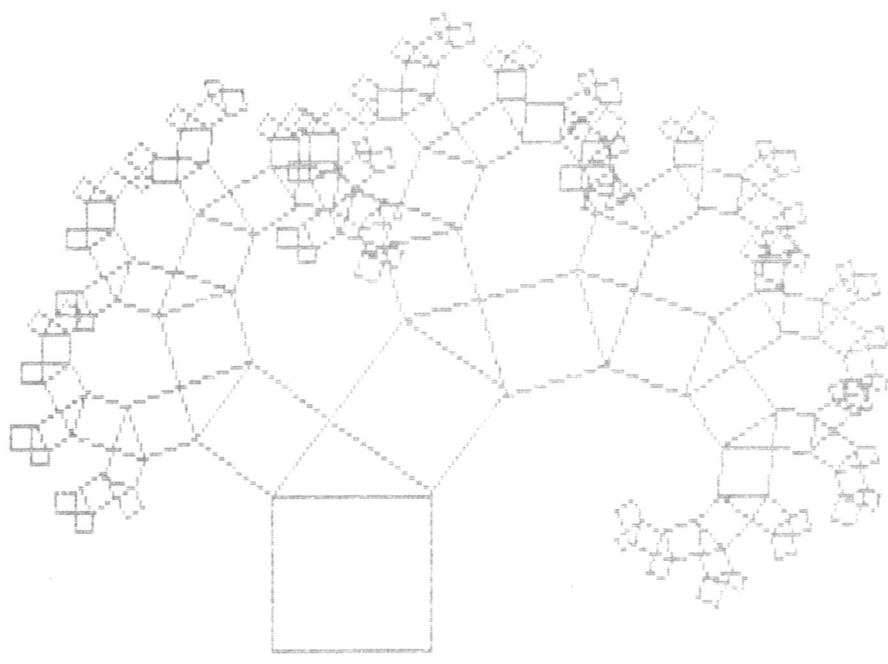

Grafik "Pythagoräischer Baum" mit einem Programm aus Kapitel 15

4 KONTROLLSTRUKTUREN

Die bisherigen Beispiele haben gezeigt, daß man (von ganz primitiven sequentiellen Programmen abgesehen) ohne Schleifen nicht auskommt; denn eine Aufgabe wird nur selten aus einer Abfolge von Anweisungen bestehen, von denen jede nur einmal ausgeführt wird. Die Stärke von Programmen liegt vielmehr in der Möglichkeit, je nach aktuellem Ausfall von Variablen während eines Programmlaufs Entscheidungen maschinell treffen zu lassen. Man nennt solche Anweisungen Steueranweisungen; sie bewirken Verzweigungen im Programm nach zwei Grundmustern:

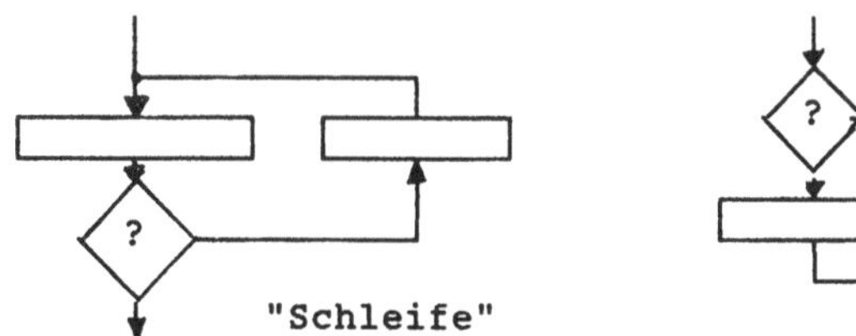

Schleifen werden durch sog. Wiederholungsanweisungen bewirkt; Maschen hingegen erzielt man mit Sprunganweisungen. Verschiedene Programmiersprachen unterscheiden sich ganz wesentlich dadurch, wie diese sog. Kontrollstrukturen gestaltet sind. Im Programm fakultaet aus Kapitel 3 ist schon die DO - Schleife kurz vorgestellt worden:

    FOR Laufvariable := Anfang TO Ende DO ...;

Im einfachsten Fall ist die Laufvariable (Kontrollvariable) vom Typ *integer*, d.h. sie überstreicht einen Teilbereich der ganzen Zahlen; daher muß sinnvollerweise Anfang <= Ende gelten. - Ist Anfang > Ende, so wird die Anweisung nicht ausgeführt, d.h. übergangen. Genau umgekehrt verhält es sich im Fall

    FOR Laufvariable := Anfang DOWNTO Ende DO ...;

des "Herunterzählens". Die Laufvariable wird mit einem üblichen Bezeichner vereinbart; die beiden Werte Anfang und Ende können direkt mit ganzen Zahlen, aber auch mit Namen oder arithmetischen Ausdrücken markiert werden, vorausgesetzt diese liefern Werte vom Typ der Laufvariablen. Die Schleifenanweisung enthält am Ende der Zeile wenigstens eine Anweisung, zumeist aber einen mit BEGIN und END geklammerten größeren Block. Für diesen gilt, daß die Laufvariable dort zwar angesprochen, aber nicht verändert werden darf!

DO - Schleifen sind sehr schnell; wenn immer möglich, sollte daher dieser Verzweigungstypus gewählt werden. In der Grundform beträgt die Schrittweite (in BASIC STEP ...) beim Typ *integer* der Laufvariablen stets 1, dem Zählvorgang entsprechend.

Schleifen können "geschachtelt" werden, d.h. eine "äußere" Schleife enthält (mindestens) eine "innere". In Pascal ist die "Tiefe" (Anzahl der verschiedenen Ebenen) für praktische Anwendungen stets ausreichend. Hier ist ein erstes Programmbeispiel:

```
PROGRAM multiplikationstabelle;
VAR zeile, spalte : integer;
BEGIN
write (' mal ');
FOR spalte := 1 TO 10 DO write (spalte : 5);
writeln; writeln;
FOR zeile := 1 TO 10 DO BEGIN
    write (zeile : 3, ' ');                 (* oder ('|'); *)
    FOR spalte := 1 TO 10 DO write (zeile * spalte : 5);
    writeln
                        END
END.
```

Sie können dieses Programm so erweitern, daß nach der Kopfzeile
der Tabelle eine Unterstreichung eingeschossen wird und zudem
die Vorspalte durch ein Symbol abgetrennt wird, etwa | . Sie
finden solche speziellen Zeichen mit der Tastenfolge ALT-CTRL
(beide festhalten) und nachfolgender Codenummer, hier 179.

Wünscht man eine von Eins verschiedene Schrittweite, so ist die
DO - Schleife anders zu konstruieren: Die Laufvariable zählt die
Schritte, die eigentlich interessierende Variable wird initialisiert und in der Schleife mit beliebiger Schrittweite sukzessive verändert. Als kleines Beispiel hier die Wertetabelle
der Funktion y = x*x von 0 bis 1 mit der Schrittweite 0.05:

```
PROGRAM wertetabelle;
VAR schritte : integer;
    x, delta : real;
BEGIN
x := 0; delta := 0.05;
FOR schritte := 1 TO 21 DO BEGIN
                writeln (x : 4 : 2, x * x : 15 : 4);
                x := x + delta
                            END
END.
```

Wir benützen dieses Programmbeispiel, die ebenfalls schon vor-
gestellte WHILE ... DO - Schleife näher zu beschreiben:

```
PROGRAM wertetabelle;
VAR x, delta : real;
BEGIN
x := 0; delta := 0.05;
WHILE x < 1.01 DO BEGIN
                writeln (x : 4 : 2, x * x : 15 : 4);
                x := x + delta
                END
END.
```

Gegenüber der ersten Programmversion fehlt jetzt die Zählvariable
schritte; eingangs der Schleife wird geprüft, ob die Durchlaufbedingung erfüllt ist. Es ist also auch hier möglich, daß die Anweisungen in der Schleife überhaupt nicht bearbeitet werden. Im
Gegensatz zur DO - Schleife kann man aber durch Tippfehler sehr
leicht eine "ewige, tote" Schleife ('dead loop') erzeugen:

Die Initialisierungen (hier) von x und delta (positiv), Ein-
trittsbedingung und Veränderung von x in der Schleife müssen im

Zusammenhang gesehen und richtig aufeinander abgestimmt werden. Der Compiler bemerkt entsprechende Fehler nicht. Fatal wäre also z.B. die Zeile *x := x - delta;* am Ende der Schleife! Bei dieser Gelegenheit sei angemerkt, daß vor dem ersten Probelauf eines Programms der Quelltext auf jeden Fall abgespeichert werden sollte. Bleibt der Rechner hängen, so ist nach dem Neustart dann wenigstens der Text vorhanden und kann auf Fehler untersucht werden. Außerdem ist die Schreibarbeit nicht vergeblich gewesen. Es sei hier nochmals an die Compileroption (*$U+*) erinnert!

Man beachte die Abfrage x < 1.01, mit der offenbar alle gewünschten x - Werte bis 1 einschließlich durchlaufen werden. Da x *real* deklariert ist, könnte die Bedingung x <= 1.00 unter Umständen den letzten Wert nicht mehr erfassen, da der Vergleich reeller Zahlen (x = ...) meistens "false" ausfällt. Bei *integer*-Zahlen tritt dieses Problem nicht auf.

In Pascal ist noch die Konstruktion von sog. REPEAT - Schleifen vorgesehen, die wir ebenfalls am gewählten Algorithmus zum Berechnen von Quadratzahlen demonstrieren:

```
PROGRAM wertetabelle;
VAR x, delta : real;
BEGIN
   x := 0; delta := 0.05;
   REPEAT
      writeln (x : 4 : 2, sqr(x) : 15 : 4);
      x := x + delta
   UNTIL x > 1.01
END.
```

Auch hier ist stets eine Initialisierung erforderlich für jene Variable, die in der Schleife schrittweise verändert wird. Im Unterschied zur WHILE - DO - Schleife gibt es hier keine Eintritts-, sondern eine Abbruchbedingung: Die REPEAT - Schleife wird also mindestens einmal durchlaufen! Im Hinblick auf die korrekte Formulierung der Bedingungen gelten die eben gemachten Bemerkungen, d.h. die Vermeidung toter Schleifen liegt in der Verantwortung des Programmierers. Besonders gefährlich ist in jedem Fall die Prüfung auf Gleichheit auch schon bei ganzen Zahlen:

```
PROGRAM ewig;
(*$U+*)   VAR n : integer;
BEGIN
   n := 0;
   REPEAT   n := n + 3; write (n : 5)   UNTIL n = 100
END.
```

Da augenscheinlich der Wert 100 nicht getroffen wird, hat dieses Programm seinen Namen zu Recht. Also ... UNTIL n >= 100. (Mit der Compileroption (*$U+*) zu Beginn des Programms kann man ohne RESET das Programm abbrechen: CTRL-C.) Die allgemeine Form

```
REPEAT ... UNTIL Bedingung;
```

dieser Schleife erfordert an der Stelle ... auch bei Anweisungsblöcken keine Klammerung durch BEGIN und END. Dies bewir-

ken bereits die beiden Pascalwörter (Standardbezeichner) REPEAT
und UNTIL. Deswegen haben wir (wie vor END) auch kein Semikolon
vor UNTIL gesetzt, d.h. nach der letzten Anweisung des Blocks.
Falsch wäre es freilich nicht, denn ;;; ist einfach eine Folge
leerer Anweisungen, die der Compiler durchaus akzeptiert. Als
Übungsaufgabe könnten Sie jetzt das Programm fakultaet mit den
beiden neuen Anweisungen umschreiben ...

Hier ist noch einmal eine Gegenüberstellung der beiden Typen mit
Abbruch- bzw. Durchlaufbedingung:

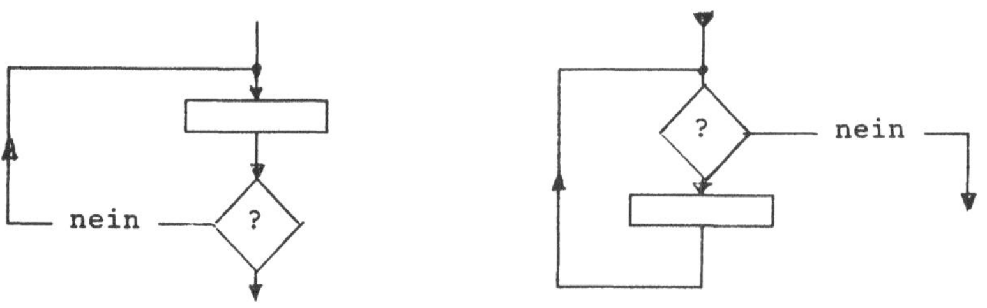

REPEAT ... UNTIL ...;   WHILE ... DO ...;

Diese Rückwärtsverzweigungen entsprechen dem eingangs dieses
Kapitels angegebenen Diagramm links; die Vorwärtsverzweigung
hingegen wird durch eine sog. IF - Anweisung bewirkt, die ebenfalls schon vorkam. Ihre allgemeinste Form ist

    IF Bedingung THEN stat1 ELSE stat2;

Auch hier gilt, daß die Anweisungen *stat1* und *stat2* bei Bedarf
durch Blöcke ersetzt werden können, die dann mit BEGIN und END zu
klammern sind. Zu beachten ist, daß vor ELSE kein Strichpunkt
steht. Wenn die eingeführte Bedingung zutrifft, also wahr (true)
ist, so wird *stat1* ausgeführt, sonst hingegen *stat2*. Es liegt
also eine Alternativentscheidung vor, die bereits eingangs dieses Kapitels (rechte Grafik) skizziert worden ist. Zu ergänzen
wäre (und so kam dieser Fall bereits vor), daß der Teil ELSE ...
auch entfallen darf, also die Verkürzung

    IF Bedingung THEN ... ;

ebenfalls syntaxgerecht ist. Sie bedeutet: Wenn die Bedingung
zutrifft, führe die nach THEN folgende Anweisung aus, sonst
nichts (d.h. mache sequentiell im Programm weiter).

Zu den Bedingungen (BOOLEsche Ausdrücke) ein paar Anmerkungen:

Einfache Beispiele sind etwa x = 3, u * v >= 7, a = b und so
fort, also arithmetische Ausdrücke, die mit Vergleichsoperatoren
in Relation gesetzt werden. Sollen komplexere Ausdrücke gebildet
werden, so stehen u.a. die logischen Verknüpfungen

    AND OR NOT

zur Verfügung. In diesen Fällen verlangt der Pascal-Compiler eine
Klammerung, etwa

    IF (x = 3) AND (y > 5) THEN ... .

AND bedeutet dabei "sowohl als auch"; OR heißt "wenigstens eine
der beiden" Ausdrücke ist *true*. NOT ist die landläufige Verneinung. Das x - Intervall [0, 5] ist wie folgt zu beschreiben:

```
IF (x >= 0) AND (x <= 5) THEN ... ,
```

also nicht IF 0 <= x <= 5 THEN ... , wie der Mathematiker gern
formulieren würde. Bedingungen werden wie BOOLEsche Variable behandelt, d.h. auf *true* oder *false* getestet. Daher können auch
Variable vom Typ *boolean* eingetragen werden. Am besten erkennt
man die Situation an einem Beispiel:

```
PROGRAM rechnerlogik;
VAR wahr : boolean;
    a, b : integer;
BEGIN
   readln (a, b);
   wahr := a = b;
   IF wahr THEN writeln ('gleich')
           ELSE writeln ('ungleich')
END.
```

Für den Anfänger ist *wahr := ...* überraschend, was in viel
einfacherer Weise schon im Programm fragezeichen zutage ge-
treten ist. Deutlicher wird es mit überflüssigen Klammern:

```
wahr := (a = b);
```

besagt, daß über den Vergleich a = b der Variablen wahr ein
Wahrheitswert zugewiesen wird. Ist also a = b, so ist wahr
true, sonst aber *false*. Die IF - Anweisung wertet dies dann
aus. Gleichwertig wäre beim Programmlauf

```
wahr := NOT (a <> b);
```

jedenfalls für *integer* vereinbarte a und b. Ergänzende Ausführungen finden sich im folgenden Kapitel 5.

Zur IF ... THEN ... ELSE - Anweisung nun ein anspruchsvolleres
Programmbeispiel:

```
PROGRAM primliste;
VAR anfang, ende, zahl, teiler : integer;
                          wurzel : real;
BEGIN
readln (anfang, ende);   (* anfang > 5, ende > anfang *)
IF anfang MOD 2 = 0 THEN anfang := anfang + 1;
zahl := anfang;
WHILE zahl <= ende DO BEGIN
  wurzel := sqrt (zahl);
  teiler := 3;
  REPEAT
     IF zahl MOD teiler <> 0 THEN teiler := teiler + 2
                             ELSE teiler := zahl
  UNTIL teiler > wurzel;
  IF zahl MOD teiler <> 0 THEN write (zahl : 8);
  zahl := zahl + 2
                          END
END.      (* Ein weiteres Primzahlprogramm in Kapitel 12 *)
```

Das Programm liefert eine Primzahlliste von anfang bis ende.
Der Algorithmus beruht auf der Prüfung von zahl durch die Teiler
3, 5, 7, ... bis zur Wurzel aus zahl. Er findet daher die kleinen Primzahlen bis 5 nicht. Geprüft werden nur ungerade Zahlen,
deswegen die Korrekturzeile unmittelbar nach der Eingabe, die
für gerades anfang den korrekten Einstieg in die Schleife ga-
rantiert. Ist eine Zahl nicht prim, so wird teiler so hoch
gesetzt, daß die REPEAT - Schleife wegen ELSE ... frühzeitig verlassen wird. Ansonsten wird der nächste Teiler gewählt und die
geprüfte Zahl gegebenenfalls (wegen zahl MOD teiler <> 0) als
Primzahl erkannt und ausgegeben. Denn eine Zahl, die keine Teiler bis zu ihrer Wurzel hinauf hat, ist prim. Das Ausgabeformat
ist so gewählt, daß am Bildschirm ein Zeilenvorschub zusammen mit
Wagenrücklauf (LF+CR) nach je 10 Primzahlen von selbst erfolgt.

Das Programm ist nicht elegant, denn es werden viele überflüssige
Prüfungen durchgeführt: Ist z.B. 5 kein Teiler von zahl, dann 15
erst recht nicht, obwohl dies u.U. auch noch überprüft wird. Aber
es enthält IF - Anweisungen in beiden Ausformungen.

Soll anfang kleiner als 6 möglich sein, so müßte man die ersten
Primzahlen explizit ausgeben; instruktiv ist der Einbau eines
Zählers für die gefundenen Primzahlen im Intervall. Zu ergänzen
ist vielleicht noch, daß ende im Ganzahlenbereich bleiben muß.
Diese Einschränkung kann nur softwaremäßig durch andersartige
Rechentechnik umgangen werden. Geben Sie übungshalber das zuge-
hörige Flußdiagramm an!

Die IF - THEN - ELSE - Anweisung dient vor allem auch dazu, in
Programmen sog. binäre Entscheidungsbäume als Struktur aufzubauen, d.h. Vorwärtsverzweigungen des Musters

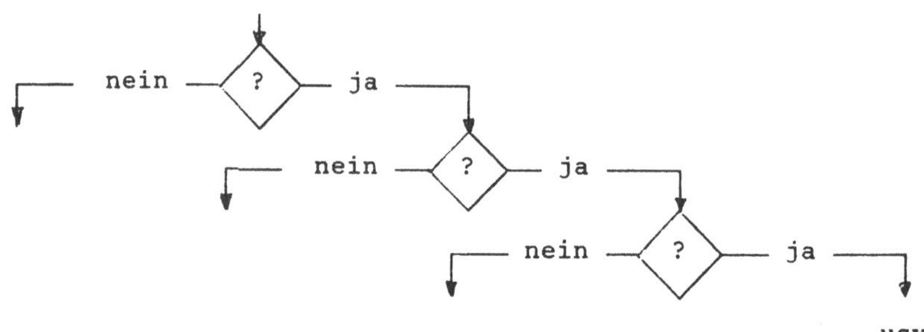

etwa am Beispiel

```
PROGRAM baum;
VAR x : integer;
BEGIN
REPEAT
   readln (x)
UNTIL x < 1000;
IF x >= 0 THEN
            IF x > 9 THEN
                       IF x > 99 THEN write ('drei Ziffern')
                                 ELSE write ('zwei Ziffern')
                       ELSE write ('eine Ziffer')
            ELSE write ('negativ')
END.
```

Ein x wird also genau einem von vier Intervallen zugewiesen.
Ersichtlich ist dieses Beispiel "gut strukturiert", unterstützt
durch geschicktes Einrücken im Quelltext.

Wird in diesem Baum die nein-Seite auf jeder Entscheidungsebene
alternativ "aufgesplittet", so ergeben sich nach der dritten
Entscheidung bereits 2^3 = 8 Möglichkeiten, daher die Bezeichnung "binär". Ein Entscheidungsmuster dieses Typs kann in vielen
Fällen bequemer mit einem Programmschalter installiert werden,
den Pascal ebenfalls bereithält, die CASE - Anweisung. Nimmt
eine Variable (oder ein Ausdruck mit definierter Wertzuweisung)
genau n verschiedene diskrete Werte an, so schreibt man

```
CASE Ausdruck OF
Wert 1 : Anweisung 1;
Wert 2 : Anweisung 2;
...
Wert n : Anweisung n
END;  (* of case *)
```

Man beachte, daß die Anweisung durch ein END abzuschließen ist,
dessen zugehöriges BEGIN schon mit CASE ... OF markiert ist. Zugelassen für Ausdruck sind alle skalaren Datentypen, *real* ausgenommen. In der Praxis kommen ganze Zahlen (*integer*) oder
Zeichen (*char*) der Tastatur als Werte (sie heißen CASE - Marken
oder engl. 'label') vor. Hierzu zwei demonstrative kleine Beispiele:

```
PROGRAM wochentag;
VAR tag : integer;
BEGIN
   readln (tag);
   IF (tag < 1) OR (tag > 7)
      THEN write ('ohne Sinn')
      ELSE
      CASE tag OF
      1 : write ('Sonntag');
      2 : write ('Montag');
      ...
      7 : write ('Samstag')
      END
END.
```

Unter CASE ... sind Zusammenfassungen der Art

```
...
1, 2 : write ('Sonntag oder Montag');
...
```

zugelassen, dürfen sich aber nicht "überschneiden", d.h. die ge-
setzen Marken müssen disjunkt sein. Kommt ein an sich möglicher
Wert der Schaltervariablen nicht als Marke vor, so ist das für
den Programmlauf unerheblich, liefert also keine Fehlermeldung.
Aber: das Programm ist dann u.U. unvollständig oder logisch
falsch; eine nicht ausführbare CASE-Anweisung wird übergangen.

Für eine sog. Menüsteuerung in einem Programm ergibt sich mit dem
CASE-Schalter beispielsweise folgendes Konstruktionsschema:

```
PROGRAM sowieso;
VAR eingabe : char;
   ....
BEGIN
REPEAT                                   (* sog. Menü *)
   clrscr;
   writeln ('Drucken .......... D');
   writeln ('Lesen ............ L');
   ...
   writeln ('Ende ............. E');
   write ('Ihre Wahl .......... '); readln (eingabe);
   eingabe := upcase (eingabe);
   CASE eingabe OF
   'D' : BEGIN
           ... (* Druckerroutinen *)
         END;
   'L' : BEGIN
           ... (* Leseroutinen *)
         END;
   (* weitere Labels *)
   END
UNTIL eingabe = 'E'
END.
```

Man beachte, daß die Marken vom Typ *char* in ' ' zu setzen sind.
Jede Anweisung nach einer Marke kann zum Block erweitert wer-
den, denn in der Regel folgen jetzt aufwendige Programmteile.
Eine im Menü nicht vorgesehene Eingabe bewirkt Durchlauf von
CASE und Rückkehr in das Menü, was sehr erwünscht ist. Nur die
Eingabe 'E' führt endgültig aus dem Programm. Das gesamte Pro-
gramm ist in eine REPEAT - Schleife eingebunden, was eine Vor-
einstellung von eingabe (was bei WHILE notwendig wäre) erübrigt.

Als generelle Ergänzung sei angemerkt, daß Pascal auch eine Anweisung *GOTO Sprungmarke;* vorsieht, mit Rücksicht auf frühere
BASIC - Programmierer. Ihre Verwendung ist stark eingeschränkt
und zudem prinzipiell überflüssig, sodaß wir hier nicht weiter
darauf eingehen (Ein Beispiel in Kapitel 20). Wer GOTO ... unbedingt braucht, studiere die Ausführungen im TURBO-Manual.

Schleifen werden gerne benutzt, um Iterationen abzuarbeiten,
d.h. Formelausdrücke, die wiederholt solange zum Einsatz kommen,
bis eine Abbruchbedingung erfüllt ist. Als Beispiel mag die sog.
NEWTON-Iteration zur Berechnung der Wurzel aus einer Zahl a > 0
dienen, und zwar nach der Formel

$$x(neu) = (x(alt) + a / x(alt)) / 2 .$$

Mehr mathematisch orientiert schreibt man dies so:

$$x_n = (x_{n-1} + a / x_{n-1}) / 2 \quad \text{für } n = 1, 2, 3, ...$$

mit $x_0 = a$; man sagt x_n konvergiere gegen die Wurzel aus a.

Der Startwert x_0 oder "erstes" x(alt) ist beliebig positiv,
etwa gleich a. Als Abbruchbedingung kann die absolute Differenz
zweier aufeinanderfolgender Werte x(neu) und x(alt) benutzt
werden, d.h. die Differenz $|x_n - x_{n-1}|$, die man z.B. kleiner
als 0.001 fordert. Hier ist das Programm (mit a = rad):

```
PROGRAM newtoniteration;
VAR  rad, x, merk : real;
            anzahl : integer;
BEGIN
   REPEAT
      clrscr;
      write ('Wurzel aus ... ');
      read(rad)
   UNTIL rad > 0;
   x := rad;
   anzahl := 0;
   REPEAT
      merk := x;
      anzahl := anzahl + 1;
      x := (x + rad / x) / 2
   UNTIL abs (merk - x) < 0.001;
   writeln (' = ', x, ' in ', anzahl, ' Schritten.')
END.
```

Da wir für x nur einen Speicherplatz ansetzen, muß das "alte" x
für die Differenzbildung via merk jeweils einen Schritt aufbe-
wahrt werden ... Da das Programm nur für positive rad ordnungs-
gemäß arbeitet, erzwingen wir in einer Vorschleife eine sachge-
rechte Eingabe. Lassen Sie diese Schleife weg und gehen Sie mit
read (rad) und negativem rad einmal direkt in das Programm!

In einem sog. Struktogramm stellt sich unser Programm so dar:

<table>
<tr><td></td><td>Eingabe von rad</td></tr>
<tr><td colspan="2">bis rad > 0</td></tr>
<tr><td></td><td>Berechnungen</td></tr>
<tr><td colspan="2">bis abs ... < 0.001</td></tr>
<tr><td colspan="2">Ergebnis: Ausgabe</td></tr>
</table>

Man erkennt jetzt gut den sequentiellen Aufbau des Programms
aus drei wesentlichen Bausteinen ("Strukturblöcke"), von denen
der letzte ein sog. "Elementarblock" ist. Die ersten beiden
sind dem Typ nach identisch, sog. "Iterationsblöcke". Diese
symbolisieren die Notation für die beiden Schleifen vom Typ
REPEAT ... UNTIL ... . Auch die WHILE - Schleife wird mit einem
Iterationsblock dargestellt.

Die IF ... THEN ... ELSE - Verzweigung und der CASE - Schalter
"selektieren"; die entsprechende Symbolik wird daher als sog.
Selektionsblock bezeichnet.

Das Struktogramm auf der folgenden Seite zeigt diese wichtigen
Grundelemente der Darstellung für Reihung, Alternative und die
beiden Schleifentypen sowie die CASE - Verzweigung am Beispiel
des anschließend symbolisch geschriebenen Programms. Sie können
hieraus als gute Übung nachträglich das Struktogramm für das
Primzahlprogramm von Seite 33 erstellen.

Anweisung 1

Anweisung 2

Bedingung 1
wahr / falsch

Anweisung 3 | Anweisung 4

Anweisung 5

Bedingung 3

Anweisung 6

Bedingung 2

Bedingung 4
M1 | M2 | M3
A 7 | A 8 | A 9

Anweisung 10

```
PROGRAM strukturbeispiel;
(* Deklarationen *)
BEGIN
Anweisung 1;
Anweisung 2;
IF Bedingung 1 THEN BEGIN
                    Anweisung 3;
                    REPEAT
                       Anweisung 5;
                       WHILE Bedingung 3 DO Anweisung 6
                    UNTIL Bedingung 2
                    END
               ELSE BEGIN
                    Anweisung 4;
                    CASE Bedingung 4 OF
                    M1 : Anweisung 7;
                    M2 : Anweisung 8;
                    M3 : Anweisung 9
                    END                (* OF CASE *)
                    END;               (* OF ESLE *)
Anweisung 10
END.
```

"Strukturiertes" Programmieren wird von Pascal sichtlich unterstützt, denn Struktogramm- und Sprachelemente entsprechen sich.
Hinzu kommt, daß die sog. "schrittweise Verfeinerung" von Programmen sehr einfach durch Ersetzen eines Bausteins im Struktogramm durch einen detaillierter ausgeführten Block möglich ist.
"Man setzt ein Modul (Baustein) ein." Modulares und strukturiertes Programmieren ergänzen sich gegenseitig. Später zu be-
schreibende Unterprogrammtechniken sowie Editoroptionen werden
diesen Vorteil von Pascal genauer herausarbeiten.

Eine verkürzte IF - Anweisung ohne ELSE ... führt übrigens im
obigen Struktogramm einfach zu einem leeren Block.

5 RECHNERLOGIK

Wir kommen nochmals auf BOOLEsche Ausdrücke zurück; neben der
mehr mathematischen Verwendung in Bedingungen gibt es auch eine
logisch bzw. strukturell orientierte, die Abbildung von Strukturen etwa aus der Schaltungsalgebra. Zuvor wollen wir aber in
Anknüpfung an die Ausführungen des vorigen Kapitels (ab etwa
Seite 33 oben) die sog. Wahrheitstafeln der drei elementaren
logischen Verknüpfungen NOT, AND und OR aufstellen.

Diese auch per Programm erstellbaren Tafeln sehen für BOOLEsche
Variable u und v so aus:

u	NOT u	
true	false	(logisches nicht: Negation)
false	true.	

(Die Verneinung NOT ist eine sog. einstellige Verknüpfung.)

u	v	u AND v	
true	true	true	(logisches und: Konjunktion)
true	false	false	
false	true	false	
false	false	false	

u	v	u OR v	
true	true	true	(logisches oder: Alternative)
true	false	true	
false	true	true	
false	false	false.	

Das sprachliche "entweder - oder" ist _nicht_ mit OR identisch,
sondern wird fallweise anders beschrieben, nämlich als Dis-
junktion (ausschließendes "oder") oder als Unverträglichkeit
("entweder - oder", aber beides zusammen nicht): Es gibt also
drei verschiedene "oder". - Ausdrücke wie

        u OR (NOT u)

die immer wahr (_true_) sind, heißen Tautologien. Ihnen gilt in
der Logik besonderes Interesse. Das Gegenteil sind unerfüllbare
Aussagen, also Ausdrücke, die niemals wahr sind.

Der Rechner, d.h. das Sprachsystem Pascal (aber auch schon der
Prozessor), "kennt" diese Logik; die Pascalmaschine ist/hat daher auch und zuerst eine logische Struktur, die nach den Regeln
dieser schon auf ARISTOTELES (384 - 322 v.Chr.) zurückgehenden
sog. Zweiwertlogik arbeitet. GEORGE BOOLE (1815 bis 1864) soll
hier nicht unerwähnt bleiben: Er gilt als Begründer der neu-
zeitlichen formalen Logik und war Professor der Mathematik am
Queens College in Cork, ohne je ein Hochschulstudium absolviert
zu haben! Nun als Anwendung aus der sog. BOOLEschen Algebra
(Schaltungsalgebra) etwas anderes:

Die folgende einfache Verdrahtung mit drei Schaltern und einem Lämpchen

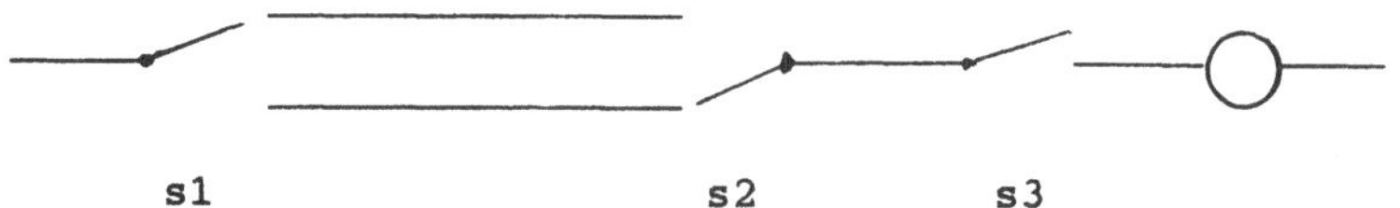

s1   s2   s3

entspricht unmittelbar dem Programm

```
PROGRAM lichttechnik;
VAR s1, s2, s3 : integer;
BEGIN
    writeln ('Schalterstellungen eingeben ... ');
    readln (s1, s2, s3);
    IF (s1 = s2) AND (s3 = 1) THEN writeln ('hell')
                              ELSE writeln ('dunkel')
END.
```

Willkürlich seien "obere" Schalterstellungen mit 0, untere mit 1 abgekürzt. Das Programm entscheidet, ob die Lampe brennt. Grundsätzlich läßt sich jede Schaltung so abbilden, also untersuchen und in der Folge u.U. vereinfachen, wenn der logische Ausdruck kürzer geschrieben werden kann. Dafür gibt es formale Routinen.

Wenn Sie sich überlegen, wie die Schaltung für den Fall

    IF (s1 = s2) OR (s3 = 1) THEN ...

aussieht, dann erkennen Sie die grundsätzliche praktische Bedeutung von AND und OR (Parallel- bzw. Hintereinanderschaltung). Bei komplexen BOOLEschen Ausdrücken sollte man übrigens nicht mit (eventuell überflüssigen) Klammern sparen, um Fehlermeldungen beim Compilieren zu minimieren bzw. sicher zu sein, daß der gewünschte richtige Ausdruck übersetzt wird. Dies gilt vor allem bei Unsicherheit im Umgang mit logischen Ausdrücken.

Und: Skizzieren Sie in Zukunft nach der Problemanalyse zunächst Struktogramme zum Algorithmus, ehe Sie ans Codieren in Pascal gehen; lesen Sie nochmals den Anfang von Kapitel 3. Sie werden feststellen, daß die wesentliche Leistung nicht mehr im Codieren besteht und zudem viel unfruchbare Denkzeit an der Tastatur so einzusparen ist. Im fortgeschrittenen Stadium schreibt man dann nicht mehr alle Details in das Struktogramm, sondern man kürzt passend ab bzw. man trägt die Namen von Prozeduren ein, die wir in Kapitel 8 ausführlich behandeln werden.

Wer Spaß an logischen Ausdrücken und Spielereien hat, kann sich Wahrheitstafeln für weitere logische Verknüpfungen erstellen und ausdrucken lassen, so etwa für die "Wenn ... dann" - Beziehung oder Implikation u ——> v (gelesen: "aus u folgt v") zwischen zwei BOOLEschen Variablen u und v. Sie ist gleichwertig oder "wertverlaufsgleich" mit

    (NOT u) OR v ,

was man per Tafel leicht nachprüfen kann:

u	v	u ——> v	(log. Folge:
			Implikation)
true	true	true	
true	false	false	
false	true	true	
false	false	true.	

Beachten Sie zunächst die systematische Besetzung mit Wahrheit-
werten auf der linken Seite, die man bei der Prüfung von zusammengesetzten Aussagen mit zwei (oder auch mehr) Eingangswerten
(wie: u ——> v) gerne standardisiert, um sich Schreibarbeit
(auf der linken Seite) durch Weglassen zu sparen.

Gewöhnungsbedürftig sind die beiden letzten Zeilen, die etwa mit
folgenden Beispielen illustriert werden können:

    Wenn Pferde fliegen können, dann ist der Mars ein Planet.
    Wenn Pferde Vögel sind, dann sind Hunde auch Vögel.

Der letzte Satz ist in der Tat wahr, obwohl beide Teilaussagen
falsch sind. Für den ersten gilt dies erst recht. – Implika-
tionen mit falschem "Vorderglied" sind in der Logik als wahr
anzusetzen ... Denken Sie beispielsweise unabhängig vom Lebens-
alter des Aussagenden über folgenden stets wahren Satz nach:

    Wenn mein Alter durch 6 teilbar ist, dann auch durch 2.

Im Literaturverzeichnis finden Sie Hinweise auf Bücher, die sich
mit Logik auf "Einsteigerniveau" befassen.

Zum Abschluß eine Denksportaufgabe, das sog. "Kokosnußproblem":
Fünf Männer und ein Affe befinden sich auf einer Insel und haben
einen Vorrat von Kokosnüssen gesammelt, den sie am folgenden
Morgen unter sich aufteilen wollen. In der Nacht nun wacht einer der Männer auf, um sich seinen Teil vorab zu sichern: Er
teilt die Kokosnüsse in fünf gleichgroße Haufen auf, wobei eine Nuß
übrig bleibt; diese Nuß erhält der Affe. Der Mann schafft seinen
Anteil beiseite und legt die übrigen Nüsse wieder zusammen.

Dies geschieht in jener Nacht noch viermal, und jedesmal erhält
der Affe eine Nuß. Am Morgen setzen sich die Männer schweigend
zusammen und teilen den Haufen in fünf gleiche Teile. Diesmal
bleibt keine Nuß übrig und der Affe geht unter Protest leer aus.
Wieviele Nüsse waren ursprünglich gesammelt worden? ...

```
    ...
    BEGIN          (* vollständig auf Disk als KP05AFFE.PAS *)
    n := 6;
    REPEAT
       k := n;
       FOR i := 1 TO 5 DO
          IF k MOD 5 = 1 THEN BEGIN
                          k := 4 * (k DIV 5); s := i
                          END;
       n := n + 5
    UNTIL (s = 5) AND (k MOD 5 = 0);
    write (n - 5)
    END.      (* Die kleinsten Lösungen sind 3121 und 18746 *)
```

6 FELDER UND STRINGS

Bei vielen Aufgabenstellungen werden Listen mit Daten gleichen
Typs, Zwischenergebnissen und so weiter in einheitlicher Organisationsform benötigt. In der Mathematik realisiert man solches
u.a. mit Vektoren und Matrizen, sog. indizierten Größen. Es ist
naheliegend, solche "zusammengesetzten" Datenstrukturen auch in
Programmiersprachen vorzusehen. - Ein erstes Beispiel in Pascal
ist das Feld ('array'). Als Einführungsprogramm:

```
PROGRAM logtafel;
VAR suche : integer;
    logar : ARRAY[1 .. 100] OF real;
BEGIN
FOR suche := 1 TO 100 DO logar[suche] := ln(suche);
writeln ('Zahlen 1 ... 100; 0 = Ende ... ');
REPEAT
   readln (suche);
   IF suche > 0 THEN writeln (logar[suche] : 8 : 5)
UNTIL suche = 0
END.
```

Das Programm bewirkt dem Sinn nach die Erstellung einer Seite
einer sog. Logarithmentafel zum "Nachschlagen" der Werte von 1
bis 100. Mit der Eingabe Null endet das Programm. Es könnte abgeändert z.B. dazu benutzt werden, häufig gebrauchte Funktions-
werte einer umständlich zu berechnenden Funktion für ein gewisses
Intervall in einem Programm vorab zur Verfügung zu stellen.

Der Feldname ist ein üblicher Bezeichner, durch die Endung -ar
aber von uns mnemotechnisch besonders hervorgehoben. Das Feld
umfaßt 100 Speicherplätze, die von 1 bis 100 indiziert sind. In
jedem Feldplatz logar[nummer] kann eine Zahl des Typs *real* abgelegt werden. Man beachte die die eckigen Klammern sowie die
zwei Punkte zur Bereichsbeschreibung. Die Indizierung erfolgt
mit zwei ganzen Zahlen, von denen die zweite selbstverständlich
größer sein sollte als die erste. Aber man kann ebenso mit der
Numerierung auch bei 0 oder z.B. 10 beginnen. Später wird sich
zeigen, daß auch allgemeinere Indizierungen möglich sind. Das
Feld im Beispiel heißt eindimensional, weil nur eine Indexmenge
verwendet wird (wie bei Vektoren).

Weitere Beispiele korrekter Deklarationen wären etwa

```
primar : ARRAY[1..1000] OF integer;
tasten : ARRAY[0..255]  OF char;
wasnun : ARRAY[1..2] OF boolean;    und so weiter.
```

Typgleiche Felder werden zusammengefaßt:

```
origar, kopiear : ARRAY[1..50] OF real;
```

Ist origar bereits belegt, so genügt zum Kopieren die einfache
Wertzuweisung

```
kopiear := origar;
```

ohne ausgeführte DO - Schleife von 1 bis 50 (die natürlich ebenfalls richtig wäre).

Mit dem obigen Feld logar an sich gleichwertig sind 100 einzeln
deklarierte Speicherplätze s1, s2, ..., s100. Doch ist das zum
einen ein enormer Schreibaufwand, zum anderen mangelt es dieser
Darstellung am einheitlichen Zugriff über den Index, d.h. der
per Programm gesteuerten Aufrufmöglichkeiten über den in der
eckigen Klammer gesetzten Wert. Denn der folgende fiktive Pro-
grammausschnitt ist durchaus richtig:

```
    ...
    u := 5; v := 10;
    writeln (logar[u * v]);
    ...
```

Es muß nur sicher sein, daß u*v in den voreingestellten Bereich
fällt. Andernfalls greift man ins "Leere". (Ein RUN-TIME-Fehler
ist meist nicht vorgesehen.) Man hätte auch so beginnen können:

```
    PROGRAM logtafel;
    CONST bis = 100;
    VAR suche : integer;
        logar : ARRAY[1..bis] OF real;
    ...
```

Damit ist eine spätere Bereichsänderung übersichtlicher und einfacher. Ein Feld muß auch nicht vollständig genutzt werden; man
setzt es daher gleich von Anfang an hinreichend groß. An Grenzen
wird man kaum stoßen:

```
    PROGRAM rekapituliere;
    VAR  i, num : integer;
         merkar : ARRAY[1..2000] OF char;
    BEGIN
    clrscr; num := 0;
    REPEAT
       num := num + 1;
       read (kbd, merkar[num])
    UNTIL (merkar[num] = '*') OR (num = 2000);
    writeln;
    writeln ('Bis * wurden folgende Tasten benutzt ... ');
    FOR i := 1 TO num - 1 DO write (merkar[i])
    END.
```

Feldgrößen von 2000 oder mehr sind für einfache Variablentypen (in
der Ablage) also kein Problem. Die read - Anweisung enthält das
Kürzel *kbd* mit der Wirkung, daß die Eingabe am Monitor unsichtbar
(unterdrückt) bleibt: Da der Rechner "weiß", daß jeweils nur ein
Zeichen (*char*) verlangt sein kann, ist daher *readln* (mit <RE-
TURN>) überflüssig! *kbd* ist wie das früher benutzte *lst* bei
writeln(lst); zur Ausgabe am Drucker eine sog. "Kanalangabe",
die sich jetzt auf die Tastatur ('KeyBoarD') als Eingabedatei
bezieht. Ist nummer z.B. *integer* vereinbart, so funktioniert

```
    readln (kbd, nummer);
```

immer noch mit Unterdrückung des "Bildschirmechos", aber jetzt
mit <RETURN>, denn die Anzahl der Ziffern von nummer ist vorab
unbekannt. Eingaben lassen sich somit unsichtbar machen, wenn
ein zufälliger Beobachter diese nicht erkennen soll, weil solche
Geheimcodes z.B. die Nutzung eines Programms beschränken. Natürlich muß man dann den Quelltext unter Verschluß halten.

Entsprechend dem Vorbild aus der Mathematik können Felder auch
mehrdimensional vereinbart werden, wenn die Organisationsform
des Programms das notwendig erscheinen läßt:

```
matrix : ARRAY[1..10, 2..20] OF real;
```

wäre ein zweidimensionales Feld mit 190 Speicherplätzen des Typs
real, die für Werte zeile 1 bis 10 und spalte 2 bis 20 einzeln

```
matrix[zeile, spalte]
```

angesprochen werden können. Wichtig ist der Hinweis, daß jeder
Feldplatz vor der ersten Ausgaberoutine irgendwie vom Programm
besetzt, beschrieben werden muß. Das Programm

```
PROGRAM initfehlt;
VAR   i : integer;
      a : ARRAY[1..10] OF integer;
BEGIN
   FOR i := 1 TO 10 DO writeln (a[i])
END.
```

ist compilierbar und liefert Ausgaben; diese hängen aber vom
Rechnerzustand ab. Logisch fehlt das Setzen des Feldes, etwa
auf Null. Programme, die Felder benutzen, sollten daher eine
solche Initialisierung beinhalten, wenn nicht anderweitig Vorsorge getroffen ist (z.B. durch Zähler), daß nur vorher durch
Wertzuweisung angesprochene Feldplätze weiter verwendet werden.

Das folgende Programm berechnet große Fakultäten, umgeht also die
Bereichsbegrenzung des Typs *integer*:

```
PROGRAM grosszahl;
CONST grenze = 100;
VAR   i, k, s : integer;
      zahl : ARRAY[1..grenze] OF integer;

BEGIN
clrscr; writeln ('Fakultäten mit ', grenze, ' Stellen.');
       writeln ('-----------------------------'); writeln;
FOR i := 1 TO grenze DO zahl[i] := 0; zahl[grenze] := 1;
i := 1;
WHILE zahl [1] = 0 DO
    BEGIN
    write (i : 2, '! = ');
    FOR k := grenze DOWNTO 1 DO zahl[k] := zahl[k] * i;
    FOR k := grenze DOWNTO 2 DO
        BEGIN
        zahl[k-1] := zahl[k-1] + zahl[k] DIV 10;
        zahl[k] := zahl[k] MOD 10
        END;
        k := 1;
        REPEAT
            IF zahl[k] = 0 THEN s := k; k := k + 1
        UNTIL zahl[k] > 0;
    FOR k := s + 1 TO grenze DO write (zahl[k]);
    i := i + 1; writeln
    END
END.
```

Dieses Programm simuliert die Multiplikation von Hand (und zwar von rechts nach links) mit Zehnerübertrag und bearbeitet im Feld zahl mit Sicherheit nur *Integer*-Werte, die im zulässigen Bereich bleiben. Als größter Wert wird dabei eine Fakultät mit gut 100 Stellen bestimmt, denn das Programm endet erst, wenn der vorderste Feldplatz (sicher unter 32 767) besetzt wird.

Mit einfachen Änderungen (u.a. auch anstelle der WHILE- eine FOR-Schleife) kann man das Programm zur Berechnung großer Potenzen natürlicher Zahlen wie etwa 2^{63} aus der bekannten Schachbrettaufgabe benutzen. Der Algorithmus ist ausbaubar zur Multiplikation beliebig großer Ganzzahlen miteinander; man arbeitet dann am besten mit drei Feldern.

In Kapitel 2 kam schon der Datentyp *STRING* vor, mit dem wir uns jetzt genauer befassen wollen. In Standardpascal muß eine solche Zeichenkette als Feld vom Typ *char* aufgebaut werden, wobei sich automatisch die Position eines Zeichens im Wort durch den Index ergibt. TURBO vereinfacht die Situation beträchtlich. Im folgenden Programm werden zunächst Wörter in ein Feld eingelesen und dann alphabetisch sortiert:

```
PROGRAM textsort;

CONST     max = 10;
VAR   i, ende : integer;
     austausch : STRING[15];
        lexikon : ARRAY[1..max] OF STRING[15];
              w : boolean;

BEGIN´
clrscr; i := 0;
writeln ('Eingabe ... (Ende mit Punkt . )');
REPEAT
   i := i + 1;
   write ('Wort No. ', i : 3, '    ');
   readln (lexikon[i])
UNTIL (copy(lexikon[i], 1, 1) = '.') OR (i > max);
ende := i - 1;
writeln; writeln (ende, ' Wörter sind eingegeben ...');

writeln ('Sortieren ... '); writeln;
w := false;
WHILE w = false DO BEGIN
                   w := true;
                   FOR i := 1 TO ende - 1 DO BEGIN
                       IF lexikon[i] > lexikon[i+1]
                       THEN BEGIN
                       austausch := lexikon[i];
                       lexikon[i] := lexikon[i+1];
                       lexikon[i+1] := austausch;
                       w := false
                          END
                                       END
               END;

   FOR i := 1 TO ende DO writeln (lexikon[i])
END.
```

Im Eingabeteil des Programms können Wörter eingegeben werden,
wobei maximal jeweils 15 Zeichen berücksichtigt werden. Jede
Eingabe wird mit *copy* darauf untersucht, ob die Zeichenkette
mit einem Punkt beginnt. Ist dies der Fall, steigt man aus der
Eingabeschleife aus und bestimmt die Listenlänge ende. *copy*
wird auf der nächsten Seite genauer beschrieben.

Wir erläutern die benutzte Sortierroutine (eine andere findet
man im Kapitel 11):

Das Sortieren beruht auf dem Vergleich je zweier aufeinanderfolgender Wörter im Feld lexikon; stimmt deren Reihenfolge
(noch) nicht, so werden sie vertauscht. Dazu ist die Hilfs-
variable austausch notwendig. Gleichzeitig wird eine BOOLE-
sche Variable umgestellt und damit ein weiterer Sortierlauf
durch Wiederholen der WHILE - Schleife erzwungen. Bleibt w
auf *true*, so ist kein Vertauschen mehr notwendig und man kann
die Ausgabe beginnen. Der letzte Felddurchlauf dient also nur
noch der Kontrolle. Mit dem Vergleich

        IF lexikon[i] > lexikon[i+1] THEN ... ;

wird "vorwärts" sortiert, wie im Lexikon; < würde rückwärts
sortieren, was man aber bei der Ausgabe mit DOWNTO ebenfalls
erzielen könnte. Es muß < bzw. > heißen, nicht <= bzw. >= : Sind
nämlich zwei Wörter gleich, so ergäbe sich mit diesem Fehler eine
ewige Schleife durch fortwährendes Vertauschen ... Beginnt man
Wörter mit Sonderzeichen, so kommen diese entsprechend dem Bezug
auf den ASCII-Code an den Anfang der Liste. Probleme bereiten
die Umlaute ä, ü , ö und das deutsche ß, die nicht lexikographisch
einsortiert werden. Auch muß man alle Wörter einheitlich schreiben, d.h. klein oder groß oder mit einem großen Anfangsbuchstaben. Dies lehrt ein Blick in eine ASCII - Tabelle.

Man kann beweisen, daß der gewählte Algorithmus stets zu einem
Ende kommt; er heißt 'bubblesort' in Anlehnung an das Geräusch
von aufsteigenden Luftblasen in Wasser, wo die größten zuerst
aufsteigen. Man kann sich das am Beispiel einer kleinen Liste
verdeutlichen, die nach unserem Algorithmus von Hand sortiert
wird. Ändert man im Deklarationsteil des Programms den gewählten
Typ *STRING* z.B. in *real* oder *integer* ab, so erhält man analog
ein Sortierprogramm für Zahlen. Um solche Änderungen übersichtlicher zu gestalten, ist eine andere Schreibweise möglich:

```
        PROGRAM sortieren;

        CONST     max = 10;
        TYPE    wort = STRING[15];
        VAR  i, ende : integer;
           austausch : wort;
             lexikon : ARRAY[1..max] OF wort;
                   w : boolean;
        ...
```

Jetzt genügt es, den vereinbarten Typ wort zu ändern, auf *real*
etwa, um an allen Stellen des Deklarationsteils stimmige Veränderungen zu erzielen. Das Programm wird übersichtlicher. Wir
werden in Zukunft diese Möglichkeit selbstdefinierter Datentypen
gelegentlich nutzen, aber erst in Kapitel 12 genauer erklären.

Für Strings sind verschiedene Prozeduren und Funktionen in TURBO
implementiert. Zunächst kann man zwei Zeichenketten mit + verbinden, verketten. Ist wort1 = 'susi', wort2 = 'blitz', so bewirkt

    name := wort1 + ' ' + wort2;

die Zuweisung von 'susi blitz' auf name, vorausgesetzt, daß name
als String hinreichend Platz anbietet, hier also wenigstens 10
Zeichen. Es gibt auch eine CONCAT - Funktion (siehe Manual).
Die bereits verwendete Funktion *copy* mit zwei ganzzahligen (und
positiven) Parametern position und anzahl

    copy (string, position, anzahl);

nimmt aus der Zeichenkette string ab der Stelle position
genau anzahl Zeichen heraus. Im Programm sind beide Werte auf
Eins gesetzt, d.h. ein Zeichen am Beginn des Strings. Das Ergebnis kann auf eine andere Variable zugewiesen werden. Ist
also wort = 'Anmeldung ', so liefert

    kopie := copy (wort, 3, 7);

in kopie die Zeichenfolge 'meldung'. Die aktuelle Länge eines
Strings kann mit der Funktion *length* ermittelt werden:

    zeichenzahl := length (kopie);

ergibt jetzt den Wert 7 in zeichenzahl vom Typ *integer*. Außerdem ist noch eine Funktion *pos* mit der Syntax

    lagezahl := pos (suchkette, zielstring);

vorhanden. Ist zielstring = 'TURBO' und suchkette = 'UR', so
hat lagezahl den Wert 2. Mit einem kleinen Programm läßt sich
leicht ermitteln, was für den Fall geschieht, daß suchkette in
zielstring nicht vorkommt. (Dann wird *pos* gleich Null.)

Folgende Standardprozeduren sind zur komfortablen Stringbearbeitung in TURBO vorgesehen:

    delete (in welchem String, ab wo, wieviele Zeichen);
    insert (welche Zeichenkette, in welchem String, ab wo);

    str (Zahlenwert, als String schreiben);
    val (String, auf Variable Zahl, Prüfcode);

Die Notation ist ungewöhnlich, aber eingängig. Zwei Beispiele zur
ersten Gruppe: Ist wort = 'turbosprachsystem', so wandelt

    delete (wort, 1, 5);

den Inhalt von wort in 'sprachsystem' um. Mit eintrag = 'turbo'
wird dann mittels

    insert (eintrag, wort, 13);

wort zu 'sprachsystemturbo'. wort und eintrag sind natürlich
STRING deklariert. Statt der ganzen Zahlen können ebenso ohne

weiteres arithmetische Ausdrücke verwendet werden, sofern diese
(ganzzahlig) einen Sinn ergeben. Die weiter angegebenen Prozeduren *str* und *val* dienen der Verwandlung von Zahlen (vom Typ
integer oder *real*) in Zeichenketten oder umgekehrt.

Ist z.B. eingabe = 17 (*integer* deklariert), so hat folge (als
String deklariert) nach

```
    str (eingabe, folge);
```

den Inhalt '17'. Umgekehrt kann ein String, der als Zahl inter-
pretierbar ist, mit *val* auf eine Variable vom Typ *integer* oder
real kopiert werden. Für praxisbezogene Programme ist das sehr
wichtig, um bei nicht typengerechten Eingaben einen Absturz des
Programms abfangen zu können:

```
    PROGRAM eingabepruefung;
    VAR eingabe : string[10];
        kopie : real;
         code : integer;
    BEGIN
       REPEAT
          readln (eingabe);
          val (eingabe, kopie, code)
       UNTIL code = 0;
       writeln;
       writeln (kopie); writeln (sqr(kopie))
    END.
```

Dieses Programm verlangt solange die Wiederholung der Eingabe,
bis ein Umkopieren der gewünschten Zahl vom Typ *real* auf kopie
möglich ist; dann wird code = 0. Wie schon früher erwähnt, wird
eine gegebenenfalls ganze Zahl (*integer*) akzeptiert, aber eben
anders abgelegt. Wird kopie hingegen *integer* vereinbart, so
sind nur ganze Zahlen zulässig. Nach diesem Muster sind offenbar alle Eingaben bei einem Programm als Zeichenketten möglich;
sie werden danach in den passenden Variablentyp umgewandelt.
Eingabefehler werden also von der Software zurückgewiesen.

Das folgende Programmbeispiel zeigt, wie man voreingestellte
Werte ('defaults') anbieten bzw. für einen weiteren Durchlauf
merken kann:

```
    PROGRAM angebot;        (* Anwendung insb.in Kapitel 16 *)
    VAR vor, code : integer;
          anders : string[10];

    BEGIN
    clrscr; vor := 20;
    REPEAT                (* eigentliches Programm in Schleife *)
       REPEAT
          write ('Vorgabe = ', vor, '; neu >> ');
          readln (anders);
          IF anders <> ' ' THEN val (anders, vor, code)
       UNTIL (code = 0) OR (anders = ' ') OR (anders = 'E');
       IF anders <> 'E' THEN
                   writeln ('Quadrat ... ', vor * vor)
    UNTIL anders = 'E'
    END.
```

Das Programm textsort sortiert die eingegebenen Wörter nach
dem Alphabet, d.h. lexikographisch. Kommen gleiche Wörter vor,
so stehen diese dann unmittelbar hintereinander; also sind in
einem konkreten Fall vielleicht die Inhalte

        lexikon[50] bis lexikon[54]

gleich (fünfmal, d.h. vier Wiederholungen). Für eine Ausgaberoutine möchte man dies unterdrücken bzw. überhaupt löschen. Vor
der letzten Schleife des Programms textsort müßte man dann
zusätzlich folgende "Verschiebung" einbauen:

```
    ...
    i := 1;                          (* Testen nur mit $U+ !!! *)
    REPEAT
        w := true;
        IF lexikon[i] = lexikon[i+1]
            THEN BEGIN
                FOR k := i+1 TO ende - 1 DO
                    lexikon[k] := lexikon[k+1];
                w := false;
                ende := ende - 1
            END;
        IF w THEN i := i + 1
    UNTIL i = ende;
    ...                              (* Komplett auf Disk als SORT.PAS *)
```

Die Variable k ist ergänzend zu deklarieren. lexikon[...] ist
jetzt verkürzt und wiederholungsfrei. Die nachfolgende Anzeige
könnte nun vor jedem neuen Anfangsbuchstaben eine Leerzeile ein-
schießen. Sie können dies über eine Abfrage

        copy (lexikon[i+1], 1, 1) <> copy (lexikon [i], 1, 1)

durch Vergleich der Anfangsbuchstaben leicht programmieren.

Hier ist noch ein Programm, das im Zehnersystem geschriebene
natürliche Zahlen bis 63 = 2^6 - 1 (63 dual = 111111) in Dualzahlen verwandelt:

```
    PROGRAM dualwandler;

    CONST basis = 2;
    VAR   dezi, n, i : integer;
                  a : ARRAY[1..6] OF integer;

    BEGIN
        clrscr; read (dezi); write (' dual = ');
        n := 0;
        REPEAT
            n := n + 1;
            a[n] := dezi MOD basis;        (* Rest bei Division *)
            dezi := dezi DIV basis
        UNTIL dezi = 0;
        FOR i := n DOWNTO 1 DO write (a[i])      (* rückwärts *)
    END.
```

Ergründen Sie den Algorithmus durch eine entsprechende "Hand-
rechnung" an einem Beispiel selber! (Siehe auch Kap. 1.)

7 DER ZUFALL IN PASCAL

Jedes Sprachsystem enthält auch einen sog. Zufallsgenerator, das
ist eine Funktion, die beim Aufruf Zufallszahlen erzeugt und
bereitstellt. Man benötigt solche Zahlen für Spiele, Simulationen
und dgl. - TURBO bietet zwei solche Funktionen an:

```
    r := random;
```

weist der *real* deklarierten Variablen r einen Wert aus dem
Intervall [0, 1) zu, also eine nicht-negative reelle Zahl < 1.

```
    w := random(n);
```

hingegen liefert für die Variable w (*integer*) einen Wert von
Null bis n-1, d.h. n verschiedene Möglichkeiten. Das Argument n
muß positiv ganzzahlig sein. Durch passende arithmetische Einträge bzw. Ausdrücke lassen sich praktisch alle Wünsche bequem
erfüllen. Das folgende Programm "würfelt" und faßt die Ergebnisse
zusammen:

```
    PROGRAM wuerfeltest;
    VAR n, z : integer;
          w : ARRAY[1..6] OF integer;
    BEGIN
       FOR n := 1 TO 6 DO w[n] := 0;
       FOR n := 1 TO 1200 DO BEGIN
                         z := random(6) + 1;
                         write (z : 2);
                         w[z] := w[z] + 1
                         END;      writeln; writeln;
       FOR n := 1 TO 6 DO
    writeln (n, ' Augen: ', w[n], ' = ', w[n] / 12 :5:2, ' %')
    END.
```

Die sechs möglichen Ausfälle w[n] sollten bei einer derart langen
Sequenz in etwa gleich oft vorkommen, jeweils um 200 mal. Man
beachte die Schleife eingangs, mit der alle Summenzähler zunächst
auf Null gesetzt werden. Lassen Sie diese Schleife einmal weg
und starten Sie das Programm nach dem ersten Lauf erneut! Möchte
man einen Münzwurf mit +1, -1 beschreiben, so setzt man

```
    z := 2 * random(2) - 1;
```

Möchte man z.B. 500 gleichabständige Zufallszahlen aus dem Intervall [1, 3), so kommt man nach einigem Überlegen auf

```
    r := 1 + 0.004 * random(500);
```

r jetzt *real* deklariert. Trickreich, oder?

Nun sei folgende Wette zu untersuchen. Jemand behauptet, daß in
einer Gruppe von g Partygästen wenigstens zwei sind, die ein
gemeinsames Geburtsdatum (Tag und Monat) besitzen. Würden Sie
die Wette für g = 40 wagen, d.h. auf Gewinn tippen? Vielleicht
erleichtert die folgende Analogie die Entscheidung: 365 leere
Schachteln stehen ohne Abstände beieinander. Jemand wirft mit
elegantem Schwung 40 kleine Kugeln über diese Schachteln; fallen
dann in keine einzige Schachtel zwei Kugeln?

52

Wir lassen das Problem durch einen Rechner simulieren, indem
mit einer vorgegebenen Gruppengröße g beispielsweise 50 solche
Gruppen per Zufall untersucht werden. Dabei wird ausgezählt, wie
oft die Wette für den Anbieter erfolgreich abläuft:

```
PROGRAM geburtstagswette;
VAR   versuch, i, g, sum,
         nochmal, auswahl : integer;
                    tagar : ARRAY[1..365] OF integer;
BEGIN
clrscr;
write ('Gruppengröße ... '); readln (g);
sum := 0;
FOR versuch := 1 TO 50 DO BEGIN
    FOR i := 1 TO 365 DO tagar[i] := 0;
    nochmal := 0;
    REPEAT
        nochmal := nochmal + 1;
        auswahl := random (365) + 1;
        tagar[auswahl] := tagar[auswahl] + 1
    UNTIL (tagar[auswahl] > 1) OR (nochmal = g);
IF tagar[auswahl] > 1 THEN sum := sum + 1
                              END;
writeln;
writeln ('Von 50 Wetten waren ', sum, ' erfolgreich.')
END.
```

Jede Versuchsreihe besteht aus höchstens g "Zufallsgeburten";
bei einer Übereinstimmung ist dann tagar[auswahl] schon zwei und
sum wird um Eins erhöht, eine gewonnene Wette. Einige Versuche
lehren, daß auf einer Party mit 40 oder gar mehr Personen die
Wette fast immer gewonnen wird ...

Im Hinblick auf das Programm textsort des vorigen Kapitels kann
man den Zufallsgenerator gut dazu verwenden, um zufällig Wörter
in großer Anzahl zu erzeugen, die dann sortiert werden können.
Bei Wörtern aus z.B. je vier Buchstaben und einem trennenden
blank dazwischen gehen gerade 16 (* 5 = 80) in eine Bildschirm-
zeile, sodaß die Ausgabe besonders einfach wird:

```
PROGRAM zufallstext;
                (* mit zusätzl. Deklarationen für später *)
CONST        laenge = 100;
TYPE          wort = STRING[4];
VAR      n, i, ende : integer;
            austausch : wort;
            lexikon : ARRAY[1..laenge] OF wort;
                  w : boolean;
BEGIN
    FOR n := 1 TO laenge DO BEGIN
        lexikon[n] := '';
        FOR i := 1 TO 4 DO
            lexikon[n] := lexikon[n] + chr(65 + random(26))
                    END;
    writeln;
    FOR n := 1 TO laenge DO write (lexikon[n] : 5);
    writeln; writeln
            (* siehe Begleittext, Sortieren einlesen  *)
END.
```

Im Programm zufallstext sind zunächst mehr Variablen deklariert als notwendig, dazu gleich mehr. Das Programm erzeugt in
der i - Schleife der Reihe nach 100 Wörter durch Verketten zufällig ausgewählter Buchstaben: Das große Alphabet hat 26 Buchstaben, deren erster A mit dem Code 65 ist. Nach dem Aufbau des
Feldes lexikon werden diese Wörter angezeigt.

Der Editor von TURBO bietet nun eine sehr einfache Möglichkeit,
bereits vorhandene Programmbausteine "von Hand" in andere einzubinden, und zwar mit den sog. Block-Befehlen zum Markieren,
Verschieben, Löschen und Ein- und Ausschreiben von bzw. nach
Diskette. Nehmen wir an, daß Sie das Programm textsort aus dem
vorigen Kapitel auf Diskette abgespeichert haben. Gehen Sie
jetzt im Programm zufallstext an die vorletzte Zeile und
lassen Sie an dieser Stelle mit BLOCK-READ textsort.pas einlesen. Markieren Sie dann von dessen Kopfzeile bis zur Zeile
writeln ('Sortieren ... '); einen Block, der gelöscht wird.
Diesen Teil aus dem alten Programm brauchen wir nicht; der an-
gehängte Sortieralgorithmus wird durch die neu zu schreibende
Zeile *ende := laenge - 1;* eingeleitet. Das nunmehr vervoll-
ständigte Programm erzeugt und sortiert nach dem Starten die
generierte Liste der 100 Zufallswörter und gibt sie sortiert
aus.

Diese Methode der Erzeugung eines Programms aus vorhandenen
Routinen ist noch etwas umständlich, aber erspart doch schon
viel Schreibarbeit; sie kann mittels Compileroptionen zum Einbinden von (auf Diskette vorhandenen) Prozeduren allerdings
perfektioniert werden. (Dazu mehr in Kapitel 11.)

Mit dem ergänzten Programm textsort kann man jetzt auf sehr
einfache Weise durch Verändern von laenge Versuchsläufe mit
unterschiedlich langen Listen durchführen. Man findet bald
heraus, daß der Zeitbedarf beim Verfahren bubblesort mit dem
Quadrat der Listenlänge wächst, d.h.

Dauert ein Sortierlauf für 100 Wörter etwa 5 Sekunden, dann für
200 Wörter schon viermal solange, also um 20 Sekunden. Dieser
Zusammenhang gilt im Prinzip für alle "einfachen" Sortieralgo-
rithmen, auch wenn sie von Haus aus schneller sind als bubblesort. Sehr lange Listen können daher grundsätzlich nicht mit
diesem oder ähnlichen Verfahren sortiert werden. Weiterführende
Literatur gibt dazu ergänzende Auskünfte. Gleichwohl kann man "für
den Hausgebrauch" kürzere Listen so bearbeiten; wahlweise besser
ist aber stets die Lösung, bereits beim Aufbau einer Liste die
Eingaben nach und nach richtig zu plazieren. Ein entsprechender
Baustein wird später (Kapitel 14) vorgestellt.

Es sei noch kurz auf die Frage eingegangen, wie Zufallsgenera-
toren eigentlich implementiert werden. Unter verschiedenen Möglichkeiten ist folgende sehr gebräuchlich:

Ein sog. Modul dient zur fortlaufenden Ausgabe von Resten bei
einer Ganzzahlenrechnung mit passendem a, die durch einen
Startwert angestoßen wird. Im nachfolgenden Programmbeispiel
wird dieser Startwert zu Beginn des Programms gesetzt, dann
beginnt der Algorithmus der Restdivision; die an sich ganzzahligen Reste werden im Beispiel durch Division mittels m
reell auf das Intervall [0, 1) wie bei random abgebildet.

```
PROGRAM xyzu_zahlen;
CONST         m = 1024; a = 29;
VAR  xz, anzahl : integer;
BEGIN
   xz := 1;                           (* "Generatorstart" *)
   anzahl := 1;
   REPEAT
     xz := (a * xz + 1) MOD m;
     anzahl := anzahl + 1;
     writeln (xz : 5, xz/m : 15 : 8) (* Ausgabe random *)
   UNTIL anzahl = 51
END.                       (* später als Prozedur formulieren *)
```

Startet man mit einem anderen xz-Wert als Eins, so ergibt sich
eine neue Zufallszahlenfolge. Klar ist aber, daß es sich bei den
(hier) 50 Zahlen um den Ausschnitt aus einer zyklischen Folge
handelt, die äußerstenfalls 1024 Zahlen umfassen kann, denn es
sind nur die Reste 0, 1, 2, ..., 1023 bei diesem Algorithmus
möglich. In der Praxis muß man daher m sehr viel größer wählen,
damit der Zyklus nicht entdeckt wird oder gar ein Programm ersichtlich beeinflußt. Eine solche "lineare Kongruenzmethode"
verwendet beispielsweise m = 199 017 mit a = 24 298 und dem
Summanden c = 99 991 in der Formel

    xz(neu) = (a * xz(alt) + c) MOD m,

und als Startwert einen dem Benutzer unbekannten Inhalt eines
gewissen Speicherplatzes (nach Angaben von TEXAS INSTRUMENTS).
Mit Algorithmen, das ist eine grundsätzliche Feststellung, können
Zufallszahlen nicht erzeugt werden. Sie werden für praktische
Anwendungen nur ausreichend gut simuliert. Gleichwohl kann der
obige kleine Generator ganz gut in Programme eingebaut und verwendet werden. In der Testphase eines Programms bietet er den
Vorteil, reproduzierbare Programmabläufe zu ermöglichen. Klappt
alles zur Zufriedenheit, ersetzt man ihn durch TURBO - random.

Hier ist noch eine kleine Anwendung zur Bestimmung der Kreis-
zahl Pi:

```
PROGRAM kreiszahl;
VAR  x, y : real;  n, sum : integer;
BEGIN
   clrscr; sum := 0;
   write ('Pi in Näherung ... ');
   FOR n := 1 TO 1000 DO BEGIN
                  x := random; y := random;
                  IF x*x + y*y <= 1 THEN sum := sum + 1
                       END;
   writeln (4 * sum / 1000 : 5 : 3)
END.
```

Es wird nachgeschaut, ob ein zufällig gesetzter Punkt (x, y) des
Einheitsquadrats innerhalb des Einheitskreises zu liegen kommt,
dessen Fläche ja bekanntlich pi = 3.14159... ist. Man nennt
solche Methoden gerne MONTE - CARLO - Verfahren; das obige Programm ist genau besehen ein Integrationsverfahren. Solche Verfahren sind sehr schnell und übersichtlich, freilich nicht besonders genau. Auch mit weit mehr als 1000 Schritten wird das
Ergebnis (um 3.14) nicht viel an Qualität gewinnen ...

Interessant kann die Frage sein, wieviele Aufrufe des Zufalls-
generators (im Mittel) notwendig sind, bis alle Werte aus einer
vorgesehenen Menge wenigstens einmal getroffen wird. Immerhin
weiß man, daß bei Gleichverteilung der Wahrscheinlichkeit etwa am
Beispiel des Alphabets in langen Sequenzen jeder Buchstabe mit
Wahrscheinlichkeit $p = 1/26$ auftreten muß.

Nehmen wir einmal die ganzen Zahlen von 0 bis 49, also 50 Möglichkeiten. Das folgende Programm liefert die Antwort:

```pascal
PROGRAM randomtest;

VAR zahl, auswahl,
    pruef, lauf, sum : integer;
            testar : ARRAY[0..49] OF integer;

BEGIN
   sum := 0;
   FOR lauf := 1 TO 10 DO BEGIN
       FOR auswahl := 0 TO 49 DO testar[auswahl] := 0;
       write('Lauf Nr. ', lauf : 2);
       zahl := 0;
       REPEAT
          auswahl := random(50);
          testar[auswahl] := 1;
          pruef := 1;
          FOR auswahl := 0 TO 49 DO
             pruef := pruef * testar[auswahl];
          zahl := zahl + 1
       UNTIL pruef = 1;
       sum := sum + zahl;
       writeln ('        ', zahl)
                            END;
     writeln ('Mittelwert ', sum/10 : 6 : 0)
   END.
```

Der Versuch wird 10 mal (lauf) ausgeführt. Für jeden Versuch wird
die Anzahl zahl der Einzeltests bestimmt, bis das Feld testar vollständig auf Eins gesetzt ist. Dies wird über die Variable
pruef ermittelt (Trick mit dem Produkt, das anfänglich immer 0
ist!). Der Summenzähler sum addiert alle Versuche auf und gibt
dann einen Mittelwert sum/10 aus.

Mit einigen Änderungen im Programm könnte auch festgestellt
werden, wie oft die einzelnen Zahlen von 0 bis 49 vorgekommen
sind, ehe der letzte Treffer diese Folge vervollständigt, d.h.
bis kein einziges testar[auswahl] mehr Null ist.

Ein letztes Programmbeispiel benutzt Mengen, die genauer erst
in Kapitel 12 besprochen werden; aus Platzgründen fügen wir es
aber hier an.

Mit I = J hat das Alphabet 25 Buchstaben, die sich in einem
Feld der Größe 5x5 ablegen lassen. Diese Ablage machen wir zufallsgesteuert. Jedem Buchstaben sind dann zwei Indizes zeile
und spalte zugeordnet, mit denen er später verschlüsselt werden
kann. Ein Klartext wird mit diesen Indizes dann codiert und als
Geheimtext "abgesetzt".

```pascal
PROGRAM pullach;

VAR zeile, spalte : integer;
        zeichen : char;
          tafel : ARRAY[1..5, 1..5] OF char;
              w : SET OF 'A'..'Z';
BEGIN
   w := ['A'..'Z'] - ['J'];          (* Alphabet ohne J *)
   clrscr;
   writeln ('Erzeugte Zufallstafel ...'); writeln;
   FOR zeile := 1 TO 5 DO BEGIN
       FOR spalte := 1 TO 5 DO BEGIN
           REPEAT
              zeichen := chr(random(27) + 65)
           UNTIL zeichen IN w;
           tafel[zeile, spalte] := zeichen;
           w := w - [zeichen];
           write (zeichen, ' ')
                                  END;
        writeln
                           END;
     writeln; writeln;
     write ('Texteingabe ... (Ende mit *) ... ');
     REPEAT
        read (kbd, zeichen);
        zeichen := upcase (zeichen);
        IF zeichen = ' '
           THEN write (' x ')
           ELSE IF zeichen <> '*'
                THEN FOR zeile := 1 TO 5 DO
                       FOR spalte := 1 TO 5 DO
                          IF zeichen = tafel[zeile, spalte]
                             THEN write (zeile, spalte, ' ')
     UNTIL zeichen = '*'
END.
```

Der erste Teil des Programms belegt die Tafel per Zufall, wobei
ein ausgewählter Buchstabe aus der Menge genommen wird. Dieser
Vorgang ist beendet, wenn die Menge leer geworden ist, d.h. [].
Diese Bedingung tritt nicht explizit auf, sondern wird durch
die Mengensubtraktion (Zeichen aus der Menge nehmen, sofern
noch in ihr enthalten) erledigt.

Im zweiten Teil wird der Text verdeckt eingegeben. Ein Leer-
zeichen blank tritt als Worttrennung (gedruckt ' x ') im Geheimtext auf, das Malzeichen führt zum Programmende. Jeder
Buchstabe wird durch zwei Zahlen codiert, sodaß eine Ausgabe
etwa so aussieht:

25 51 15 15 42 15 43 x 22 42 52 52 51 11 35 23 13 25

Auch bei unbekannter Tafel kann ein Empfänger diesen Text ent-
schlüsseln, freilich nur ab einer bestimmten Mindestlänge und
mit etlichem Aufwand. Wie für diesen Fall vorzugehen ist, wird
beispielsweise in einem Programm des Buchs "Simulationen in
BASIC" vorgeführt. Im Prinzip legt man über den Geheimtext alle
denkbaren Tafeln und studiert die möglichen Entschlüsselungen
solange, bis sich der Klartext abzeichnet ... Im Beispiel wurde
der Name des Autors getippt.

8 UNTERPROGRAMMTECHNIK: PROZEDUREN UND FUNKTIONEN

Jede anspruchsvolle Programmiersprache sieht die Möglichkeit
vor, einen Block von sich wiederholenden Anweisungen, d.h. eine
bestimmte Routine, unter einem neuen Namen zusammenzufassen und
dann dieses sog. Unterprogramm einfach per Aufruf abarbeiten zu
lassen. In BASIC wird solches mit GOSUB ... RETURN realisiert,
freilich mit dem Manko, daß modulartig geschriebene Routinen
nicht ohne weiteres in verschiedenen Programmen eingesetzt werden können, weil eine "Softwareschnittstelle" zur Übergabe von
Parametern praktisch fehlt. In Pascal heißen solche Unterprogramme Prozeduren bzw. Funktionen. Gewisse häufig gebrauchte
sind von Haus aus implementiert (wie die Prozedur *writeln;* u.a.
bzw. die Standardfunktion *sin(x)* usw.).

Der einfachste Fall liegt vor, wenn ein solches Unterprogramm
weder Daten aus dem Hauptprogramm braucht noch welche dorthin
zurückgibt. Es ist dann ein völlig eigenständiges Programm, das
nur durch eine andere Kopfzeile kenntlich gemacht wird:

```
PROGRAM gosubpro;                 (* In Laufversion auf Disk *)
VAR ...

PROCEDURE einschub;
   CONST breite = 22;
   VAR i : integer;
   BEGIN
     FOR i := 1 TO breite DO write ('+');
     writeln;
     writeln ('Es folgt eine Tabelle:');
     FOR i := 1 TO breite DO write ('+');
     writeln
   END;                                      (* OF procedure *)

BEGIN (* ----------------------------- Hauptprogramm *)
   Anweisungen zu Berechnungen mit VAR aus Hauptprogramm;
   einschub;
   Anweisungen zum Ausgeben einer Tabelle;
   Weitere Berechnungen;
   einschub;
   ...
END.  (* ------------------------------------------------- *)
```

einschub wirkt also wie eine bisher unbekannte Anweisung; wir
haben einfach den Sprachvorrat erweitert, einen neuen Standardbezeichner "erfunden" und dem System bekanntgemacht. Prozeduren
werden im Deklarationsteil nach den Variablen aufgeführt, d.h.
es ergibt sich nach dem bisherigen Stand folgender Aufbau:

```
PROGRAM name;

CONST ...
TYPE ...
VAR ...

PROCEDURE prname;
   ...
   BEGIN  (* des Hauptprogramms *) ...
```

Während die Wörter CONST, TYPE und VAR nur einmal aufgeführt werden (in TURBO sind Wiederholungen aber zulässig), muß jede Prozedur mit dem Wort PROCEDURE ... eingeführt werden. Im ersten
Beispiel ist einschub durch Auskoppeln (mit BLOCK - Befehlen)
sofort als eigenständiges Programm lauffähig, wenn im Kopf das
Wort PROCEDURE durch PROGRAM ersetzt wird. Umgekehrt gilt dies
für jedes lauffähige Pascal-Programm beim Einbau als Prozedur in
ein anderes Programm (sofern sinnvoll!).

Nehmen wir an, ein Pascal-Programm erzeugt und druckt unterschiedlich lange Texte, die jeweils zu unterstreichen sind. In
diesem Fall kann das Hauptprogramm die Textlänge bestimmen und
an die Prozedur übergeben, die "Prozedur mit Wertübergabe aufrufen". Man nennt diesen Vorgang 'call by value'; im Kopf der
Prozedur muß jetzt dem Übergabeparameter ein Datentyp zugeordnet
werden, der stimmig ist. Beispiel:

```
PROGRAM textunterstreichen;
VAR wort : STRING[30];

PROCEDURE line (laenge : integer);
VAR i : integer;
BEGIN
   FOR i := 1 TO laenge DO write ('-');
   writeln
END;

BEGIN (* ---------------------------- Hauptprogramm *)
   clrscr; writeln ('Beispieltext');
   line (12);
   write ('Wort ... '); readln (wort);
   write ('          '); line (length (wort) )
END.  (* ---------------------------------------------- *)
```

Nach Übergabe des Parameters wird line abgearbeitet, dann ist
der Wert 12 oder ein anderer "vergessen", bleibt ohne Wirkung
auf das Hauptprogramm. Im Hauptprogramm ist laenge überhaupt
nicht definiert, aber auch nicht in der Prozedur. Es handelt
sich nur um eine "Scheinvariable" zum Zwecke des call by value.
Im Beispiel nennt man i eine lokale Variable, wort im Gegensatz dazu eine globale. In verschiedenen Prozeduren können
gleichnamige lokale Variable vorkommen, denn sie gelten nur
dort. Globale Variable gelten im gesamten Programm; werden sie
in einer Prozedur angesprochen, so sind durchaus Änderungen
möglich. Das geht auf zweierlei Arten, die oft nicht genau
unterschieden bzw. abgegrenzt sind. Nach dem bisherigen Stand
ist folgendes korrekt formuliert:

```
PROGRAM zugriff;
VAR glob : integer;
PROCEDURE quadrat;
BEGIN
   glob := sqr(glob)
END;
BEGIN (* ---------------------------- Hauptprogramm *)
   readln (glob);
   quadrat;
   writeln (glob)
END.  (* ---------------------------------------------- *)
```

Dies ist genau besehen der erste Prozedurtyp, es gibt keinen call by value, sondern eine Zeile *glob := sqr(glob);* des Hauptprogramms wurde einfach ausgekoppelt. Sollte später eine andere Variable neu ebenfalls quadriert werden müssen, so ist die Prozedur nicht brauchbar, denn sie verwendet ja glob. Die im Hauptprogramm eingetragene Ausgabeanweisung könnte zudem offenbar in die Prozedur mit übernommen werden.

Nun konstruieren wir anders:

```
PROGRAM abholen;
VAR glob : integer;

PROCEDURE quadrat (zahl : integer);
VAR r : real;
BEGIN
   zahl := sqr(zahl);
   writeln (zahl : 8);
   readln  (r);
   writeln (zahl + r)
END;

BEGIN (* --------------------------- Hauptprogramm *)
   readln  (glob);
   quadrat (glob);
   writeln ('Prozedur abgearbeitet ... ');
   writeln (glob)
END.  (* ------------------------------------------- *)
```

Die Prozedur arbeitet jetzt zwar mit dem übergebenen glob, aber sozusagen auf einem "Nebengleis"; denn im Hauptprogramm taucht glob schließlich unverändert wieder auf ... Allerdings kann die Routine für beliebige Variablen des Hauptprogramms später wiederholt werden, eben durch den Aufruf *quadrat (varname); .*

Will man fertige Programmbausteine bis hin zu kompletten Programmen irgendwo einbinden, so sind also die beiden bisherigen Konstruktionen keine Lösung, denn sie verändern Belegungen von Variablen im Hauptprogramm entweder nicht universell genug (erster Fall) oder überhaupt nicht (zweiter Fall). In Pascal ist deswegen die Möglichkeit vorgesehen, eine sog. Referenzvariable zu übergeben, ein Aufruf 'call by reference'. Man erkennt eine solche Prozedur an dem zusätzlichen Wort VAR in ihrem Kopf.

```
PROGRAM referenz;

VAR glob : integer;

PROCEDURE parabel (VAR zahl : integer);
VAR i : integer;
BEGIN
zahl := sqr(zahl); i := 5; zahl := zahl + i
END;

BEGIN (* --------------------------- Hauptprogramm *)
   readln  (glob);
   parabel (glob);
   writeln (glob)
END.  (* ------------------------------------------- *)
```

Ein Versuchslauf zeigt, daß glob jetzt verändert im Hauptprogramm vorzufinden ist, eben quadriert und 5 aufaddiert. Offenbar ist das mit jeder Zahl des Hauptprogramms möglich. Setzen
Sie etwa zu Ende des Programms nach *writeln (glob);* erneut den
Aufruf *parabel (glob);* mit nachfolgender Ausgabe ein.

In der Prozedur parabel ist i = 5 fest eingetragen; man
hätte auf VAR i ... verzichten können. Soll diese Addition
flexibler gehalten werden, so geht das selbstverständlich:

```
PROGRAM mehrref;
VAR  x, faktor, add : real;

PROCEDURE dreipar (VAR u, v, w : real);
BEGIN
   u := v * sqr(u) + w
END;

BEGIN (* -------------------------------- Hauptprogramm *)
   x := 4;
   faktor := 3.1;
   add := 1.0;
   dreipar (x, faktor, add);
   writeln (x : 8 : 2)
END.  (* ------------------------------------------------ *)
```

Die Prozedur dreipar gibt also für x den Wert

        faktor * x * x + add

an das Hauptprogramm zurück. Nennen wir dieses Ergebnis kurz y,
so könnte für diese Funktion z.B. eine Wertetabelle von 0 bis 1
geschrieben werden, allerdings nicht sehr bequem, weil das jeweils veränderte x wieder "zurückgesetzt" werden müßte, am einfachsten durch Umkopieren von x auf ein y , das dann in der
Prozedur verändert wird (im Hauptprogramm sind jetzt zwei neue
Variable y und delta einführen):

```
   ...              (* In Laufversion als MEH2.PAS auf Disk *)
   BEGIN (* ----------------------------- Hauptprogramm *)
      x := 0; faktor := 2; add := 1;
      delta := 0.05;
      REPEAT
         y := x;
         dreipar (y , faktor, add);
         writeln (x : 5 : 2, y : 15 : 2);
         x := x + delta
      UNTIL x > 1
   END. (* ------------------------------------------------ *)
```

Dieses etwas umständliche, aber immerhin mögliche Verfahren wird
durch einen eigenen Unterprogrammtyp FUNCTION überflüssig, den
wir weiter unten besprechen.

Wir geben zuvor noch ein Beispiel für call by reference sowie
ein etwas größeres Programm mit allen drei Prozedurtypen.

Das erste Beispiel vertauscht den Inhalt zweier Speicherplätze
im Hauptprogramm über eine Prozedur tauschen:

```
PROGRAM platzwechsel;

TYPE        zeichen = char;
VAR taste1, taste2 : zeichen;

PROCEDURE tauschen (VAR a, b : zeichen);
VAR merk : zeichen;
BEGIN
   merk := a; a := b; b := merk
END;

BEGIN (* ------------------------------------------------- *)
   read (kbd, taste1, taste2);  (* Eingabe ohne Return! *)
   writeln (taste1, '    ', taste2);
   tauschen (taste1, taste2);
   writeln (taste1, '     ', taste2)
END.  (* ------------------------------------------------- *)
```

Eine neue Vereinbarung für zeichen greift im ganzen Programm,
nur die Anweisung *read (kbd, ...);* muß u.U. in *readln (...);*
geändert werden. An dieser Stelle sei darauf hingewiesen, daß in
Kopfzeilen von Prozeduren nur Variablen des Typs *integer, real,
char, boolean* und *byte* übergeben werden können. Eine Zeile

```
PROCEDURE test (a : ARRAY[1..10] OF integer);
```

wird vom Compiler zurückgewiesen, ja sogar schon a : STRING[3]
(jeweils mit oder ohne VAR). Dagegen ist es zulässig,

```
PROCEDURE test (a : feld);
```

zu schreiben, wenn feld im Hauptprogramm gemäß

```
TYPE feld = ARRAY[1..10] OF integer;
```

vereinbart worden ist. Für den Compiler ist a nun "einfach".
(Zu TYPE mehr in Kapitel 12.) Das folgende Programm führt die
möglichen Prozedurtypen in "Reinkultur" vor:

```
PROGRAM procedtest;

TYPE            wort = STRING[15];
VAR  kette, zusatz : wort;
                 k : integer;

PROCEDURE rahmen;                          (* ohne Parameter *)
BEGIN
   writeln ('*******************************');
   writeln ('*                             *');
   writeln ('*                             *');
   writeln ('*******************************')
END;

PROCEDURE underline (z : integer);     (* call by value *)
VAR i : integer;
BEGIN
   gotoxy (3, 3);
   FOR i := 1 TO z DO write ('=')
END;
```

```
   PROCEDURE streichen (z : integer);      (* call by value *)
   BEGIN                 (* aber Aenderung im Hauptprogramm! *)
     kette := copy (kette, z + 1, length (kette) - z)
   END;


   PROCEDURE vorsatz (VAR hinzu, alt : wort); (* reference *)
   BEGIN
      alt := hinzu + alt
   END;


   BEGIN (* ------------------------------- Hauptprogramm *)
      write ('Kurzes Wort schreiben ... '); readln (kette);
      clrscr;
      rahmen;
      gotoxy (3, 2); write (kette);
      gotoxy (3, 3); underline (length (kette) );
      gotoxy (1, 6);
      write   ('Wieviele Anfangsbuchstaben streichen? ... ');
      readln  (k); streichen (k);
      writeln (kette);
      write   ('Welchen String davorsetzen? ... ');
      readln  (zusatz);
      vorsatz (zusatz, kette);
      writeln (kette)
   END. (* --------------------------------------------- *)
```

Die dargestellten Unterprogrammtypen können "gemischt" vorkommen, je nach Prozedurkopf und Aufruf sogar globaler Variabler im Unterprogramm. Der Beispieltyp streichen kann aber
nicht ohne Änderungen in andere Programme übernommen werden.

Neu ist die Standardprozedur *gotoxy (spalte, zeile);* mit ganzzahligen Parametern. - Der Monitor hat normalerweise 80 Spalten
1 ... 80 und 24 Zeilen 1 ... 24. Mit *gotoxy* kann der Cursor
frei bewegt werden, ohne daß bereits Geschriebenes gelöscht wird.
Will man eine Zeile teilweise löschen, wie es bei Menüs vorkommt,
so kann die restliche Zeile ab jeweiliger Cursorposition mit
clreol; ('CLeaR End Of Line') getilgt werden:

```
      ...                   (* Fester Menütext ab z.B. Zeile 1 *)
      writeln ('Text 1 ... ');
      writeln  ('Text 2 ... ');
      ...
      REPEAT                    (* Eingabeteil rechts davon *)
         gotoxy (20, 1); clreol; read (eingabe1);
         gotoxy (20, 2); clreol; read (eingabe2);  ...
      UNTIL ...
```

Ist irgendeine Eingabe nicht richtig, so wird die Schleife wiederholt, wobei alle alten Eingaben solange zu sehen sind, bis
man sie durch neue überschreibt. Schon mit Beginn des Menüs sind
alle zukünftigen Texte sichtbar, im Gegensatz zu

```
      REPEAT
         clrscr;
         write ('Text 1 ... '); readln (eingabe1);
         ...
      UNTIL ...
```

Das Programm mehrref gab eine Wertetabelle für eine quadra-
tische Funktion aus. Statt mit einer Prozedur erledigt man das
einfacher mit einem Unterprogramm vom Typ FUNCTION:

```
PROGRAM wertetabelle;

VAR x, delta : real;

FUNCTION y (u : real) : real;
BEGIN
   y := 3.1 * u * u + 1
END;

BEGIN (* ------------------------------- Hauptprogramm *)

   x := 1; delta := 0.05;
   REPEAT
      writeln (x : 5 : 2, y(x) : 10 : 2);
      x := x + delta
   UNTIL x > 2
END.  (* ----------------------------------------------- *)
```

Als Name der Funktion ist y gewählt; der oder die Übergabeparameter (hier u) sind mit Typ zu spezifizieren. Der in das
Hauptprogramm zurückgegebene Wert (hier y) ist ebenfalls dem
Typ nach im Funktionskopf deklariert. Der Vorteil dieses Unterprogramm liegt klar zutage: Eine in einem Programm häufig vorkommende Funktion muß nur einmal explizit geschrieben werden und
ist außerdem sehr leicht auswechselbar.

Eine Prozedur (mit oder ohne call by reference) kann nur aufgerufen werden; eine Funktion hingegen, d.h. ihr jeweiliger Wert,
wird im Hauptprogramm wie eine Variable in einem Speicherplatz
behandelt, d.h. es sind Ausgaben und Wertzuweisungen möglich.
Man beachte, daß dem Funktionsnamen im definierenden Unterprogramm Werte zugewiesen werden. Ein weiteres Beispiel:

```
PROGRAM arithmittel;

TYPE feld = ARRAY[1..20] OF integer;
VAR     k : integer;  ergebnis : real;
        a : feld;

FUNCTION mittel (wieviel : integer; woraus : feld) : real;
VAR     i : integer;
      sum : real;
BEGIN
   sum := 0;
   FOR i := 1 TO wieviel DO sum := sum + woraus[i];
   mittel := sum / wieviel
END;

BEGIN (* ------------------------------- Hauptprogramm *)
   FOR k := 1 TO 10 DO a[k] := random(10);
   FOR k := 1 TO 10 DO write (a[k] : 5);
   writeln;
   ergebnis := 10 + mittel (5, a);
   writeln ('10 + Mittel bis Pos. 5 ... ', ergebnis :5:2)
END.  (* ----------------------------------------------- *)
```

mittel kommt hier in einem einfachen arithmetischen Ausdruck
vor und wird dann auf ergebnis zugewiesen. Man beachte den
"Deklarationsteil" im Funktionskopf mit Bezug auf das Hauptprogramm über TYPE. Stünde diese Funktion in einer "Bibliothek"
(siehe Kapitel 11), so würde die Beschreibung etwa so lauten:

mittel(n, serie) berechnet das arithmetische Mittel aus n Werten, die der Reihe nach einem Feld serie entnommen werden. n
ist *integer* zu übergeben; serie ist mit TYPE im Hauptprogramm
als ARRAY[1..ende] OF ... zu deklarieren; mittel wird *real* übergeben. - Mit einem zusätzlichen Parameter kann die Funktion auch
das arithmetische Mittel von ... bis ... berechnen.

Prozeduren vom Typ PROCEDURE name (VAR ...); sind universeller
als Funktionen, d.h. ein als FUNCTION konstruiertes Unterprogramm kann - wenn auch umständlicher - durch eine Prozedur mit
gleicher Wirkung ersetzt werden. Ein Beispiel hatten wir weiter
vorne (mehrref bzw. wertetabelle). Umgekehrt jedoch kann nicht
jede Prozedur als Funktion geschrieben werden: Eine Funktion
gibt nur einen Wert zurück; eine Prozedur hingegen kann mehrere
gleichzeitig by reference "zurückgeben", wie unser Beispiel
tauschen aus dem Programm platzwechsel zeigt.

Es sei noch ergänzt, daß auch Funktionen parameterfrei definiert
werden können, so der Zufallsgenerator aus dem letzten Kapitel:

```
PROGRAM zufallszahlen;
VAR xz, anzahl : integer;

FUNCTION random : real;
CONST m = 1024; a = 29;
BEGIN
   xz := (a * xz + 1) MOD m;
   random := xz / m
END;

BEGIN (* ----------------------------- Hauptprogramm *)
   clrscr; write ('Start mit ganzer Zahl ... ');
   readln (xz);                          (* random - Start *)
   FOR anzahl := 1 TO 64 DO write (random : 5 : 3)
END.  (* --------------------------------------------- *)
```

Ist dieser Generator einmal mit einem xz gestartet, so kann
er immer wieder aufgerufen werden, wobei die entstehende Folge
von Zufallszahlen reproduzierbar ist. Da *random* in TURBO ein
Standardbezeichner ist, wird dessen ursprüngliche Bedeutung bei
Benutzung der obigen Version ignoriert; *random* ist also umdefiniert. Setzt man die obige Funktion hingegen in Kommentarklammern, so hat man wieder die Standardfunktion! Analoges gilt
für die übrigen Standard-Prozeduren und Funktionen ...

Mit einfacher Unterprogrammtechnik ist es möglich, ohne großen
Aufwand schon recht umfangreiche Aufgaben zu programmieren. Als
schönes Beispiel folgt ein Spiel, das für Simulationen in der
Biologie entwickelt worden ist und als "game of life" bekannt
geworden ist. Auf die Plätze eines Feldes (hier mit der Größe
22 x 22) können "Lebewesen" gesetzt werden: Der Feldplatz wird
dann mit 'O' markiert; alle übrigen Plätze sind durch einen
Punkt gekennzeichnet. Folgende Spielregeln sind vereinbart:

Sind in der unmittelbaren Umgebung eines Lebewesens O weniger
als zwei oder mehr als drei Exemplare am Leben, so stirbt O.
Die "unmittelbare Umgebung", das sind i.a. acht Feldplätze, am
Rand oder an Ecken entsprechend weniger.

Auf einem noch freien Feld (Punkt) hingegen wird ein Lebewesen
genau dann geboren, wenn in der soeben definierten Umgebung genau drei Lebewesen existieren.

Ausgehend von einer zu setzenden Anfangspopulation simuliert
das folgende Programm die sich ergebende Generationenfolge. Die
Eingabesteuerung erfolgt über die vier Tasten I, J, K und M, da
nicht alle Rechner über Pfeiltasten zur Cursorbewegung verfü-
gen. (Das kann aber leicht abgeändert werden; ein Beispiel im
Kapitel 20 erläutert die notwendige Routine.)

```pascal
PROGRAM game_of_life;
(*$U+*)
VAR     z, s, i, j,
            posx, posy, sum : integer;
                      taste : char;
            feldar, copi : ARRAY[0..23,0..23] OF char;
                        b : boolean;

PROCEDURE anzeige;
BEGIN
clrscr;
FOR z := 1 TO 22 DO BEGIN
    write (' ');
    FOR s := 1 TO 22 DO write (feldar[z,s], '  ');
    writeln
                      END
END;

PROCEDURE eingabe;                        (* Cursorsteuerung *)
BEGIN
posx := 3; posy := 1;
gotoxy (posx, posy);
REPEAT
    read (kbd, taste); taste := upcase (taste);
    CASE taste OF
    'I' : IF posy >  1 THEN posy := posy - 1;
    'M' : IF posy < 22 THEN posy := posy + 1;
    'J' : IF posx >  3 THEN posx := posx - 3;
    'K' : IF posx < 66 THEN posx := posx + 3;
    'O' : feldar[posy, posx DIV 3] := 'O';
    '.' : feldar[posy, posx DIV 3] := '.'
    END;
    gotoxy (posx, posy);
    IF (taste = 'O') OR (taste = '.') THEN write (taste)
UNTIL taste = '0'        (* Die Taste 0 beendet Eingabe *)
END;

PROCEDURE umgebungstest;
BEGIN
FOR i := z - 1 TO z + 1 DO
    FOR j := s - 1 TO s + 1 DO
        IF feldar[i,j] = 'O' THEN sum := sum + 1
END;
```

```
BEGIN (* ------------------------------ Hauptprogramm *)
FOR z := 0 TO 23 DO
    FOR s := 0 TO 23 DO feldar[z,s] := '.';
copi := feldar;
anzeige;
writeln;
write   ('Cursorbewegung mit I, M und J, K.   ');
writeln ('Eingaben O oder Punkt.  Ende mit 0.');
eingabe;
copi := feldar;
REPEAT
   b := false;
   FOR z := 1 TO 22 DO
       FOR s := 1 TO 22 DO
       IF feldar[z,s] = 'O' THEN BEGIN
                            sum := -1;
                            umgebungstest;
                            IF (sum < 2) OR (sum > 3)
                               THEN BEGIN
                               copi[z,s] := '.';
                               b := true
                                   END
                                END
                            ELSE BEGIN
                            sum := 0;
                            umgebungstest;
                            IF sum = 3
                               THEN BEGIN
                               copi[z,s] := 'O';
                               b := true
                                   END
                                END;
      feldar := copi;
      IF b = true THEN anzeige
   UNTIL b = false;
   gotoxy (1, 24); clreol;
   write ('Alles tot oder Population stabil ... ')
END. (* --------------------------------------------------- *)
```

Das Feld feldar muß vor der Bearbeitung auf das Feld copi (Vorsicht beim Namen copy!) umkopiert werden, um eine "Momentauf-
nahme" der Population für die regelgerechte Bearbeitung festzu-
halten. Nach dem "Zeitschnitt" wird dann wieder zurückkopiert.

Setzen Sie für Testzwecke zum Beispiel als erste   O
Generation das nebenstehende Kreuz ein, eventuell   OOO
auch mehrmals, aber nicht gerade am Rand: Sie er-   O
leben sehr anschaulich eine äußerst interessante
Entwicklung! - Ein Viererblock im Quadrat ist von Anfang an
stabil, ergibt sich auch gelegentlich als Endergebnis mancher
Populationen. - Größere kompakte Blöcke verlieren im Zentrum
und blasen sich auf, pulsieren. - Es gibt auch Populationen,
die in der Struktur unverändert über das Feld wandern ...

Das obige Programm ist eine nützliche Anwendung bildlicher Dar-
stellungen auch ohne Grafik-Routinen, d.h. es ist für alle
Rechner geeignet. Dasselbe gilt für die beiden nachfolgenden
Programme zum sog. GALTON-Brett:

```
PROGRAM galtonbrett_vertikal;
VAR    x, y, z, n : integer;

PROCEDURE brett;
VAR rechts, zeile, spalte : integer;
BEGIN
clrscr;
rechts := 42;
FOR zeile := 1 TO 10 DO BEGIN
    gotoxy (rechts - 2 * zeile, 2 * zeile);
    FOR spalte := 1 TO zeile DO write ('o   ');
                      END;
gotoxy (27, 1); write ('GALTONsches     Brett')
END;

PROCEDURE zeichnen;
BEGIN
gotoxy (x, y); write ('*');
gotoxy (x, y); delay (200); write (' ')
END;

BEGIN (* ---------------------- Hauptprogramm ------ *)
brett;
n := 0;
REPEAT
   x := 40; y := 1;
   zeichnen;
   REPEAT
     z := random (2);
     IF z = 0 THEN x := x - 2 ELSE x := x + 2;
     y := y + 1;
     zeichnen;
     y := y + 1;
     zeichnen
   UNTIL y > 20;
   n := n + 1
UNTIL n = 10
END. (* --------------------------------------------- *)
```

Dieses Programm simuliert den Durchlauf von Kugeln (*) durch
ein schräggestelltes "Nagelbrett" mit 10 Reihen. Will man hingegen die sich sammelnden Kugeln in den üblicherweise unten zu
denkenden Fächern des Brettes sehen, so bietet sich eine aus
Platzgründen horizontale Version des Programms an, die zudem in
der Anzahl der Nagelreihen flexibel ist:

```
PROGRAM galtonbrett_horizontal;
VAR x, y, z, platz, n, sum : integer;
                galtonar : ARRAY[0..23] OF integer;

PROCEDURE brett;
VAR zeile, spalte : integer;
BEGIN
clrscr;
FOR zeile := 1 TO 2*n DO BEGIN
    gotoxy (2 + 3 * abs (n - zeile), 1 + zeile);
    FOR spalte := 1 TO (n - abs (n - zeile)) DIV 2 DO
    write ('o     ');
    writeln                 END;
```

```
      FOR zeile := 0 TO n    DO BEGIN
          gotoxy (3 * n - 1, 1 + 2* zeile);
          FOR spalte := 1 TO 82 - 3 * n DO write ('-')
                            END
      END;                                          (* OF brett *)


      PROCEDURE zeichnen;
      BEGIN
      gotoxy (x, y); write ('*');
      gotoxy (x, y); delay (5); write (' ')
      END;


      PROCEDURE sammeln;
      BEGIN
      platz := (y + 1) DIV 2;
      REPEAT
         zeichnen;
         x := x + 1
      UNTIL x = galtonar[platz];
      write ('*');
      galtonar[platz] := galtonar[platz] - 1
      END;


      BEGIN (* -------------------- Hauptprogramm --------- *)
      clrscr;
      write ('Wieviele Fächer (2 ... 11) sind gewünscht? ... ');
      readln (n); sum := 0;
      brett;
      FOR z := 1 TO 23 DO galtonar[z] := 80;
      REPEAT
         x := 1; y := n + 1; sum := sum + 1;
         zeichnen;
         REPEAT
            z := random (2);
            IF z = 0 THEN y := y - 1 ELSE y :=  y + 1;
            x := x + 1; zeichnen;
            x := x + 1; zeichnen;
            x := x + 1; zeichnen
         UNTIL x > 3 * n - 3;
         sammeln
      UNTIL galtonar[platz] = 3 * n - 2;
      gotoxy (1, 23); write (sum, ' Versuche.')
      END. (* ---------------------------------------------- *)
```

Dieses Programm wurde erst mit dem Festwert n = 11 konstruiert,
dann auf beliebige Anzahl erweitert; zu gegebenem n sind jeweils n - 1 Nagelreihen vorzusehen, daher n >= 2. Der obere
Grenzwert für n resultiert aus der Bildschirmgröße. Für größere
n kommen Randläufe nur sehr selten vor, entsprechend der extrem
kleinen Wahrscheinlichkeit $1/2^{(n-1)}$. Beispielsweise ist für
den Wert n = 11 (d.h. 11 Entscheidungen je Lauf) auf 1024 Kugeln nur je eine ganz oben bzw. ganz unten zu erwarten!

Von großer Bedeutung beim praktischen Programmieren ist die Tat-
sache, daß Prozeduren und Funktionen andere Unterprogramme und
insbesondere sich selbst aufrufen können. Den letztgenannten
Fall nennt man Rekursion. Die entsprechende Programmiertechnik
ist äußerst nützlich, wenngleich nicht ohne Tücken. Wir widmen
ihr ein eigenes Kapitel 10 mit etlichen Beispielen.

9 EIN MINIPROZESSOR

Auf Seite 25 hatten wir beim Berechnen von Fakultäten festgestellt, daß Rechnungen im Ganzzahlenbereich stark eingeschränkt
sind; wir haben jetzt die Kenntnisse, dieses Phänomen näher zu
ergründen. Unter TURBO werden für Zahlen des Typs *integer* von
Haus aus zwei Byte reserviert, also 16 Bit. Um diese Zahlendar-
stellung genau zu verstehen, gehen wir einmal davon aus, daß
(übungshalber) nur ein Byte verfügbar sein soll, d.h.insgesamt
$2^8 = 256$ verschiedene Belegungen dieses Worts möglich sind.
Sie alle haben die Gestalt

    d d d d d d d ,

wobei d nur die Werte 0 oder 1 annehmen kann. Naheliegend wird
man die (dezimale und duale) Null in der Form

    0 0 0 0 0 0 0

ablegen und dann durch Aufaddieren von Einsen gemäß

    0 0 0 0 0 0 1   dezimal   1
    0 0 0 0 0 0 1 0   2
    0 0 0 0 0 0 1 1   3
    0 0 0 0 0 1 0 0   4
    usw.

dual weiterzählen. Die größte darstellbare Zahl ist dann

    1 1 1 1 1 1 1   dezimal 256.

Weitere ganze Zahlen gibt es also nicht. Insbesondere fehlen
uns negative Zahlen. Die Addition geschieht von rechts nach
links mit Übertrag; läßt man diesen Übertrag in einem weiteren
Schritt links "ins Leere" laufen, so ergibt 256 + 1 wieder
Null! Um in unserem Fall eine symmetrische, für vernünftiges
Rechnen praktisch nutzbare Menge ganzer Zahlen zu erhalten,
wird nun vereinbart, daß das höchstwertige Bit ganz links für
das Vorzeichen reserviert werden soll derart, daß 0 ein posi-
tives und 1 ein negatives Vorzeichen bedeutet. Dann können wir
mit den Belegungen

    0   0 0 0 0 0 0
    0   0 0 0 0 0 1
    0   . . . . . .
    0   1 1 1 1 1 0
    0   1 1 1 1 1 1

gerade $2^7 = 128$ ganze Zahlen darstellen, und zwar von Null bis
$127 = 2^7 - 1$. Durch Addition einer Eins entsteht

    1   0 0 0 0 0 0.

Wir unterlegen dieser Speicherbelegung versuchsweise die Bedeutung −128 und vereinbaren gleichzeitig, daß beim Weiteraddieren
die folgenden Belegungen in natürlicher Weise allesamt negative
Zahlen symbolisieren sollen. Dies sind ganz offenbar die Ver-
schlüsselungen für (dezimal) −127 ... −1. Addieren wir dann im
letzten Falle wieder eine Eins, so ergibt sich die Null.

```
1   0 0 0 0 0 0 1
1   0 0 0 0 0 1 0
1   0 0 0 0 0 1 1
1   . . . . . . .
1   1 1 1 1 1 1 1
```

Zusammenfassend wird damit klar: Steht ein Byte zur Verfügung
und soll das höchstwertige Bit ganz links eine Aussage zum Vorzeichen machen, so können die 256 Zahlen -128 ... +127 dargestellt werden, d.h. 128 negative und (mit der Null) ebenso
128 positive, wobei dieser Ausschnitt aus der Zahlengeraden in
charakteristischer Weise unsymmetrisch ist. Das Addieren auf
dieser Menge erfolgt zyklisch mit der Maßgabe, daß

$$127 + 1 = -128$$

gesetzt wird. - Übrigens kann die Darstellung einer negativen
Zahl auf dieser Menge auch direkt sehr einfach gefunden werden,
denn es gilt der Zusammenhang, daß man zuerst die entsprechende
positive Zahl mit dem linken Bit Null sucht, dann alle Bits um-
kehrt (sog. "Zweierkomplement") und zuletzt eine Eins addiert:

```
0   0 0 0 0 0 0 1        + 1
1   1 1 1 1 1 1 0          Bitumkehr
1   1 1 1 1 1 1 1        - 1   durch Addieren einer Eins.
```

Die Null ist dabei zu sich selbst komplementär:

```
0   0 0 0 0 0 0 0
1   1 1 1 1 1 1 1
0   0 0 0 0 0 0 0
```

ebenso 128:

```
1   0 0 0 0 0 0 0
0   1 1 1 1 1 1 1
1   0 0 0 0 0 0 0
```

und das Komplement von 127 ist -127.

```
0   1 1 1 1 1 1 1
1   0 0 0 0 0 0 0
1   0 0 0 0 0 0 1
```

Daher wird festgelegt, daß es 128 einfach "nicht mehr gibt".
Vor diesem Hintergrund ist es somit ausreichend, wenn der Prozessor das Addieren mit Übertrag und die Komplementbildung zum
Subtrahieren beherrscht (Multiplikation und Division lassen
sich darauf leicht zurückführen).

Gehen wir realistisch von zwei Byte für ganze Zahlen aus, so
ergibt sich analog als darstellbarer Zahlenbereich

$$- 2^{15} = -32\ 768 \quad ... \quad +2^{15} - 1 = +32\ 767.$$

Zahlen außerhalb dieses Bereichs werden modulo verrechnet, d.h.
eine Addition spielt sich z.B. wie folgt ab:

$$32\ 766 + 5 = -32\ 765.$$

Damit sind die eigenartigen Ergebnisse des früheren Fakultäten-
programms vollständig erklärt ... Auf S. 50 ist ein Algorithmus
zum Umrechnen von Dezimalzahlen in Dualzahlen angegeben. Er ist
im folgenden Programm als Prozedur eingesetzt; es simuliert die
Addition (und Subtraktion) mit einem Miniprozessor, der nur ein
einziges Byte bearbeiten kann ... Die notwendigen Routinen sind
als Prozeduren eingebaut:

```
PROGRAM acht_bit_rechner;

TYPE                    reg = ARRAY [0 .. 8] OF integer;
VAR                     reg1, reg2, reg3 : reg;
      ein1, ein2, ein3, merk1, merk2, i : integer;
                                      c : char;
                                      v : boolean;

PROCEDURE w (feld : reg);            (* schreibt 8 Bit heraus *)
BEGIN
FOR i := 1 TO 8 DO write (feld [i], chr(179))
END;

PROCEDURE ueberlauf (VAR feld : reg);     (* reduziert dual *)
BEGIN
FOR i := 8 DOWNTO 1 DO BEGIN
    feld [i-1] := feld [i-1] + feld [i] DIV 2;
    feld [i] := feld [i] MOD 2
                        END
END;

PROCEDURE komplement (VAR feld : reg);
BEGIN
FOR i := 1 TO 8 DO feld [i] := (feld [i] + 1) MOD 2;
feld [8] := feld [8] + 1;
ueberlauf (feld)
END;

PROCEDURE decode (feld : reg; VAR zahl : integer);
VAR p : integer;              (* rechnet auf dezimal zurück *)
    v : boolean;
BEGIN
zahl := 0; p := 1; v := true;
IF feld [1] = 1 THEN BEGIN
                komplement (feld); v := false
                END;
FOR i := 8 DOWNTO 1 DO BEGIN
                zahl := zahl + p * feld [i];
                p := 2 * p
                END;
IF v = false THEN zahl := - zahl
END;

PROCEDURE dual (dezi : integer; VAR feld : reg);
VAR n : integer;
BEGIN
n := 9;
REPEAT
   n := n - 1; feld[n] := dezi MOD 2; dezi := dezi DIV 2
UNTIL n = 0
END;
```

```
BEGIN (* ------------------------------- Hauptprogramm *)
clrscr;
FOR i := 0 TO 8 DO reg1 [i] := random (2);    (* einschalten *)
FOR i := 0 TO 8 DO reg2 [i] := random (2);    (* Inhalt ???? *)
FOR i := 0 TO 8 DO reg3 [i] := random (2);
gotoxy (10, 5); w(reg1);
gotoxy (10,11); w(reg2);
gotoxy (10,17); w(reg3);
gotoxy (10, 2);
write ('8-bit-Speicher ...    Inhalt ...      bearbeitet in');
gotoxy (10, 3);
write ('Vorzeichen | 7 bit    Ganzzahl ...   [-128 ... +127]');
gotoxy (35, 8); write ('+');
gotoxy (35,14); write ('=');

REPEAT

    gotoxy (34, 5); clreol; read (ein1); merk1 := ein1;
    IF ein1 < 0 THEN BEGIN
                    dual (-ein1, reg1);
                    komplement (reg1)
                    END
               ELSE dual (ein1, reg1);
    gotoxy (10, 5); w(reg1);
    gotoxy (50, 5); decode (reg1, ein1); write (ein1 : 4);

    gotoxy (34,11); clreol; read (ein2); merk2 := ein2;
    IF ein2 < 0 THEN BEGIN
                    dual (-ein2, reg2);
                    komplement (reg2)
                    END
               ELSE dual (ein2, reg2);
    gotoxy (10,11); w(reg2);
    gotoxy (50,11); decode (reg2, ein2); write (ein2 : 4);

    FOR i := 1 TO 8 DO reg3 [i] := reg1 [i] + reg2 [i];
    ueberlauf (reg3); gotoxy (10,17); w(reg3);
    decode (reg3, ein3); gotoxy (33,17); write (ein3 : 4);
    gotoxy (47, 17); write (' d.h. ', merk1 + merk2, '    ');
    gotoxy (1, 22); write ('Ende mit E, sonst Leertaste ... ');
    read (kbd, c); c := upcase (c)

UNTIL c = 'E'
END. (* ------------------------------------------------------ *)
```

Man beachte, daß dieses Programm die eingegebenen beliebigen
Ganzzahlen (mit 2 Byte Wortlänge, denn im Hintergrund arbeitet
der reale Pascal-Prozessor!) tatsächlich auf -128 ... 127 um-
rechnet und das Ergebnis im Miniprozessor durch duale Addition
mit Überlauf ermittelt; die Variablen merk stellen das Ergebnis
ohne diese Modulo-Rechnung dar. - Im Feldelement reg3 [0] läuft
dieser Überlauf "ins Leere" ...

Das Programm ist ein schönes Beispiel für den Einsatz von Prozeduren; wir haben die Frage der Ganzzahlenrechnung daher erst
jetzt beantwortet. - So zeigen die Prozeduren decode und dual
teils call by value, teils call by reference.

10   REKURSIONEN

Wir beginnen mit einem sehr einfachen Beispiel; nach LEONARDO
von PISA (alias Fibonacci, um 1200) benannt ist die "rekursiv"
definierte Folge

```
a(n) := a(n-1) + a(n-2)   mit   a(1) = 1 und a(2) = 1.
```

Ein a(n) wird also hier auf die Summe der beiden unmittelbaren
Vorgänger zurückgeführt, was noch relativ einfach ist. Die Rekursion beginnt demnach mit zwei Startwerten. (Sie hat übrigens
etwas mit der Generationenfolge bei Kaninchen zu tun.) Hier ist
das zugehörige Programm, eine unmittelbare Umsetzung der mathematischen Definition:

```
PROGRAM fibonacci1;
(*$A-*)                             (* unter CP/M, siehe unten *)
VAR i, num, aufruf : integer;

FUNCTION fib (zahl : integer) : integer;
BEGIN
   aufruf := aufruf + 1;
   IF zahl > 2 THEN fib := fib(zahl-1) + fib(zahl-2)
               ELSE IF zahl = 2 THEN fib := 1
                                 ELSE fib := 1
                                 (* kurz: ELSE fib := 1 *)
END;
BEGIN (* ------------------------------- Hauptprogramm *)
   clrscr;
   write ('Wie weit? ... '); readln (num);
   FOR i := 1 TO num DO BEGIN
                     aufruf := 0;
                     write   (i : 2, fib(i) : 8);
                     writeln (' >> Aufrufe: ', aufruf : 5)
                     END
   END.   (* ------------------------------------------------- *)
```

Die Programmierung von fib entspricht ersichtlich der mathematischen Definition. Die rekursive Abarbeitung ist aber sehr
speicherplatz- und zeitintensiv und für größere num nicht mehr
durchführbar, wie man im Versuch bald merkt. Denn schon fib(6)
wird nach folgendem Schema ermittelt (mit f statt fib):

```
f(6) = f(5)                                  + f(4)
     = f(4)                  +f(3)           + f(3)           + f(2)
     = f(3)         +f(2)    +f(2)+f(1)      + f(2)+f(1)      + 1
     = f(2)+f(1)    + 1      + 1      + 1    + 1      + 1     + 1
     = 1      + 1   + 1      + 1      + 1    + 1      + 1     + 1
     = 8
```

Diese "Tabelle" muß der Compiler organisieren; das Programm enthält zur Demonstration eine globale Variable aufruf, die für jedes fib(num) angibt, wie oft die Funktion fib dabei aufgerufen worden ist. Es stellt sich die Frage, auf welche Weise sehr
große a(n) der Folge in der Praxis ermittelt werden können: Im
vorliegenden Beispiel kennt man zwar noch eine explizite Formel
für diese a(n); ohne deren Kenntnis bietet es sich aber an, die
Vorgänger der a(n) abzulegen:

```
PROGRAM fibonacci2;

VAR i, num : integer;
        far : ARRAY[1..100] OF real;            (* reell! *)
BEGIN
   clrscr; write ('Wie weit? ... '); readln (num);
   far[1] := 1; far[2] := 1;
   FOR i := 1 TO num DO BEGIN
        IF i < 3 THEN writeln (i : 4, far[i] : 25 : 0)
                 ELSE BEGIN
                        far[i] := far[i-1] + far[i-2];
                        writeln (i : 4, far[i] : 25 : 0)
                        END
                          END
     END.
```

Diese zweite Programmversion "schaut bereits berechnete Werte
so nach", wie man von Hand die Liste erstellen würde; sie läuft
zudem im "Gleichtakt", ist also unvergleichlich schneller. Da
far in jedem Falle begrenzte Größe hat, sind auch hier die Möglichkeiten der Berechnung sehr beschränkt. Nun braucht man aber
tatsächlich nur die beiden unmittelbaren Vorgänger eines jeden
a(n); daher ist dies die eleganteste Lösung:

```
PROGRAM fibonacci3;

VAR i, num : integer;
        far : ARRAY[1..3] OF real;

BEGIN
clrscr; far[1] := 1; far[2] := 1;
write ('Wie weit? ... '); readln (num);
i := 1;
REPEAT
   IF i < 3 THEN writeln (i : 4, far[i] : 30 : 0)
            ELSE BEGIN
                   far[3] := far[2] + far[1];
                   writeln (i : 4, far[3] : 30 : 0);
                   far[1] := far[2]; far[2] := far[3]
                   END;
   i := i + 1
UNTIL i > num
END.
```

Exemplarisch liegen also drei grundsätzlich verschiedene Lö-
sungsmöglichkeiten vor, von denen die erste zwar theoretisch
die einfachste, aber in der Praxis aus Zeitgründen nicht beliebig durchführbar ist. Die zweite Lösung ist wegen endlicher
Feldgröße ebenfalls nicht universell. Unsere dritte Lösung hingegen mit "Verschiebungstechnik" ist Ansatzpunkt für äußerst
raffinierte Techniken zum Beherrschen selbst sehr komplizierter
Rekursionen.

Zu rekursiven Unterprogrammen sei ergänzt, daß unter CP/M der
Compiler zur Erzeugung rekursiven Codes umzustellen ist, da als
default nur absoluter (nicht-rekursiver) Code vorgesehen ist.
Näheres erläutert das TURBO-Handbuch unter Compilerbefehlen. Kurz
gesagt gilt, daß der Quelltext unter CP/M dann mit (*$A-*) ein-
geleitet wird. Voreingestellt ist (*$A+*).

Übungshalber wollen wir auch noch die Berechnung von Fakultäten
rekursiv durchführen, also ein Programm von Seite 24 in anderer
Version aufschreiben:

```
PROGRAM fakultaet_rekursiv;
VAR i , k, s : integer;

FUNCTION fak (n : real) : real;
BEGIN
s := s + 1;
IF n > 1 THEN fak := n * fak (n-1) ELSE fak := 1
END;

BEGIN
clrscr; write ('Fakultät bis ... '); readln (k);
FOR i := 1 TO k DO BEGIN
                s := 0;                    (* Aufrufzähler *)
                writeln (i : 4, fak (i) : 20 : 0, s : 4)
                    END
END.
```

Eine sehr interessante Folge ist die sog. HOFSTÄTTER – Folge,
die ebenfalls rekursiv definiert ist; das Bildungsgesetz

$$h(n) := h (n - h(n-1)) + h (n - h(n-2))$$
mit den Startwerten $h(1) = h(2) = 1$

entnimmt man auch dem folgenden Programm:

```
PROGRAM hofstaetter_rekursiv;
VAR i, n : integer;
        s : real;

FUNCTION hof (k : integer) : integer;
BEGIN
s := s + 1;
IF k < 2
THEN hof := 1
ELSE hof := hof (k - hof(k-1) )  +  hof (k - hof (k-2) )
END;

BEGIN
clrscr; write ('Index n ... '); readln (n);
FOR i := 1 TO n DO BEGIN
                s := 0;
                writeln (i : 3, hof (i) : 6, s : 10 : 0)
                    END
END.
```

Starten Sie dieses Programm höchstens mit Werten von n um 15.
Die Wartezeiten sind enorm und der Zähler s zeigt auch warum.
Der Rückgriff auf frühere Werte der h(i) ist hier äußerst un-
durchsichtig, da er über die Indizes erfolgt. Tests nach dem
Muster des zweiten Programms mit einem recht großen Feld sind
natürlich möglich:

```
PROGRAM hofstaetter_statisch;
VAR  i, n : integer;
    hofar : ARRAY[0..1000] OF integer;
```

```
      BEGIN
      clrscr;
      write ('Index n ... '); readln (n);
      hofar[1] := 1; hofar[2] := 2;
      writeln ('   1      1'); writeln ('   2      2');
      FOR i := 3 TO n DO BEGIN
                  hofar [i] := hofar [i - hofar[i-1]] + hofar
                  [i - hofar[i-2]];
                  writeln (i : 4, hofar [i] : 6)
                        END
      END.
```

Zwar läuft dieses Programm extrem schnell ab, d.h. h(1000) kann
ohne weiteres ermittelt werden, aber wie steht es mit erheblich
größeren Indizes? - Da wir die jeweils benötigten Vorgänger zur
Berechnung eines h(n) nur indirekt über die Indizes kennen,
bleibt nur der Weg, einen zusammenhängenden Abschnitt von Vor-
gängern abzulegen und nach jedem Rechenschritt "dynamisch" zu
verschieben, d.h. ganz vorne befindliche h(j) schrittweise zu
"vergessen":

```
      PROGRAM hofstaetter_dynamisch;     (* "Verschiebung" *)
      CONST c = 100;
      VAR  i, r, n, v : integer;
               hofar : ARRAY[1..c] OF integer;
                 aus : boolean;
      BEGIN
      clrscr;
      write ('Index n ... '); readln (n);
      hofar [1] := 1; hofar [2] := 2;
      FOR i := 3 TO c DO                 (* erstes "Füllen" *)
         hofar [i] :=
          hofar [i - hofar[i-1]] + hofar [i - hofar[i-2]];
      FOR i := 1 TO c DO writeln (i : 6, hofar [i] : 6);
      r := c + 1; v := 1;
      REPEAT
         FOR i := 1 TO c - 1 DO hofar [i] := hofar [i+1];
         aus := false;
         IF (r - v - hofar [r-v-1] < 1)
            OR (r - v - hofar [r-v-2] < 1) THEN aus := true;
         hofar [c] :=
            hofar [r - v - hofar[r-v-1] ] +
               hofar [r - v - hofar[r-v-2] ];
         IF NOT aus THEN writeln (r : 6, hofar [c] : 6);
         r := r + 1; v := v + 1
      UNTIL (r > n) OR (aus = true)
      END. (* ------------------------------- h(1878) = 1012 *)
```

Die BOOLEsche Variable aus dient dabei der Feststellung, ob der
rekursive Rückgriff so weit zurück vorgenommen wird, daß er vor
den Anfang der dynamisch mitgeführten Liste der Folgenglieder
zu liegen kommt: Dann ist das Programm am Ende. Mit c = 1000
kommt man so immerhin bis nach h(1878), d.h. in die Gegend der
doppelten Feldgröße. Es ist offensichtlich, daß hier im Gegensatz zur FIBONACCI-Folge beliebig große h(n) prinzipiell nicht
ermittelt werden können. Immerhin ist dieses dynamische Verfahren der Rekursion in zweifacher Hinsicht (Tempo und Index)
der direkten Rekursion (also Selbstaufruf der Prozedur wie im
ersten Programm) weit überlegen, falls man es zustande bringt.

Die folgende Aufgabe ist erheblich schwieriger; da aber die
zweite Lösung in dieses Kapitel paßt, ist es u.U. zweckmäßig,
im Kapitel 12 einiges über Mengen (SET) vorweg zu lesen. Hier
ist zunächst eine erste Lösung, alle Permutationen aus n Elementen (hier aus den Ziffern 1 bis n <= 9) vollständig und
systematisch ausgelistet zu bestimmen:

```
PROGRAM permutationslexikon;
      (* schreibt Permutationen lexikographisch geordnet aus *)
TYPE            folge = SET OF 1..9;
VAR             liste : folge;
                  xar : ARRAY[1..9] OF integer;
   n, k, i, min, s : integer;
                taste : char;
            num, bis : integer;
BEGIN (* ------------------------------------------------- *)
clrscr;
write ('Permutationen aus max. 9 Elementen ... '); readln (n);
bis := 1;
FOR i := 1 TO n DO BEGIN
                   xar[i] := i;          (* Generiert 123...n *)
                   bis := bis * i
                   END;
writeln ('Es gibt ', n, '! = ', bis, ' Permutationen.');
writeln ('Per Tastendruck weiterschreiben bis Taste 0 ...');
writeln; num := 1;
REPEAT
  liste := [];
  write ('Nr. ', num : 5, '        ');
  FOR i := 1 TO n DO write (xar[i]); writeln;
  i := n;
  REPEAT
    liste := liste + [xar[i]];
    i := i - 1
  UNTIL xar[i] < xar[i+1];
  IF xar[i] + 1 IN liste THEN BEGIN
                   liste := liste + [xar[i]];
                   xar[i] := xar[i] + 1;
                   liste := liste - [xar[i]]
                      END
                   ELSE BEGIN
                   min := n;
                   FOR k := 1 TO n DO
     IF (k IN liste) AND (k < min) AND (k > xar[i]) THEN
                                            min := k;
                   liste := liste - [min];
                   liste := liste + [xar[i]];
                   xar[i] := min;
                      END;
  FOR k := i+1 TO n DO BEGIN
            min := n;
            FOR s := 1 TO n DO
                IF (s IN liste) AND (s<min) THEN min := s;
            liste := liste - [min];
            xar[k] := min
                   END;
read (kbd, taste); num := num + 1
UNTIL (taste = '0') OR (num > bis)
END. (* ------------------------------------------------- *)
```

Das Programm der vorigen Seite schreibt alle n! Permutationen
in lexikographischer Anordnung aus. Es besitzt keinerlei Prozeduren und ist daher schwer durchschaubar. Diese Permutationen
können aber auch rekursiv erzeugt werden: Kennt man nämlich alle
Permutationen zur Ordnung 2, so können jene zur Ordnung 3 dadurch hergestellt werden, daß man jeweils eines der 3 Elemente
voranstellt und daran sämtliche Permutationen der übrigen anhängt.
Das sieht für n = 3 so aus:

```
1 ... 2 3      (d.h. 1 auswählen, 2 und 3 permutieren usw.)
1 ... 3 2
2 ... 1 3
2 ... 3 1
3 ... 1 2
3 ... 2 1
```

Dies sind n = 3 Gruppen zu (n-1)! = 2! Permutationen, also
insgesamt n! = 3! = 6 Permutationen. Da dies für jedes n gilt,
ist zugleich der allgemeine Beweis über die Anzahl erbracht. Ein
entsprechendes Programm (zunächst wie eben zur Permutation von
Ziffernfolgen) sieht weitaus eleganter und kürzer so aus:

```pascal
PROGRAM permutationen_rekursiv;

TYPE            liste = SET OF 1..9;
VAR         s, k, n : integer;
            vorgabe : liste;
             a, b : ARRAY[1..9] OF integer;

PROCEDURE perm (zettel : liste);
VAR   i : integer;
    neu : liste;
BEGIN
k := k + 1;                        (* k zählt bis Menge [] *)
FOR i := 1 TO n DO                            BEGIN
    IF i IN zettel THEN          BEGIN
        neu := zettel - [i];
        a[k] := i;               (* abgetrennte i merken *)
        IF neu <> [] THEN perm (neu)
                ELSE BEGIN                (* Ausgabe *)
                FOR s := n+1-k TO n DO
                    b[s] := a[s-n+k];
                FOR s := 1 TO n DO write (b[s]);
                write (' ');
                k := 1
                    END
                        END
                            END
END;

BEGIN (* ------------------- aufrufendes Hauptprogramm *)
    clrscr;
    write ('Permutationen zur Ordnung (n < 10) ... ');
    readln (n); vorgabe := [1..n]; k := 0;
    perm (vorgabe)
END.  (* ------------------------------------------------ *)
```

Den Sinn der komplizierten Ausgaberoutine erkennen Sie, wenn
Sie den Körper der Prozedur zunächst so schreiben:

```
    BEGIN                                (* Zähler k fehlt ... *)
    FOR i := 1 TO n DO BEGIN
        IF i IN zettel THEN BEGIN
            neu := zettel - [i];
            write (i);
            IF neu <> [] THEN perm (neu)
                         ELSE write (' ')
                     END
              END
    END;
```

Die Variablen s und k sowie beide Felder kommen also nicht
vor. Sie werden feststellen, daß dann zwar prinzipiell richtig
permutiert wird (insbesondere stimmt die Anzahl n! der Ausgaben), aber eine unterschiedliche Anzahl "vorderer Elemente"
fehlt bei jeder Niederschrift. - Daher die Variable k, die in
einer Verzweigung zählt, wann das endgültige "Ende einer Permutation" in der Rekursion erreicht wird und wieviele Elemente
a[k] bis dahin hätten ausgegeben werden können. - Das alte Feld
ist b; diesem werden von rückwärts eben diese Elemente aufge-
schrieben, dann wird das teilweise überschriebene Feld b komplett ausgegeben.

Das Programm sieht zunächst nur Permutationen bis zur Ordnung 9
vor, da die "10" als Zahl in einer ausgegebenen Ziffernfolge
nicht erkannt werden kann. Es läuft aber auch für weit größere n
einwandfrei erkennbar ab, wenn man Buchstaben permutiert.

Ändern Sie dazu im obigen Programm einige Zeilen:

```
    TYPE liste = SET OF 'A'..'Z';
         a, b : ARRAY[1..26] OF char;

    VAR i : char;                        (* in der Prozedur *)
    FOR i := chr(65) TO chr(64 + n) DO BEGIN ...
    (* Permutationen zur Ordnung n < 27 ... *)

    vorgabe := ['A'..chr(64+n)];         (* im Hauptprogramm *)
```

Dieses Programmversion mit Buchstaben statt Ziffern läuft ohne
Probleme (und recht schnell), wenn auch u.U. für größeres n sehr
lange ... Sie ist als \KP10\PCHR.PAS auf Diskette.

Es folgt eine Programmierung des berühmten Damenproblems, das
schon GAUSS beschäftigt hatte, ohne daß er die vollständige Lösungsmenge hätte angeben können. Die Aufgabe besteht darin, auf
einem Schachbrett 8 Damen derart zu verteilen, daß keine eine
der anderen schlagen kann. - Insgesamt gibt es 92 Lösungen, die
mit der Methode des sog. 'Backtracking' gefunden werden können.
Wir werden darauf im Kapitel Zeigervariablen näher zu sprechen
kommen. Zum diesem Verfahren findet man in der Literatur mehr,
etwa in dem sehr lesenswerten Buch von WIRTH "Algorithmen und
Datenstrukturen", in dem auch die Programmidee genauer erläutert wird.

Im Programm ist eine Prozedur zur gleichsam grafisch orientier-
ten Ausgabe der Lösungsmenge angegeben, wobei die Programmierung
der Bildschirmbedienung mit den Anweisungen *gotoxy (..., ...);*
ganz besonderes Interesse verdient.

```pascal
PROGRAM damen_problem;

CONST              spalte = 8;
VAR                  dame : ARRAY[1..spalte] OF integer;
   index, num, posx, posy : integer;
                        a : char;

FUNCTION bedroht (i : integer) : boolean;
VAR k : integer;

BEGIN
bedroht := false;
FOR k := 1 TO i - 1 DO
    IF (dame[i] = dame[k]) OR
       (abs(dame[i] - dame[k]) = i - k)
          THEN bedroht := true
END;

PROCEDURE ausgabel;                       (* als Liste *)
VAR          k : integer;

BEGIN
write ('Lösung Nr. ', num : 3, ' >>> ');
FOR k := 1 TO spalte DO write (dame[k] : 4);
writeln
END;

PROCEDURE ausgabeb;              (* als Grafik, s.S. 82 *)
VAR        z, s : integer;
           taste : char;

BEGIN
FOR z := 1 TO spalte DO BEGIN
    gotoxy (posx, posy);
    FOR s := 1 TO dame[z] - 1 DO write (' . ');
    write (' ', chr(3), ' ');
    FOR s := dame[z] + 1 TO spalte DO write (' . ');
    posy := posy + 1
                      END;

posx := posx + 28;
posy := posy - 8;

IF num MOD 3 = 0 THEN BEGIN
                      posx :=  1;
                      posy := 13
                      END;

IF num MOD 6 = 0 THEN BEGIN
        posx := 1;
        posy := 3;
        writeln; writeln;
        write (' Lösungen ', num-5, ' bis ', num);
        write ('           >> Nächstes Blatt ... ');
        read (kbd, taste);
        clrscr
                      END
END;
```

```
BEGIN (* ----------------------------- Hauptprogramm *)
clrscr; num := 0; posx := 1; posy := 3;
writeln ('Alle Lösungen des Damenproblems ... ');
write   ('Ausgabe als Liste (L) oder Bild (B) ... ');
read    (kbd, a); a := upcase (a); clrscr;
writeln;
index := 1; dame[index] := 0;
WHILE index > 0 DO BEGIN
   REPEAT
      dame[index] := dame[index] + 1
   UNTIL (NOT bedroht(index)) OR (dame[index] > spalte);
   IF dame[index] <= spalte THEN IF index < spalte
      THEN BEGIN
         index := index + 1;
         dame[index] := 0
         END
      ELSE BEGIN
         num := num + 1;
         IF a = 'L' THEN ausgabel ELSE ausgabeb;
         index := index - 1
         END
                           ELSE index := index - 1
                END; writeln;
writeln; writeln ('Insgesamt ', num, ' Lösungen.')
END.  (* ----------------------------------------- *)
```

gotoxy (pos1, pos2); bewirkt, daß der Cursor absolut an die
Schreibstelle pos1 (1...80) der Zeile pos2 (1...25) springt.
Damit kann man alte Texte (oder freie Stellen) überschreiben
und das Rollen des Bildschirms verhindern.

Weitere Beispiele rekursiven Programmierens folgen noch im
Kapitel 15 über Grafik; wir schließen hier mit ein paar allgemeinen Bemerkungen ab.

Kommt ein Variablennamen global wie lokal vor (das ist in TURBO
möglich, damit ein bereits vorhandenes Programm ohne Änderungen
anderweitig eingebaut werden kann), so unterscheidet dies der
Compiler sehr wohl, auch wenn der Quelltext u.U. verwirrend und
unlogisch aussieht. - Im Programm arithmittel aus Kapitel 8
könnte man also im Hauptprogramm statt k durchaus i schreiben! Konzipiert man jedoch einen Quelltext in allen Bausteinen
selber, sollte man dies besser nicht tun.

Eine Prozedur Eins kann eine andere Prozedur Zwei nur aufrufen,
wenn Zwei vor Eins deklariert ist. Damit ist zunächst ein
wechselseitiger Aufruf (und folglich eine u.U. resultierende
ewige Schleife) in einer Programmebene ausgeschlossen. (Jedoch
gibt es in TURBO sog. FOREWARD - Referenzen.) Aber:

Prozeduren sind eigenständigen Programmen weitgehend gleich bis
auf die Besonderheit, daß sie zusätzlich mit globalen Variablen
aus dem Hauptprogramm arbeiten und/oder dort Werte (wegen call
by reference) verändern können. Also ist es insbesondere auch
gestattet, im Deklarationsteil neue Unterprozeduren erklären,
etwa nach dem Muster

```
PROGRAM beispiel;
   ...
   PROCEDURE Eins (...);
      VAR ...
      PROCEDURE Zwei (...);
         ...
   BEGIN
   ... u.a. Aufruf von Zwei ...
   END;

   BEGIN (* Hauptprogramm *)
   ...
```

Offenbar kann jetzt Eins die Prozedur Zwei aufrufen, jene aber,
da unter Eins deklariert, auch Eins ... Mehr dazu ist in der
einschlägigen Literatur zu finden. Wir verzichten hier auf entsprechende Beispiele; im Kapitel 19 kommen aber solche Anwendungen vor.

Und ganz zuletzt noch eine wichtige Bemerkung, Prozeduren mit
call by reference betreffend (sie gehört eigentlich schon in
das Kapitel 8):

Während bei einer Prozedur mit call by value

```
PROCEDURE beispiel (a : integer);
BEGIN
...
END;
```

ein Aufruf im Hauptprogramm in der Form *beispiel (12);* oder
auch *m := 12; beispiel (m);* möglich ist, kann im Referenzfall

```
PROCEDURE beispiel (VAR a : integer);
```

nur in der Form *beispiel (m);* aufgerufen werden. Ein fester
Eintrag *beispiel (12);* führt zu einer Fehlermeldung! - Warum?
call by reference muß einen Speicherplatz aus dem Hauptprogramm
ansprechen können, um fallweise verändert zurückzukopieren. Die
Angabe 12 statt m gibt keine Kenntnis über m an die Prozedur!

Hier ein Hardcopy
(mit Shift -PRTSC)
des Damenproblems:

(Programm S. 80)

11 BIBLIOTHEKSTECHNIK MIT INCLUDE

Die elegante Konstruktion von Unterprogrammen in Form weitgehend eigenständiger Bausteine kann dazu benutzt werden, bestimmte oft benötigte Routinen so allgemein zu formulieren, daß
sie in jedem beliebigen Programm eingesetzt werden können und
also nur ein einziges Mal erstellt werden müssen. Wir erläutern
das Vorgehen zunächst an einem einfachen Beispiel. Dazu sei angenommen, daß es häufig verlangt wird, eine Zahl daraufhin zu
testen, ob sie prim ist. Dies leistet folgende Funktion:

```
(***************************************************************)
(* prim.bib              Bibliotheksfunktion prim (zahl) *)
(* Auf Diskette:      Übergabeparameter  zahl ist ganzahlig *)
(* KP11PRIM.BIB              Wert der Funktion:  boolean *)
(***************************************************************)

FUNCTION prim (zahl : integer) : boolean;

VAR  d : integer; w : real;
     b : boolean;

BEGIN
w := sqrt (zahl);
IF zahl in [2, 3, 5] THEN b := true
                     ELSE IF zahl MOD 2 = 0
                          THEN b := false
                          ELSE BEGIN
                               b := true; d := 1;
                               REPEAT
                                  d := d + 2;
                                  IF zahl MOD d = 0
                                     THEN b := false
                               UNTIL (d > w) OR (NOT b)
                               END;
prim := b
END;
```

Dazu könnte beispielsweise als Hauptprogramm (hier zum Testen
ein besonders einfaches!) gehören:

```
PROGRAM primpruefung;      (* Auf der Diskette sind die Namen *)
                           (* der INCLUDE-Files den dortigen *)
   VAR   n : integer;          (* Filenamen angepaßt ... *)
         c : char;             (* siehe ff. Kommentare *)

(*$Iprim.bib*)              (* <——————— auf Disk KP11PRIM.BIB *)

BEGIN  (* ---------------------------------------------------- *)
n := 1;
WHILE n > 0 DO BEGIN
   clrscr;
   write ('Primprüfung der Zahl (0 = Ende) ... : '): read (n);
   IF prim (n) THEN writeln (' ist Primzahl.')
               ELSE writeln (' ist keine Primzahl.');
   read (kbd, c)
                END
END. (* ---------------------------------------------------- *)
```

Beim Compilieren des Programms primpruefung muß auf der im aktiven Laufwerk liegenden Diskette das File 'prim.bib' abgelegt
sein, das dann in das entstehende Maschinenprogramm "eingebaut"
wird. Die Hinweiszeile (*$Ifile.typ*), oder wenn die Bibliothek
nicht am aktiven Laufwerk, sondern auf L: verfügbar ist, dann
(*$IL:file.typ*), veranlaßt den Compiler, das File file.typ von
der Diskette in das aufrufende Hauptprogramm ('Include') einzubinden. Ein etwas komplizierteres Beispiel von solchen sog.
"Bibliotheksroutinen" demonstrieren wir mit einer Sortierübung:

```
(***********************************************************)
(* bubble.bib    Bibl.-Prozedur BUBBLESORT (wieviel, bereich) *)
(* Auf Diskette: KP11BUBB.BIB                              *)
(* 2 Übergabeparameter: wieviel Elemente (natürliche Zahl)   *)
(*                      bereich (per Type im Hauptprogramm !) *)
(* Austauschvariable  = Bereichselement (per Type im H.P. !) *)
(***********************************************************)

PROCEDURE bubblesort (wieviel : integer; VAR bereich : feld);
VAR i, schritte : integer;
          merk : worttyp;
             b : boolean;
BEGIN
schritte := 0;
b := false;
WHILE b = false DO BEGIN
   b := true;
   FOR i := 1 TO wieviel - 1 DO BEGIN
      IF bereich [i] > bereich [i+1] THEN BEGIN
         merk := bereich [i]; bereich [i] := bereich [i+1];
         bereich [i+1] := merk;
         schritte := schritte + 1; b := false
                                          END
                       END
              END;
   writeln ('Anzahl der Schritte: ', schritte)
END;
```

Diese Prozedur (das von S. 46 bekannte Sortierverfahren) wurde
zunächst direkt im folgenden Programm an der Einschubstelle getestet, dann als Block mit dem Namen bubble.bib auf die Diskette hinauskopiert und zuletzt im Programm gelöscht:

```
PROGRAM vergleiche_sortieren;

CONST      c = 800;
TYPE worttyp = integer;              (* worttyp und feld zwingend *)
        feld = ARRAY [1..c] OF worttyp;
VAR     i, n : integer;
        zahl : feld;

(*$Ibubble.bib*)          (* <——— Auf Diskette KP11bubb.BIB *)

BEGIN
clrscr;
write ('Wieviele Zahlen sortieren? (n <= 800)  '); readln (n);
FOR i := 1 TO n DO zahl[i] := random (1000);
FOR i := 1 TO n DO write (zahl [i] : 4);
delay (2000); writeln (chr(7)); clrscr;
```

```
bubblesort (n, zahl);
writeln (chr(7));
FOR i := 1 TO n DO write (zahl [i] : 4)
END.
```

Das Programm füllt ein Array feld mit per Zufall generierten
Zahlen, die dann sortiert werden. Da im Kopf einer Prozedur nur
einfache Datentypen vereinbart werden dürfen, d.h.

```
    PROCEDURE bubblesort (...; VAR bereich : ARRAY ...);
```

zu einer Fehlermeldung führen würde, wird die strukturierte Variable bereich durch eine Typenvereinbarung beschrieben, die
im Hauptprogramm ebenfalls per TYPE vereinbart wird. Analog ist
die Austauschvariable per TYPE, nicht direkt als (hier) *integer*
vereinbart. - Das hat zudem den Vorteil, daß bei einer Änderung
von z.B.

```
    TYPE worttyp = STRING [15];
```

im aufrufenden Hauptprogramm das Sortierverfahren sofort auch
für Wörter eingesetzt werden kann. Der Eingangsteil des Hauptprogramms müßte dann freilich für diese neue Aufgabe entsprechend abgeändert werden, nicht aber die Bibliotheksroutine. Es
ist damit also letztlich gleichgültig, wie diese Routine aus
der Bibliothek funktioniert, sie muß nur für den Einsatz hinreichend beschrieben sein (am besten im Kopfkasten der Prozedur). Insofern ist nur die Verwendung der Typen feld und
worttyp im Programm verbindlich. Ein anderes, geringfügig
schnelleres Sortierverfahren durch "Umstecken" wäre z.B.

```
(****************************************************************)
(*steck.bib       Bibl.-Prozedur STECKSORT (wieviel, bereich) *)
(* Auf Diskette: KP11STEC.BIB                                 *)
(*        Parameter wie bei Prozedur BUBBLESORT der Bibliothek *)
(****************************************************************)

PROCEDURE stecksort (wieviel : integer; VAR bereich : feld);
VAR i , k, v, schritte : integer;
                merk : worttyp;
                   b : boolean;
BEGIN
schritte := 0;
FOR i:= 1 TO wieviel - 1 DO BEGIN
    FOR k := 1 TO i DO BEGIN
        IF bereich [k] > bereich [i+1] THEN
            BEGIN
                schritte := schritte + 1;
                merk := bereich [i+1];
                FOR v := i+1 DOWNTO k+1 DO
                    bereich [v] := bereich [v-1];
                bereich [k] := merk
            END
                            END
                                END;
writeln ('Anzahl der Schritte: ', schritte)
END;
```

Diese Prozedur kann anstelle von Bubblesort mit (*$Isteck.bib*)
eingebunden werden, für Zahlen wie für Wörter.

Da im aufrufenden Programm zwei Zeitmarken *write (chr(7)); ge*-
setzt sind, ist es leicht möglich, mit einer Uhr die Zeitdauer
t eines Sortiervorgangs zu vergleichen; man stellt fest, daß
bei doppelter Feldlänge der Zeitbedarf viermal so groß wird:
dauert das Sortieren von 200 Zahlen mit bubblesort auf einem
gewissen Rechner etwa 5 Sekunden, so von 400 schon um 20 Sekunden. Dies gilt gleichermaßen für beide Sortierverfahren, auch
wenn stecksort etwas schneller ist. Noch ein Beispielpaar:

```
PROGRAM bibliotheksaufruf_leitprogramm;

TYPE feld = ARRAY[1..50] OF real;

VAR  n, num : integer;
     werte : feld;

(*$Iarith.bib*)         (* <——— Auf Diskette KP11ARIT.BIB *)

BEGIN
clrscr;
writeln ('Arithmetisches Mittel aus n Zahlen ... ');
write ('Wieviele Eingaben ... '); readln (num);
writeln;
FOR n := 1 TO num DO BEGIN
                     write ('Wert Nr. ', n : 2, '    : ');
                     readln (werte[n])
                     END;
writeln; write ('Arithmetisches Mittel ... ');
writeln (mittel (num, werte) : 5 : 2)
END.
```

In diesem Programm ursprünglich getestet wurde dazu die folgende Routine, nachgebildet einem Beispiel aus Kapitel 8:

```
(********************************************************)
(* arith.bib      Bibl.-Funktion mittel (wieviel, woraus) *)
(* Auf Diskette: KP11ARIT.BIB          arithmetisches Mittel *)
(*         wieviel : integer;                            *)
(*           woraus : TYPE feld als ARRAY des Leitprogramms *)
(*                       Wert von Mittel ist stets real *)
(********************************************************)

FUNCTION mittel (anzahl : integer; platz : feld) : real;
VAR   i : integer;
     sum : real;
BEGIN
sum := 0;
FOR i := 1 TO anzahl DO sum := sum + platz[i];
mittel := sum/anzahl
END;
```

Was geschieht, wenn beim Compilieren des Leitprogramms irgendwo
ein Fehler im Includefile entdeckt wird? - Schreiben Sie in dem
File arith.bib zu diesem Zweck einmal einen Fehler ein und
speichern Sie dieses fehlerhafte File dann ab, ehe es beim Compilieren von der Diskette wieder aufgerufen wird ...

Schon in früheren Kapiteln sind einfache Typenvereinbarungen
mit TYPE benutzt worden. Bei Variablenvereinbarungen im Kopf
von Prozeduren kommt man ohne sie nicht immer aus (siehe dazu
Kapitel 8 und 11). Typenvereinbarungen sind aber außerdem einfach praktisch und dienen einerseits der Übersichtlichkeit,
andererseits der Ein- bzw. Abgrenzung:

```
PROGRAM palette;
TYPE spektrum = (rot, gelb, orange, gruen, blau);
      zahl = 1..5;
VAR  c, farbe : spektrum; k, wahl : zahl;

PROCEDURE anzeige (i : zahl);
BEGIN
CASE i OF  1 : BEGIN c := rot;    writeln ('rot');    END;
           2 : BEGIN c := gelb;   writeln ('gelb');   END;
           3 : BEGIN c := orange; writeln ('orange'); END;
           4 : BEGIN c := gruen;  writeln ('grün');   END;
           5 : BEGIN c := blau;   writeln ('blau')    END
          END
END;

BEGIN  (*$R+*) (* --------------------- Hauptprogramm *)
readln (wahl);  wahl := wahl;    (* u.U. zurück mit $R- *)
write ('entspricht ... '); anzeige (wahl);
farbe := rot; WHILE farbe <> c DO farbe := succ(farbe);
writeln (ord(farbe) + 1, 'te Farbe der Liste.');
FOR k := 1 TO 5 DO
    IF k = wahl THEN writeln ('siehe Eingabe')
              ELSE anzeige (k)
END.            (* ------------------------------------- *)
```

Für die Variablen c und farbe sind die unter TYPE spektrum
angegebenen Werte vereinbart, und zwar in der vereinbarten Anordnung (Reihenfolge) von links nach rechts. Die später benutzte
Variable wahl ist *integer*, aber nur aus dem Teilbereich 1..5.
Die Eingabe von wahl läßt zunächst jeden ganzzahligen Wert zu;
mit der Compileroption (*$R+*) wird aber eine Fehlermeldung un-
ter Laufzeit erzielt, wenn wahl nicht im Bereich 1..5 liegt.
Diese Fehlermeldung erfolgt erst bei irgendeiner späteren Wertzuweisung, noch nicht bei *readln(wahl);* der Einfachheit halber
wird daher (Trick!) *wahl := wahl;* verwendet.

Die insgesamt etwas aufwendige Programmkonstruktion hat ihren
Grund darin, daß Ein- und Ausgaben des Typs spektrum mittels
readln(farbe); bzw. *writeln(farbe);* (wie bei *boolean*) nicht
möglich sind. Wertzuweisungen, DO - Schleifen usw. sind jedoch
erlaubt, wie das Programm zeigt. Der Laufparameter farbe geht
dabei durch das Spektrum (oder jeden kürzeren Ausschnitt) in der
"natürlichen Reihenfolge" mit der "Schrittweite Eins" wie eine
Variable vom Typ *integer*. Erklärt sind die Standardfunktionen
succ, *pred* und *ord*, wobei der erste Bezeichner (hier 'rot') die
Platzziffer 0 hat. Analoges würde gelten für die Kombination

```
TYPE  rang = (gefreiter, leutnant, hauptmann, general);
VAR soldat : rang;
```

Man hätte ohne TYPE auch aufzählend direkt schreiben können:

```
VAR soldat : (gefreiter, leutnant, hauptmann, general);
```

Für spektrum gilt entsprechendes. Auf den weiteren Standard-
datentyp *char* sowie *integer* kann entsprechend zurückgegriffen
werden:

```
TYPE letter = 'C' .. 'M';
```

bewirkt demnach einen Ausschnitt aus dem Alphabet, sodaß entsprechend vereinbarte Variable im Wertebereich sinngemäß ein-
gegrenzt sind und mit RUN-TIME-Fehlerprüfungen gegebenenfalls
zurückgewiesen werden. Für den Typ *real* ist im Gegensatz zum Typ
integer eine Bereichseingrenzung durch TYPE nicht möglich, da
reelle Zahlen nicht diskret sind! - Noch ein Programmbeispiel:

```
PROGRAM zeichenteil;

TYPE zeichen = 'j' .. 'z';
VAR     lauf : zeichen;

BEGIN
   FOR lauf := 's' DOWNTO 'm' DO
               writeln (lauf, ' = ', ord(lauf))
END.
```

Möglich ist mit solchen Datentypen sogar eine Indizierung von
Feldern, wie das folgende Programm zeigt:

```
PROGRAM vertreter;

TYPE tag = (mon, die, mit, don, fre, sam, son);
VAR arbeitstag : mon .. fre;
         woche : ARRAY[mon .. son] OF real;
sum, max, geld : real;

BEGIN  (* ----------------------------------------------- *)
clrscr; sum := 0; max := 0;
FOR arbeitstag := mon TO fre DO
    BEGIN
    write ('Tag Nr. ', ord(arbeitstag) + 1, ' : DM ');
    readln (geld);
    woche[arbeitstag] := geld;
    sum := sum + geld;
    IF geld >= max THEN max := geld;
    END;
writeln ('Gesamte Einnahmen in DM: ', sum   : 7 : 2);
writeln ('Tagesdurchschnitt        ', sum/5 : 7 : 2);
writeln ('Beste Tageseinnahme      ', max   : 7 : 2);
write ('und zwar am ... ');
FOR arbeitstag := mon TO fre DO
    IF woche[arbeitstag] = max
       THEN write('Nr. ', ord(arbeitstag) + 1, ' ')
END.  (* ----------------------------------------------- *)
```

Man beachte, daß das Feld woche Speicherplätze beschreibt, die
mit Tagen indiziert als Inhalte reelle Zahlen aufweisen! Dies
bietet eine erweiterte Einsatzmöglichkeit von DO - Schleifen!

Es liegt auf der Hand, daß solche Programmiermöglichkeiten für die
kommerzielle Datenverarbeitung von größtem Nutzen sind.

Schließlich gibt es den Datentyp Verbund (engl. record); mit ihm
können Objekte verschiedensten Typs zu einem komplexen Daten-
paket verbunden werden, das sehr übersichtlich bearbeitet werden
kann. - Auch RECORDs werden im Deklarationsteil von Programmen
definiert. Hier als Beispiel eine Art Visitenkarte:

```
TYPE karte = RECORD
             titel : STRING[ 5];
             vname : STRING[15];
             fname : STRING[15];
             wohnt : STRING[20];
             postz : integer;
             ort   : STRING[15]
             END;
VAR          person : karte;
...
```

Man beachte die Klammerung in RECORD ... END ohne BEGIN. Eine
Variable person vom Typ karte wird jetzt im späteren Programm auf den einzelnen Komponenten des RECORDS mit

```
readln (person.titel);
readln (person.vname);
```

und so weiter belegt. Der Oberbegriff und dessen Komponenten
sind durch einen Punkt zu trennen. Mit dem folgenden Programm
können 10 Visitenkarten eingegeben werden:

```
PROGRAM viskart;

TYPE kurzwort = STRING[ 5];
     langwort = STRING[15];
        karte = RECORD
                titel : kurzwort;
                vname : langwort;
                fname : langwort;
                wohnt : STRING[20]
                postz : integer;
                ort   : langwort
                END;
VAR        i : integer;
       personar : ARRAY[1..10] OF karte;

BEGIN
FOR i := 1 TO 10 DO BEGIN
     write ('Titel ..... '); readln (personar[i].titel);
     write ('Vorname ... '); readln (personar[i].vname);
     write ('Fam.name .. '); readln (personar[i].fname);
     write ('Straße/Nr.  '); readln (personar[i].wohnt);
     write ('Postcode .. '); readln (personar[i].postz);
     write ('Wohnort ... '); readln (personar[i].ort)
                END
END.
```

Die ständige Wiederholung des Oberbegriffes kann mit der sog.
WITH - Anweisung vermieden werden; Hauptprogramm:

```
BEGIN
FOR i := 1 TO 10 DO
    WITH personar[i] DO BEGIN
        write ('Titel ..... '); readln (titel);
        ...
        write ('Wohnort ... '); readln (ort)
                        END              (* OF WITH *)
END.
```

ist die kürzere Version für die Eingabe (und analog für einen Ausgabeteil des erweiterten Programms).

Soll das Feld personar sortiert werden, so muß jetzt die gewünschte Sortierkomponente angegeben werden; mit einem entsprechenden Sortieralgorithmus genügt also die Abfrage

```
IF personar[i+1] < personar[i] THEN ...
```

zum Umstellen der beiden Speicherplätze nach dem Titel (hier der ersten Komponente) nicht, sondern es muß vollständig

```
IF personar[i+1].titel < personar[i].titel THEN ...
```

heißen. Diese Regelung hat den Vorteil, daß das Feld nach jeder beliebigen Komponente von karte sortiert werden kann, so etwa beispielsweise

```
IF personar[i+1].fname < personar[i].fname THEN ...
IF personar[i+1].postz < personar[i].postz THEN ...
```

für Sortierläufe nach Familiennamen bzw. Postleitzahlen. Es ist damit in Dateiverwaltungen einfach, über einen CASE - Schalter von einem Menü aus Sortierläufe nach jeder Komponente eines solchen RECORDs anzufordern. - Nun schachteln wir tiefer:

```
PROGRAM meldeamt;

TYPE      tag = 1..31;
        monat = 1..12;
         jahr = 1900..1986;

        datum = RECORD
                day    : tag;
                month  : monat;
                year   : jahr            END;

       person = RECORD
                vname : STRING[15];
                fname : STRING[20];
                gebor : datum            END;

          ort = RECORD
                strasse : STRING[25];
                postz   : integer;
                stadt   : STRING[20]     END;

     einwohner = RECORD
                wer : person;
                wo  : ort                END;
```

```
    VAR meldekartei : ARRAY[1..100] OF einwohner;
                i : integer;

    BEGIN  (* ------------------------------------------ *)
    FOR i := 1 TO 100 DO BEGIN
        clrscr; writeln;
        writeln (i, '. Eingabe ... '); writeln;

        WITH meldekartei[i] DO BEGIN

            WITH wer DO BEGIN
    (* write ... *)     readln (vname);
                        readln (fname);

                        WITH gebor DO BEGIN
                                readln (day);
                                readln (month);
                                readln (year)
                                    END
                    END;                    (* OF wer *)

            WITH wo  DO BEGIN
                    readln (strasse);
                    readln (postz);
                    readln (stadt)
                    END                     (* OF wo *)

                    END         (* OF meldekartei *)

                    END         (* i - Schleife *)
    END. (* ---------------- Auf Diskette mit Klartexten *)
```

Damit die dem Deklarationsteil vollkommen entsprechende Struktur einsichtig wird, haben wir etliche Leerzeilen eingefügt, die
nach erfolgreichen Probeläufen wieder entfernt werden können. Wir
haben daher hier auch auf die im Menü zu ergänzenden Klartexte
write (...); verzichtet, die nachgetragen werden müßten. Durch
die Schachtelung der WITH - Anweisung bleiben uns z.B. solche
umständlichen Formulierungen erspart:

```
    readln (meldekartei[i].wer.gebor.day);
```

Richtig wäre diese Zeile allerdings schon ... Nachgetragen sei
noch, daß unter CP/M eine Schachtelungstiefe wie im Beispiel nur
mit der Compileroption (*$W4*) erzielbar ist, denn es gilt als
default (*$W2*).

Werden in diesem Programm noch Prüfungen für die Bereiche von
Tag, Monat und Jahr eingebaut, so ist die Sache perfekt. Mit
der eingangs vorgeführten Compileroption (*$R+*) können aber nur
bereichsfremde Wertzuweisungen im Programm geprüft werden, d.h.
diese Option ist nur für die Testphase eines Programms geeignet:

Man nimmt an, daß die Eingaben in Ordnung sind, mit den dann gesetzten Werten in der Folge weitergearbeitet wird und Fehler
aufgedeckt werden sollen. Ein späterer Programmabsturz wäre un-
erwünscht. Eine Bereichsprüfung ist aber logischerweise bereits
bei der Eingabe erforderlich; dafür ist (*$R+*) nicht brauchbar.
Am folgenden Programmbeispiel zeigen wir eine Lösung.

```
PROGRAM eingabetyp_pruefung;

TYPE tag = 1..31;
VAR  day : tag;
   zeile : integer;

BEGIN (* ----------------------------------------------- *)
   clrscr; zeile := 1;              (* Zeile je nach Menü *)
   REPEAT
      write ('Eingabe Tag ... ');
      gotoxy (20, zeile); clreol; read (day)
   UNTIL (day > 0) AND (day < 32);
   ...
END.  (* ----------------------------------------------- *)
```

Gibt jemand allerdings keine ganze Zahl ein, so stürzt das Programm ebenfalls ab; am sichersten ist daher eine Eingabe als
String, der hernach mit *val(...);* verwandelt wird. Man kombi-
niert also mit dem Programm eingabepruefung von Seite 49.

Objekte desselben Typs können in Pascal zu einer Menge ('set')
zusammengefaßt werden; hierzu ein einführendes Beispiel:

```
PROGRAM lotto;

VAR    spiel : SET OF 1..49;
       kugel : integer;

BEGIN (* ------------------------------------------------- *)
   spiel := [38, 17, 21, 30, 7, 23];
   kugel := 0;
   REPEAT
      kugel := kugel + 1
   UNTIL (kugel IN spiel) OR (kugel > 49);
   writeln ('Niedrigste gespielte Zahl ... ', kugel)
END.  (* ------------------------------------------------- *)
```

Eine konkrete Menge wird durch Aufzählen der Objekte in eckigen
Klammern definiert; diese Objekte müssen von einfachem Datentyp
außer dem reellen sein, d.h. eine Menge reeller Zahlen kann
nicht erklärt werden. Außerdem darf eine Menge nicht mehr als 256
Objekte enthalten, deren Ordnungsnummern bzw. Codes zwischen 0
und 255 liegen müssen. Die Reihenfolge der Aufzählung ist gleichgültig, Doppelnennungen werden ignoriert. Also ist z.B.

```
TYPE zeichen = SET OF 'A'..'Z';
VAR    menge : zeichen;
   ... menge := ['B', 'X', 'X'];   (d.h. ['B', 'X'])
```

mit einer späteren Zuweisung auf menge zulässig, nicht aber

```
TYPE nummer = SET OF 1..500;  oder
TYPE zahl   = 200..299;
```

Im ersten Fall sind die Regeln über Anzahl und Code verletzt, im
zweiten Fall mit maximal 100 Elementen liegt ein Teil von diesen außerhalb des zulässigen Bereichs. Für Mengen sind einige
Operationen erklärt, die der Compiler vor dem Hintergrund des
ASCII - Code "versteht":

```
Summe:        [1, 3] + [3, 5]     ergibt  [1, 3, 5],
Differenz:    [1, 5] - [5, 6]     ergibt  [1],
Produkt:      [1, 3] * [3, 5]     ergibt  [3].
```

Man spricht in der Mengenlehre auch von Vereinigung, relativem
Komplement und Durchschnitt; es ist dabei gleichgültig, in
welcher Reihenfolge die Elemente angegeben werden. Jedes zählt
aber nur einmal. Die Differenz enthält jene Elemente, die in der
ersten, aber nicht in der zweiten Menge vorhanden sind; das
Produkt besteht aus jenen Elementen, die in beiden Mengen
gleichzeitig vorhanden sind. Also können Differenzen und Pro-
dukte häufig "leer" werden, geschrieben []. Mit Mengen lassen
sich sehr einfach Bereichstests durchführen:

```
PROGRAM bereichstest;

TYPE tag = SET OF 1..31;
VAR    n : integer;

BEGIN
   REPEAT
      readln (n)
   UNTIL n IN [1..28]
END.
```

Da die Testmenge angeordnet ist, genügt die im Programm benutzte
Beschreibung; es ist nicht notwendig, mit

```
UNTIL n IN [1, 2, 3, usw. ..., 28]
```

zu testen! Diskrete Aufzählung der Elemente ist nur erforderlich, wenn eine "lückenhafte" Teilmenge der nach Typenvereinbarung maximalen Menge gebraucht wird, etwa day := [1, 3, 7].
Für den Sonderfall des Februar gilt day := [1..28] als Ausschnitt. Mit vier Mengen lassen sich damit Datumsprüfungen in
Abhängigkeit von der Monatslänge (28, 29, 30, 31) durchführen.

Es gibt auch Vergleichsoperatoren; Beispiele:

```
[1, 2] =  [1, 3]        ...    false,
[1, 2] <> [1, 3]        ...    true,
[1, 2] <= [1, 2, 3]     ...    true,
[1, 2] >= [1, 4]        ...    false.
```

Der BOOLEsche Ausdruck der dritten Zeile ist wahr, weil die
Menge [1, 2] in der Menge [1, 2, 3] enthalten ist. Die beiden
Mengen [3, 4, 7] und [7, 4, 3, 7] sind wie schon erwähnt gleich;
rechnerintern wird die erste Darstellung benutzt. Hier noch ein
Programmbeispiel zur Demonstration bequemen Abfragens:

```
PROGRAM abfrage;
VAR quad : SET OF 1..100;
       x : integer;
BEGIN
   quad := [];
   FOR x := 1 TO 10 DO quad := quad + [x * x];
   FOR x := 1 TO 50 DO
      IF (2 * x + 3) IN quad THEN writeln (2 * x + 3)
END.
```

Es baut zuerst die Menge der Quadratzahlen von 1 bis 100 mit
der Mengenaddition (!) auf und schaut dann nach, welche Quadrate auf der Geraden 2*x + 3 liegen; Lösungen sind 9, 25, 49
und 81, also die ungeraden Quadrate. Mit Mengen läßt sich ein
sehr schnelles Primzahlprogramm (leider nur bis 255 wegen der
Bereichsbegrenzung) aufbauen (vgl. primliste auf Seite 33):

```
    PROGRAM primzahlen;                   (* schneller Algorithmus *)
                              (*  ohne überflüssige Divisionen *)
    VAR   prim : SET OF 2..255;
          n, p : integer;

    BEGIN (* ------------------------------------------------ *)
    prim := [2]; n := 3;         (* erste Prim- bzw. Testzahl *)
    REPEAT
       p := 1;
       REPEAT
          REPEAT                 (* lesen des nächsten primen p *)
             p := p + 1
          UNTIL p IN prim;
          IF n MOD p = 0 THEN BEGIN
                              n := n + 2;    (* n nicht prim *)
                              p := 1      (* testen von vorne *)
                            END
       UNTIL p * p > n;                    (* dieses n ist prim *)
       prim := prim + [n]; n := n + 2
    UNTIL n > 255;                           (* Menge ermittelt *)
    p := 2;
    REPEAT                                      (* Menge lesen *)
       IF p IN prim THEN write (p : 5);
       p := p + 1
    UNTIL p > 256
    END.  (* ------------------------------------------------ *)
```

Leicht programmierbar ist auch das sog. Sieb des ERATOSTHENES:

```
    PROGRAM eratosthenes_sieb;
    VAR         p : 2..100;
          vielfach : integer;
             sieb : SET OF 2..100;

    BEGIN (* ------------------------------------------------ *)
    p := 2; sieb := [2..100]; clrscr;
    WHILE sieb <> [] DO BEGIN
                    WHILE NOT (p IN sieb) DO p := p + 1;
                    write (p : 5);
                    vielfach := 0;
                    WHILE vielfach < 100 DO BEGIN
                        vielfach := vielfach + p;
                        sieb := sieb - [vielfach]
                                          END
                    END       ( * bis das Sieb leer ist *)
    END.  (* ------------------------------------------------ *)
```

Anfangs enthält das Sieb alle Zahlen bis 100; die erste Primzahl
2 wird darin gefunden, ausgegeben und dann samt all ihren Viel-
fachen aus dem Sieb genommen. 3 (die nächste Primzahl) wird als
kleinste Zahl (und daher prim) im Sieb gefunden usw. ...

13 EXTERNE DATEIEN

TURBO - Pascal behandelt Tastatur, Bildschirm, Drucker und andere Peripherie als sog. Files, von denen Texte geholt bzw. zu denen Texte gesendet werden können. Die entsprechenden Datenleitungen (Kanäle) müssen im Programm deklariert, d.h. geöffnet und wieder geschlossen werden. In Standard-Pascal beginnt daher jeder Programmkopf mit

        PROGRAM beispiel (input, output);
        ...

Diese Standardkanäle (Eingabe von der Konsole, Ausgabe auf den Monitor) müssen in TURBO nicht erwähnt werden, da sie dem Minimalkomfort bei PCs entsprechen. (Übrigens ist auch die gesamte Kopfzeile überflüssig, d.h. ihr Fehlen wird vom Compiler nicht reklamiert!) Schon bisher haben wir derartige Kanalangaben wie *lst* und *kbd* benutzt, und zwar in Standardprozeduren wie z.B. *writeln(lst, ...);* bzw. *read(kbd, ...);* zum Umleiten von Ausgaben auf den Drucker bzw. zum Unterdrücken des Bildschirmechos.

Nun können Programme Daten erzeugen, die in einer Reihenfolge sequentiell angeordnet als File aufzufassen sind, als Datei im engeren Sinn. Eine solche Datei als Menge von strukturierten Daten (wie z.B. Adressen mit gewissem Einzelaufbau), kann als File abgespeichert werden. File ist ein Oberbegriff, denn nicht jedes File besteht aus einer Folge strukturierter Daten. Dieser Text z.B. ist nur ein Textfile, gegliedert durch <RETURN>s, jedoch keine Datei im engen Sinn. Der TURBO-Editor bearbeitet Textfiles, ein Programm hingegen meist Datenfiles. Aber selbstverständlich gibt es auch Programme, die mit Textfiles umgehen können (siehe Kapitel 20).

Eine sequentielle Datei besteht aus einer Folge identisch aufgebauter Sätze, die ihrerseits in Komponenten gegliedert sind. Im einfachsten Fall besteht jeder Satz nur aus einer einzigen Komponente, z.B. einer Zahl oder einem Zeichen, meist aber ist ein Satz als RECORD erstellt. Das folgende Programm gestattet Aufbau und nachfolgend Ablage einer solchen sehr einfachen, nur aus ganzen Zahlen aufgebauten Datei auf Diskette:

```
PROGRAM schreibeintdatei;

VAR eingabe, nummer : integer;
            genfil : FILE OF integer;

BEGIN
    assign  (genfil, 'merken.dta');
    rewrite (genfil);
    FOR nummer := 1 TO 5 DO BEGIN
            write  ('Ganzzahl Nr. ', nummer : 2, ' ');
            readln (eingabe);
            write  (genfil, eingabe)
                    END;
    close (genfil)
END.
```

Im Arbeitsspeicher wird dazu ein File mit dem Bezeichner genfil angefordert (ein "Dateipuffer"), das als FILE OF *integer* zu

deklarieren ist, entsprechend der gewünschten Dateistruktur. Wir
haben den Namen mit der Endung -fil zu unserer persönlichen
Kennzeichnung versehen, etwa wie -ar bei Feldern. Die Prozedur
assign (...); ordnet nun diesem File jenen Namen MERKEN.DTA
zu, den wir unter DOS in der Directory der Diskette so sehen:
MERKEN   DTA. Bis zu 8 Zeichen sind zulässig, den Trennpunkt und
das Suffix nicht mitgerechnet. Ohne Suffix würden wir später nur
MERKEN lesen. Das ginge auch, aber es ist nützlich, .DTA anzu-
hängen. TURBO tut dies für gewisse Files auch: .PAS bzw. .BAK.
Man sollte keine Endungen verwenden, die das System u.U. selbst
irrtümlich interpretieren kann, also hier nicht MERKEN.PAS
oder dgl. So ist .BAS für BASIC - Quelltexte reserviert, .COM
für Maschinenprogramme usw. Im Prinzip aber ist jedes Suffix aus
maximal drei Zeichen zulässig.

Mit *rewrite (...);* wird nun ein u.U. auf Diskette vorhandenes
File des Namens MERKEN.DTA angesprochen und inhaltlich gelöscht;
ist ein solches nicht vorhanden, so wird es "eröffnet". In jedem
Fall ist das System nun bereit, Datensätze abzulegen. In der
Schleife geben wir 5 solcher Sätze ein (hier Zahlen, da nur eine
einzige Komponente), die mit

        write (file-Bezeichner, Satzinhalt);   (nicht *writeln*!)

jeweils zunächst in den Dateipuffer (d.h. eben das File im Arbeitsspeicher) und dann von dort auf Diskette übertragen werden.
Sind es mehr als 5 (etwa um 30) Zahlen, so kann man beobachten,
daß das Diskettenlaufwerk plötzlich einmal anläuft. In unserem
Fall geschieht dies erst mit dem Verlassen der Schleife, da der
Dateipuffer noch nicht voll war. Die Prozedur *close (...);* führt
diese Steuerungsarbeit durch; fehlt diese Anweisung, so übernimmt das END. des Programms diese Aufgabe in unserem Fall, da
nur eine einzige Datei bearbeitet wurde.

Ohne *close (...);* ist das Programm allerdings fehlerhaft, ohne
daß der Compiler dies bemerkt. Werden in einem Programm nämlich
mehrere Dateien nebeneinander bearbeitet, so müssen sie unbedingt zum richtigen Zeitpunkt geschlossen werden, wenn man
nicht unvollständiges Abspeichern riskieren will. Zum Einlesen
der Datei MERKEN.DTA verwenden wir

```
    PROGRAM liesintdatei;

    VAR anzeige, nummer : integer;
            liesfil : FILE OF integer;
            kennung : STRING[12];   (* d.h. 12345678.TYP *)
                      (* Mit Laufwerk L: ... STRING[14] *)
    BEGIN
        write ('Welche Datei einlesen ... '); readln (kennung);
        assign (liesfil, kennung);
        reset (liesfil); nummer := 0;
        WHILE NOT EOF (liesfil) DO BEGIN
                            read (liesfil, anzeige);
                            nummer := nummer + 1;
                            writeln (anzeige)
                            END;
        writeln (nummer, ' Ganzzahlen.');
        close (liesfil)
    END.
```

Auch hier ist wieder ein File vom Typ *integer* unter einem bestimmten Namen zu spezifizieren. Mit *assign (...);* erfolgt die Zuordnung zum Namen in der Directory, hier mit der Möglichkeit, jedes andere File dieses Typs einlesen zu können, wenn dessen Name bekannt ist (natürlich auch ohne die Variable kennung durch direkten Eintrag *assign (liesfil, 'merken.dta');*). Die Prozedur *reset (...);* öffnet den Puffer im Arbeitsspeicher zum Einlesen der Diskettendatei, ohne jene zu zerstören. An dieser Stelle wäre also *rewrite (...);* ein grober Fehler mit sehr weitreichenden Folgen, denn dann wäre die vorher generierte Datei unwiderruflich verloren! Die folgende WHILE - Schleife wird nun solange durchlaufen, bis EOF (End Of File) erreicht ist. Wir müssen also die Länge der Datei (hier 5) nicht kennen, sondern lassen mit nummer auszählen. Damit könnte die Datei im Fortgang eines ausgebauten Programms ab nummer + 1 verlängert und dann im Ganzen wieder abgespeichert werden. Wichtig ist aber, daß mit *read (..., ...);* einzulesen ist, nicht mit *readln;*!

Die Standardfunktion EOF hat im "Inneren" der Datei den Wert *false*; ein Zeiger rückt bei jedem Lesevorgang um einen Satz weiter; erreicht er das Ende, so wird EOF dann *true*. Der erste Satz hat übrigens die Position 0, d.h. bei einer Datei mit n Sätzen steht der Zeiger zuletzt auf n-1. Das ist beim Suchen in einer Datei mit der Prozedur *seek* von Bedeutung, die wir zu Ende dieses Kapitels kurz ansprechen.

Ein Hinweis bei mehreren Laufwerken: Ohne Laufwerksbezeichnung beim File-Namen MERKEN.DTA ist stes das sog. aktive Laufwerk gemeint. Sind also unsere beiden Programme dieses Kapitels als Workfile im Laufwerk B: erstellt und gestartet worden, so wird das File MERKEN.DTA dorthin auskopiert und auch von dort her wieder eingelesen. Haben wir aber die Diskette mit dem File MERKEN.DTA im Laufwerk A:, während wir das Programm zum Lesen in B: bearbeiten und schließlich starten, so muß für kennung

    a:merken.dta   (kennung dann *STRING [14]* !)

eingegeben bzw. eingetragen werden. Die Laufwerksangabe mit : zählt nicht zu den 8 möglichen Zeichen des Namens. Sollten Sie sich vertippen (oder geben Sie einmal einen nicht vorhandenen Namen an), so kommt eine interessante Fehlermeldung ... Es wäre daher nützlich, ohne Programmabbruch eine weitere Chance zur Eingabe zu haben. Im folgenden Kapitel werden wir eine solche Möglichkeit vorstellen. Wie man allerdings vom Programm aus (also unter Laufzeit) Informationen über die Directory erhalten kann, sprengt den Rahmen dieses Kapitels; wir geben eine entsprechende Routine ohne Erläuterung z.B.im Kapitel 20 an.

Im Kapitel 7 über den Zufall gibt es ein Programm zufallstext, dessen Ergebnisse nunmehr leicht auf Diskette abzuspeichern sind. Man könnte die dort erzeugten Wörter der Länge vier nicht nur anschauen, sondern auch unsortiert abspeichern. Das nachfolgende Programm leistet diese Aufgabe. Die zum Sortieren nicht notwendigen Variablen haben wir wieder herausgenommen; beachten Sie die Deklaration des Files im Blick auf das Feld lexikon vom Typ wort.

Wenn Sie das Programm öfter laufen lassen, wird die zuvor erzeugte Datei immer wieder überschrieben, wie gesagt ...

```pascal
PROGRAM zufallstextablage;
                                  (* Eine Datei VIERWORT.DTA *)
CONST laenge = 500;               (* ist bereits auf Diskette *)

TYPE    wort = STRING[4];
VAR     n, i : integer;
        lexikon : ARRAY[1..laenge] OF wort;
        wortfil : FILE OF wort;

BEGIN  (* --------------------------------------------------- *)
    assign (wortfil, 'vierwort.dta');
    rewrite (wortfil);
    FOR n := 1 TO laenge DO BEGIN
        lexikon[n] := '';
        FOR i := 1 TO 4 DO
        lexikon[n] := lexikon[n] + chr(65 + random (26));
        write (lexikon[n] : 5) (* sogleich am Bildschirm *)
                        END;
    FOR n := 1 TO laenge DO write (wortfil, lexikon[n]);
    close (wortfil)
END.    (* --------------------------------------------------- *)
```

So einfach ist das! Schauen Sie auf der Diskette nach, ob ein
File des Namens VIERWORT.DTA nunmehr existiert!

Ein Programm zum Einlesen sollten Sie nun selber schreiben können (Diskette KP13LSTX.PAS). Diesem können Sie nach dem Einlesen
der Datei (*close* nicht vergessen!) auf ein Feld des Typs wort
den Sortieralgorithmus bubblesort aus Kapitel 6 nachschieben
(nicht neu schreiben, sondern von der Diskette mit BLOCK-READ
an der richtigen Stelle im Editor einblenden und nötige Korrekturen insb. im Deklarationsteil anbringen). Besser noch: Verwenden Sie eine Bibliotheksroutine aus dem Kapitel 11.

Lesen Sie nicht immer bis EOF (d.h. laenge = 500) ein, sondern
bis zu einem selbst gesetzten kleineren Wert ende. Dann können
Sie verschieden lange Dateien sortieren und so Zeitvergleiche
durchführen. Bis ende = 500 wird bubblesort wohl mehr als eine
Minute brauchen. Die eingelesene Datei könnten Sie vor und nach
dem Sortieren auf den Bildschirm bringen und nachschauen, ob
der Algorithmus funktioniert. Testläufe mit kleinem ende sind
am Anfang ratsam ...

Als weiteres Beispiel sei ein Programmbaustein vorgestellt, mit
dem Adressen eingegeben und abgespeichert werden können. Da man
vorweg nicht weiß, wieviele es sein werden, wird die Eingabe auf
Wunsch mit einem vereinbarten "Signal" abgeschlossen, hier mit
einem Punkt als erstem Zeichen einer Eingabe. So jedenfalls
fängt eine Adresse nie an.

Das Programm speichert die Adressen unsortiert ab, was leicht
zu verbessern wäre. Hier bietet sich an, die Adressen unmittelbar nach Eingabe einzusortieren, worauf wir im nächsten Kapitel
eingehen. Auch fehlen noch Korrekturmöglichkeiten bei Tippfeh-
lern; ein entsprechender Hinweis folgt nach dem Listing. Sehen
wir vom Sortieren und Korrigieren zunächst ab, so ergibt sich
die nachfolgende Lösung. Ein entsprechendes, aber viel kürzeres
Programm zum Wiedereinlesen ist einfach zu schreiben; es folgt
auf der übernächsten Seite.

```pascal
PROGRAM freundesliste;

TYPE adresse = RECORD
                name : STRING[30];      (* Vor- u. Fam.name *)
                stra : STRING[25];      (* Strasse und Nr. *)
                post : integer;         (* Postleitzahl *)
                stdt : STRING[20]       (* Stadt *)
               END;
VAR  ende, i : integer;
      listar : ARRAY[1..100] OF adresse;
      listfil : FILE OF adresse;

BEGIN  (* --------------------------------------------- *)
ende := 1;
REPEAT
   WITH listar[ende] DO BEGIN
        (* REPEAT ---------- *)
        clrscr;
        writeln ('Satz Nr. ', ende);
        write ('Vor- und Familienname '); readln (name);
        IF copy (name, 1, 1) <> '.'
           THEN BEGIN
        write ('Straße Hausnummer ... '); readln (stra);
        write ('PLZ ... '); read (post);
        write ('  in ... '); readln (stdt)
               END
        (* UNTIL ---------- *)
                        END;
     ende := ende + 1
UNTIL  (copy(listar[ende-1].name, 1, 1) = '.')
             OR (ende = 101);
ende := ende - 1;                                  (* ! *)
assign (listfil, 'adressen.dta');
rewrite (listfil);
FOR i := 1 TO ende DO write (listfil, listar[i]);
close (listfil)
END.   (* --------------------------------------------- *)
```

Beachten Sie, daß unter UNTIL ... nicht mit *copy(name, 1, 1)* ...
abgefragt werden kann, denn wir sind nicht mehr in der WITH -
Anweisung! Außerdem wurde der Zähler ende inzwischen erhöht.
Eine einfache Korrekturmöglichkeit für falsche Angaben kann vor-
gesehen werden, indem man mit einer zusätzlichen Variablen vom
Typ *char* den oben eingegrenzten Teil in eine Schleife

```pascal
                         (* Zusätzlich  VAR taste : char; *)
   REPEAT
      writeln;
      write ('okay (J/N) '); read (kbd, taste);
      taste := upcase (taste)
   UNTIL taste = 'J';
```

einbettet. Ein Paar BEGIN ... END kann dann entfallen. Das zugehörige Leseprogramm kann in der ersten Entwicklungsstufe alle
Adressen solange im Speicher halten, bis man an weiterer Suche
nicht mehr interessiert ist. Es stimmt im Deklarationsteil,
d.h. den Variablen, mit dem obigen Programm zunächst völlig
überein. Wie man weiter ausbaut, wird im folgenden Kapitel 14 an
einem vollständig ausgeführten Beispiel illustriert.

```
PROGRAM freundelesen;

                  (* Deklarationsteil von  freundesliste *)

BEGIN  (* ------------------------------------------------ *)
assign (listfil, 'adressen.dta');
reset  (listfil);
ende := 0;
clrscr; writeln (' *** Bitte warten ... ');
WHILE NOT EOF(listfil) DO BEGIN
                          ende := ende + 1;
                          read (listfil, listar[ende])
                          END;
close (listfil);  writeln (' *** Fertig ...');
writeln ('Es sind ', ende, ' Adressen eingelesen.');
writeln ('Programmende in der Folge mit Eingabe 0 !');
REPEAT
    write ('Welche Nr. <= ' , ende, ' ist gesucht? ');
    readln (i);
    IF (i > 0) AND (i <= ende)
        THEN WITH listar[i] DO BEGIN
                               writeln (name);
                               writeln (stra);
                               write   (post, ' ');
                               writeln (stdt);
                               writeln
                               END
UNTIL i = 0
END.  (* ------------------------------------------------ *)
```

Da die Adressen unsortiert vorliegen, ist die Suche mühselig;
ein Sortieren vor der Ablage mit dem Programm freundesliste
bringt nur Besserung, wenn wir nach dem Familiennamen sortieren, der dort nicht am Anfang der Komponente name steht! Also
müssen wir entweder den Namen von vornherein in zwei Komponenten
vname und fname auftrennen (und nach der zweiten sortieren),
also

    Hans Abele, Armin Dracula, Peter Einmal, ...

und so weiter über listar[i].vname.fname ..., oder aber wir sortieren zwar nach listar[i].name, suchen jedoch zuvor mit der
Copy-Funktion trickreich den Familiennamen heraus:

```
    lang := length (listar.[i].name);
    lage := pos (' ', listar[i].name);
    fnam := copy (listar[i].name, lage + 1, lang - lage);
```

Zwei zunächst unsortiert aufeinanderfolgende Adressen listar[i]
und listar[i+1] sind dann zu vertauschen, wenn fnam von i nach
fnam von i+1 folgen muß. Um nicht zuviele zusätzliche Variablen
für den Sortieralgorithmus eintragen zu müssen, kann man in
bubblesort mit je zwei Hilfsvariablen vom Typ *STRING[..]* bzw.
integer (zusätzlich deklarieren) direkt schreiben:

```
    ...
    h1 := listar[i].name; h2 := listar[i+1].name;
    p1 := pos (' ', h1); p2 := pos (' ', h2);
    IF copy (h1, p1 + 1, length (h1) - p1) > ... THEN ...
```

Wir kommen zuletzt kurz auf eine besondere Art von Files zu
sprechen, sog. Stapelfiles. Sie sind auf der Diskette am Suffix
.BAT (von engl. 'batch') zu erkennen. Wird von der Ebene des
Betriebssystems MS.DOS aus ein solches File (als Kommando) aufgerufen, so werden der Reihe nach all jene .COM - Programme
abgearbeitet, die in diesem File stehen. Sie können ein solches
File mit dem TURBO-Editor ganz einfach als Workfile erstellen;
die Anforderung muß allerdings ausdrücklich als name.BAT erfolgen.

Sind beispielsweise graph1.PAS und graph2.PAS zwei jeweils zu
einem Ende kommende Pascal-Programme, so legen Sie diese in der
compilierten Form graph1.COM und graph2.COM auf Diskette ab,
gehen dann mit z.B. bilder.BAT in den Editor und schreiben
die folgenden Zeilen

        REM   Dies ist ein Stapelfile
        graph1
        graph2

ohne .COM (da als Kommandos auf DOS-Ebene aufzufassen). Nach
dem Abspeichern mit "Save" können Sie TURBO verlassen und von
MS.DOS aus das Kommando bilder geben. Nun werden die beiden
Grafik-Programme abgearbeitet, dann kehrt der Rechner wieder
auf die DOS-Ebene zurück. Mit REM ('remark') eingeleitete Zeilen
dienen dabei als Kommentarzeilen ohne weitere Aktionen. Mehr
über den Umgang mit Stapelfiles z.B. im MS.DOS-Handbuch; hier
aber noch folgendes:

Stapelfiles haben den Sinn, lauffähige Maschinenprogramme der
Reihe nach ablaufen zu lassen, etwa für Vorführzwecke.

Das Betriebssystem MS.DOS bzw. PC.DOS sucht in der Startphase
des Rechners nach dem Einschalten ("Booten", oder nach einem
Warmstart: RESET) stets ein spezielles Stapelfile, nämlich
AUTOEXEC.BAT. Die darin genannten Programme werden automatisch
ausgeführt, daher der Name. In der Regel sind Datumsabfragen,
Tastaturtreiber (Programme zum späteren Lesen von der Tastatur)
und dergleichen untergebracht. Man kann AUTOEXEC.BAT ebenfalls
mit dem TURBO-Editor aufrufen und anschauen, aber auch für den
Fall ergänzen, daß mit dem Rechnerstart ein ganz bestimmtes Programm geladen und zur Ausführung bereitstehen soll, etwa die
Adressenverwaltung aus dem folgenden Kapitel 14 ...

AUTOEXEC bietet daher die Möglichkeit, dem DOS-unkundigen Anwender eine Diskette mit den "verdeckten" Files für MS.DOS,
Systemprogrammen und Anwenderprogramm so zusammenzustellen, daß
nach dem Einschalten des Systems das Anwenderprogramm "in den
Startlöchern steht", der Benutzer aber mit den Kommandos der
DOS-Ebene nicht mehr konfrontiert wird. Das Anwenderprogramm muß
lediglich eine gute "Benutzerführung" aufweisen ...

Noch ein weiterführender Hinweis:
Sequentielle Files sind sog. random access files, d.h. ein beliebiger Satz der abgespeicherten Datei kann auch auf der Diskette gefunden werden, ohne daß die gesamte Datei eingelesen
wird: Die aufeinanderfolgenden Sätze sind nämlich indiziert, d.h.
der Reihe nach durchnummeriert. Sie können das am Beispiel der
Datei VIERWORT.DTA ausprobieren:

Mit der Standardfunktion *filesize(liste)* kann die Länge erfragt, mit der Prozedur *seek(liste, Position);* ein Datensatz
direkt angesprochen werden. Mit Blick auf das oben besprochene
Programm zufallstextablage sieht ein erster Schritt beispielhaft so aus:

```
    PROGRAM wortsuche;   (* erforderlich Datei VIERWORT.DTA *)
                             (* erzeugen mit Programm S. 98 *)
    TYPE   wort = STRING[4];
    VAR    l, n : integer;
         anzeige : wort;
           liste : FILE OF wort;

    BEGIN  (* --------------------------------------------- *)
       assign (liste, 'vierwort.dta');
       reset  (liste);
       l := filesize (liste);
       writeln ('Die Datei besteht aus ', l, ' Wörtern.');
       write   ('Nummer eingeben ... '); readln (n);
       seek (liste, n - 1);
       read (liste, anzeige);
       writeln ('Wort Nr. ', n, ': ', anzeige);
       close (liste)
    END.   (* --------------------------------------------- *)
```

Das erste Wort der Datei hat den Index Null; also kann für n als
größter Wert nur l-1 gefordert werden. Da als Länge der Datei aber
z.B. 500 angezeigt wird und dies der Benutzer dann auch als die
letzte Position eingibt, wird die Eingabe um 1 erniedrigt. Wird
anzeige im obigen Programm erst gesetzt, so kann mit der Anweisung *write (liste, anzeige);* auch auf den zuvor markierten
Platz hinausgeschrieben werden. Die Datei wäre dann u.U. allerdings nicht mehr sortiert.

Gibt man oben anstelle der Nummer ein gesuchtes Wort ein, so
kann man durch Suchen mit fortgesetzter Intervallhalbierung in
wenigen Schritten feststellen, ob jenes Wort vorkommt oder
nicht, <u>vorausgesetzt, daß die Datei sortiert ist</u>! Im Prinzip
läuft dieses sog. binäre Suchverfahren so ab:

Die sortierte Datei habe die (bekannte) Länge n. Nach Vorgabe
des Suchbegriffs schaut man bei der Position n DIV 2 nach, ob
der Suchbegriff entweder zufällig schon gefunden oder aber vor
oder nach dieser Position zu erwarten ist. In Wiederholung dieses Schrittes auf dem jetzt vorderen oder hinteren Abschnitt
der Datei wird der Suchbegriff entweder "bald" lokalisiert oder
aber festgestellt, daß es ihn in der Datei nicht gibt. Wegen
2^{10} = 1024 genügen bei Dateilängen um 1000 Sätze sicher 10
Schritte. Das können Sie entweder selber programmieren oder auf
der Diskette nachschauen (KP13BINA.PAS).

Im Turbo-Handbuch finden Sie noch weitere Prozeduren zur Datei-
bearbeitung, so *erase (file);* und *rename (file);* zum Löschen
und Umbenennen von Files auf der Diskette; so löscht die Zeile

```
    assign (name, 'ALT.PAS'); erase (name, 'ALT.PAS');
```

in einem entsprechenden Programm das File ALT.PAS auf Diskette;
name ist typgerecht zu deklarieren.

14 EINE DATEIVERWALTUNG

Mit dem bisher besprochenen Anweisungsvorrat sind wir in der
Lage, eine kleine Dateiverwaltung mit allen wichtigen Optionen
aufzubauen. Mit Blick auf die Sprachstruktur von Pascal gehen
wir dabei modular vor, d.h. wir erstellen das Programm aus möglichst unabhängigen Bausteinen. Einerseits können solche Moduln
dann auch anderweitig verwendet werden, andererseits ist die
Konzentration auf Teilaufgaben ohne ständige Querverbindungen
sehr ökonomisch. Man beginnt dabei mit dem Hauptprogramm, von
dem aus dann die notwendigen Prozeduren aufgerufen werden bzw.
sich gegenseitig aufrufen und ergänzen. In der Wahl der Bezeich-
nernamen wird die künftige Bedeutung bzw. Aufgabe sichtbar; von
Anfang an soll auch der Aufbau eines einzelnen Datensatzes
festgelegt werden (wenngleich man dies später leicht noch ändern
kann), damit in allen Entstehungsphasen des Programms Testläufe
möglich sind.

Das nachfolgende erste Grundgerüst ist bereits lauffähig, d.h.
compilierbar, ohne daß damit wesentliche Aktionen ausführbar
sind. Aber man erkennt die beabsichtigte Struktur und kann sich
hernach ganz auf die Bearbeitung der einzelnen Prozeduren beschränken. Lediglich die nach und nach benötigten Variablen, die
hier mit Blick auf das Ergebnis bereits vollständig aufgelistet
sind, werden bei jedem erstmaligen Vorkommen eingetragen.

```
PROGRAM adressenverwaltung;

        CONST c = 5;                    (* in Anwendung c >> 5 *)
   TYPE kurztyp = STRING[15];
        langtyp = STRING[25];

        satzrec = RECORD
                  sex   : STRING[1];  (* nicht char, s.u. *)
                  titel : langtyp;
                  vname : kurztyp;
                  fname : langtyp;
                  wohnt : langtyp;
                  postz : STRING[4];
                  stadt : langtyp
                  END;                          (* oder länger *)

VAR  i,k,s,r, fini : integer; (* diverse Zaehler und Indizes *)

           name : STRING[12];                    (* für File *)
        neuname : STRING[12];        (* mit Drive STRING[14] *)
           eing : kurztyp;                     (* für suchen *)
        wahl, cl : char;                        (* antworten *)
              w : boolean;                 (* abspeichern? *)
         feldar : ARRAY[0..c] OF satzrec;
        listefil : FILE OF satzrec;

PROCEDURE lesen;        BEGIN   readln(neuname); fini := 0  END;
PROCEDURE ablage;       BEGIN      END;
PROCEDURE neu;          BEGIN      END;
PROCEDURE suche;        BEGIN      END;
PROCEDURE alt;          BEGIN      END;
PROCEDURE zeigen;       BEGIN      END;
```

```
BEGIN (* ------------------------------------ Hauptprogramm  *)
clrscr;
gotoxy (5, 14);
write ('Adressenverwaltung ( C : TEUBNER 1988)  ');
lesen;
w := false;
REPEAT                                       (* Menü Anfang *)
   clrscr;
   gotoxy (45, 3); lowvideo;
   write   ('Aktives File ... '); normvideo; writeln (neuname);
   writeln; lowvideo;
   writeln ('Neueingabe eines Satzes (Neu) ....... N');
   writeln;
   writeln ('Satz suchen / löschen .............. S');
   writeln;
   writeln ('Satz korrigieren ................... K');
   writeln;
   writeln ('Sätze sortiert ausdrucken (Print) ... P');
   writeln;
   writeln ('File verlassen (Quit) .............. Q');
   writeln;
   normvideo;
     write ('Gewünschte Option .................. ');
   read (kbd, wahl); wahl := upcase(wahl);
   CASE wahl OF
   'N':   neu;                               (* Text eingeben *)
   'S':   if fini > 0 THEN suche;            (* Text suchen *)
   'K':   if fini > 0 THEN alt;              (* Text ändern *)
   'P':   if fini > 0 THEN zeigen          (* Text vorzeigen *)
   END (* OF CASE *)
UNTIL wahl = 'Q';
IF w = true THEN ablage;
writeln ('Programmende ...')
END.  (* ------------------------------------------------- *)
```

Das Menü zeigt vier verschiedene Optionen, dazu "Quit" zum Verlassen des Programms, das später mit einer weiteren REPEAT -
Schleife im Hauptprogramm die Möglichkeit der Einschränkung auf
Verlassen der Bearbeitung einer bestimmten Datei und Wechsel zu
einer anderen eröffnet. Man fügt dann als weitere Option das endgültige Verlassen des Programms mit z.B. 'E' ein.

Die im Hauptprogramm aufgeführten Prozeduren sind im Deklarationsteil als "leer" aufgelistet, damit das Gerüst compiliert
und getestet werden kann. Die angesprochene Variable neuname
dient später der Bezeichnung des Files auf Diskette; wir geben
ihr daher in der Prozedur lesen eine Belegung. fini wird die
aktuelle Filelänge; sie wird später von der Prozedur lesen auf
die Anzahl der vorhandenen Datensätze eingestellt und ist daher
ohne diese Prozedur für jeden Programmstart auf Null zu setzen.
Die BOOLEsche Variable w wird registrieren, ob wir in der ein-
gelesenen Datei Änderungen vorgenommen oder nur nachgeschaut
haben; dementsprechend erfolgt mit Programmschluß ein Abspeichern oder nicht.

Neu sind die beiden Anweisungen *lowvideo;* und *normvideo;* zur
Intensitätsveränderung am Bildschirm; ihre Wirkung sieht man. Zum
RECORD noch ein paar Bemerkungen:

Wir wollen mit unserer Datei Adressen verwalten; diese bestehen
aus einer Kennung m/w für das Geschlecht, mit der später z.B. für
Adressenaufkleber "Herrn/Frau" vorangestellt werden kann; es
folgen: Platz für einen eventuellen Titel wie Dr., dann der Vor-
und der Familienname getrennt für vollständiges Sortieren, weiter
die Straße mit Hausnummer, dann die Postleitzahl und schließlich
der Wohnort. Da postz eine eigene Komponente ist, also nicht
in einem String mit dem Ort, bietet sich später als Ergänzung die
Chance, die Adressen auch nach Postleitzahlen zu sortieren, was
manchmal von Nutzen ist. Wer Interesse an Telefonnummern hat,
ergänzt den Record entsprechend mit einer weiteren Komponente
(dies gilt dann auch für die bearbeitenden Prozeduren).

Wir geben nunmehr die beiden Prozeduren lesen und ablage
an, die aber erst viel später dem Programm explizit hinzugefügt
werden sollten, damit nicht bei allen anfänglichen Testläufen das
Diskettenlaufwerk beansprucht wird!

```
PROCEDURE lesen;
   BEGIN
   write ('Name des Files ... '); readln (name);
   neuname := name + '.DTA';
   writeln; writeln ('Bitte etwas  w a r t e n ...!');
   assign (listefil, neuname);
   (*$I-*)                              (* siehe Compiler-Befehle *)
   reset (listefil);
   (*$I+*);
   fini := 0;
   IF (IORESULT = 0) THEN BEGIN
                          WHILE NOT EOF (listefil) DO
                          BEGIN
                             fini := fini + 1;
                             read (listefil, feldar[fini])
                          END;
                          close (listefil)
                          END
                     ELSE BEGIN
                          writeln; lowvideo;
                          writeln ('Neues File generiert ...');
                          write ('Leertaste ... '); normvideo;
                          read (kbd, wahl)
                          END
   END;

PROCEDURE ablage;
   BEGIN
   writeln;
   writeln; writeln ('Bitte etwas  w a r t e n ...!');
   assign (listefil, neuname);
   rewrite (listefil);
   FOR i := 1 TO fini DO write (listefil, feldar[i]);
   close (listefil)
   END;
```

Die Prozedure lesen verlangt die Angabe des Filenamens, wie
er auf der Diskette ohne Suffix erscheint; beim Umkopieren auf
neuname wird automatisch .DTA angehängt. (In name werden
vom Betriebssystem nur 8 Zeichen erkannt, obwohl der String die
Länge 12 hat.) Die nachfolgend gesetzte Compileroption (*$I-*)

verhindert einen Programmabsturz für den Fall, daß eine Datei des
angegebenen Namens nicht gefunden wird. Anschließend wird aber
sogleich wieder auf (*$I+*) (default) zurückgesetzt und die in
TURBO implementierte Systemfunktion IORESULT abgefragt. Hat
diese nämlich jetzt den Wert Null, so gibt es unsere Datei doch
und sie wird eingelesen. Bei dieser Gelegenheit wird der Wert
von fini bestimmt. Andernfalls wird angenommen, daß eine neue
Datei eröffnet werden soll. Dies wäre auch bei einem Tippfehler
der Fall: Nach der entsprechenden Meldung (also: Neues File generiert ...) bricht man dann das Programm vorerst einfach ab.
Es ist jedenfalls sichergestellt, daß eine existierende Datei
nicht zerstört wird. Im übrigen: Die Datei sollte sich auf jener
Diskette befinden, von der aus das Programm gestartet wird.

Zur Prozedur ablage ist nichts weiter zu sagen; sie wird zu
Programmende fallweise aufgerufen. - Nochmals: Beide Prozeduren
erst später eintragen oder vorerst im Ausführungsteil wie Kommentare (* ... *) klammern; die Namen mit BEGIN ... END; müssen
aber compilierbar bleiben!

Wir geben nun die Prozeduren neu und zeigen an, mit denen
erste Eingaben vorgenommen und getestet werden können. Hinzu
kommen bei dieser Gelegenheit einige Routinen, die im Hauptprogramm nicht angesprochen werden, sondern von eben diesen
Prozeduren und später weiteren verwendet werden, nämlich

    maske, eingabe und anzeige.

Diese werden den Prozeduren neu und zeigen vorangestellt.

```
PROCEDURE maske;
   BEGIN
   gotoxy (1, 4); lowvideo; write ('FILE  ');
   normvideo; write (neuname);
   lowvideo;
   gotoxy (1, 6); clreol;
   writeln ('Anrede (m/w) .... '); clreol;
   writeln ('Titel .......... '); clreol;
   writeln ('Vorname ........ '); clreol;
   writeln ('Familienname .... '); clreol;
   writeln ('Straße / Nr. .... '); clreol;
   writeln ('PLZ  <R>  Ort ... ');
   normvideo
   END;


PROCEDURE eingabe (x, y : integer);
   BEGIN
   WITH feldar[0] DO BEGIN
      gotoxy (x, y);   readln (titel);
      gotoxy (x, y+1); readln (vname);
      gotoxy (x, y+2); readln (fname);
      gotoxy (x, y+3); readln (wohnt);
      gotoxy (x, y+4); read  (postz);
      write ('    ');   readln (stadt)
                 END;
   feldar[fini] := feldar[0]; fini := fini + 1
   (* vorhergehende Zeile später vollständig durch  sort *)
   (* ersetzen ... ,  dient vorerst als einfacher Zähler *)
   END;
```

Mit der Prozedur maske, die immer an derselben Stelle des Bildschirms auftaucht, wird die Eingabe unterstützt; insbesondere
wird mit einem <R> für RETURN darauf hingewiesen, daß nach Angabe
der Postleitzahl die Taste <RETURN> zu drücken ist! Andernfalls
fehlt später der Ort, was allerdings korrigierbar sein wird. Für
die eventuelle Anrede ist einer der Buchstaben 'm' oder 'w'
einzugeben.

Die Prozedur eingabe erhält von der Prozedur neu zwei Parameter zur Justierung auf dem Bildschirm, die man wie bei maske
hätte fest einschreiben können. Umgekehrt könnte man maske mit
zwei solchen Werten x, y flexibel halten, um leichter Korrekturen am Bildschirm zu ermöglichen.

eingabe benützt den Feldplatz mit dem Index Null, der in der
Datei nicht benötigt wird, da diese mit 1 beginnt. Man kann also
feldar[0] statt einer typengleichen Variablen für verschiedene
Manipulationen mit Vorteil dann einsetzen, wenn ein Index nützlich ist. Später werden die Eingaben einsortiert, wozu es dann
allerdings noch einer Prozedur sort bedarf, die vorerst fehlt
und durch unsortiertes Anhängen an den Datensatz ersetzt ist.
Die ersten Testläufe schreiben also die eingegebenen Adressen
unsortiert auf. Erinnerung: In jeder Entwicklungsphase soll das
Programm lauffähig sein!

```
PROCEDURE anzeige (i, x, y : integer);
                                        BEGIN
    WITH feldar[i] DO BEGIN
       gotoxy (x, y); clreol;
       IF sex = 'M' THEN write ('Herrn')
                    ELSE write ('Frau');
       gotoxy (x, y+1); write (titel);
       gotoxy (x, y+2); write (vname);
       gotoxy (x, y+3); write (fname);
       gotoxy (x, y+4); write (wohnt);
       gotoxy (x, y+5); write (postz : 4, ' '); writeln (stadt);
       clreol
                 END                    END;
```

anzeige schreibt entsprechend der Maske eine eingebene Adresse
auf den Bildschirm, jetzt mit Herrn bzw. Frau; i ist die Nummer
des Feldplatzes, x und y sind die Justierparameter. Hier wie in
maske beachte man die Anweisungen *clreol;* zum Löschen bereits
geschriebenen Textes von früheren Ausgaben!

Die folgende Prozedur neu dient der Eingabe von Adressen; sie
beginnt mit einer Prüfung von fini, ob noch Platz frei ist und
liefert gegebenenfalls eine entsprechende Meldung. Man könnte
dann das Programm verlassen, die Konstante c erhöhen und wieder
starten; es wäre nichts verloren.

Sind Eingaben möglich, so wird die nächste noch freie Nummer
fini+1 angezeigt und ein Ausstieg durch Eingabe '-' offeriert.
Wird dies nicht gewünscht, so beginnt die Eingabe auf dem schon
erläuterten Feldplatz mit der Nummer Null. Man beachte, daß im
ersten Zweig der IF - THEN - ELSE - Anweisung wegen der Ein-
bindung in REPEAT feldar[0].sex auf '-' gesetzt werden muß!
Wegen *upcase* ist diese Komponente als *STRING[1]* vereinbart,
nicht als *char*.

```pascal
PROCEDURE neu;
   BEGIN
   REPEAT
   IF fini = c THEN BEGIN
               gotoxy (12, 5);
               write ('   Kein Platz mehr frei ...   ');
               gotoxy (22, 6); write ('       Weiter ...   ');
               read (kbd, wahl);
               feldar[0].sex := '-'
                  END
               ELSE BEGIN
                  clrscr;
                  write   (' Adresse Nr. ', fini + 1 : 3);
                  writeln ('      Eingabeende mit - ');
                  maske;
                  gotoxy (23, 6); readln (feldar[0].sex);
                  feldar[0].sex := upcase(feldar[0].sex);
                  IF feldar[0].sex <> '-' THEN eingabe (23,7)
                  END
   UNTIL feldar[0].sex  = '-'
   END;


PROCEDURE zeigen;                                 (* gesamtes File *)
   BEGIN  clrscr;  gotoxy (1, 16);
   write ('Ausgabe ... Drucker = P ... ');
   read (kbd, c1);
   c1:= upcase(c1);
   IF c1 = 'P' THEN drucker
               ELSE BEGIN
                  i := 0;
                  REPEAT
                     maske;
                     i := i + 1;
                     anzeige (i, 22, 6);
                     gotoxy (22, 18);
                     write ('Weiter ... A = Abbruch ... ');
                     read (kbd, c1); c1 := upcase(c1)
                  UNTIL (i = fini) OR (c1 = 'A')
                  END
   END;
```

Mit der Prozedur zeigen können in den ersten Testläufen die
eingegebenen Adressen auf den Bildschirm gebracht und somit
kontrolliert werden. In ihr ist bereits die Druckeroption vorgesehen, die vorerst mit dem Zusatz

```pascal
      PROCEDURE  drucker;   BEGIN   END;
```

im Deklarationsteil des Programms berücksichtigt wird. Diese
Prozedur muß vor zeigen eingefügt werden. Wenn nunmehr die
Prozedur sort hinzugefügt wird, ist der Augenblick gekommen,
die beiden Routinen für lesen und ablage zu aktivieren. Zum
Einsortieren verwenden wir nämlich einen Algorithmus, der nach
jeder Eingabe sogleich einsortiert. Würde also vorher eine un-
sortierte (aber ansonsten korrekte) Datei ausgeschrieben und
dann wieder eingelesen, so käme unsere Dateiverwaltung zum Er-
liegen ... sort setzen wir unmittelbar nach ablage ein,
später gefolgt von der Prozedur streichen (s.u.).

```
PROCEDURE sort;
   BEGIN                 (* sof. Einsortieren nach .fname/vname *)
   w := true;
   fini := fini + 1; k := fini;
   WHILE feldar[0].fname < feldar[k-1].fname DO BEGIN
               feldar[k] := feldar[k-1]; k := k - 1
                                             END;
   WHILE (feldar[0].fname = feldar[k-1].fname) AND
         (feldar[0].vname < feldar[k-1].vname) DO BEGIN
               feldar[k] := feldar[k-1]; k := k - 1
                                             END;
   feldar[k] := feldar[0]
   END;
```

Dieser Algorithmus sortiert jeden eingegebenen Satz unmittelbar
durch "Einstecken" an den richtigen Platz, der durch satzweises
Verschieben der Adressen um jeweils einen Platz nach hinten
(und hinten beginnend) ermittelt wird. Sortiert wird zunächst
nach dem Familiennamen, dann bei Gleichheit nach dem Vornamen,
eine perfekte Lösung. Umlaute ä, ü, ö und ß machen Probleme, die
man hier nur durch Umschreibung mit ae usw. umgehen könnte. In
der weiterführenden Literatur wird allerdings gezeigt, wie man
das verbessern kann. - Es ist noch zu beachten, daß bei den Namen genau der erste Buchstabe groß zu schreiben ist.

In der Prozedur eingabe wird nun die letzte Zeile gestrichen
und durch sort ersetzt.

Jetzt fehlen noch die Routinen zum Streichen, Suchen und Ändern
einer bereits geschriebenen Adresse. Sie heißen

        streichen, alt und suche

und werden wie drucker sogleich angegeben. Die vollständige
Liste aller Prozeduren im Deklarationsteil des Hauptprogramms
ist

        lesen;
        ablage;
        sort;
        streichen;
        maske;
        eingabe;
        anzeige;
        alt;
        neu;
        suche;
        drucker;
        zeigen;

In einigen Fällen kann von der Reihenfolge abgewichen werden; es
ist aber darauf zu achten, daß einige Prozeduren andere aufrufen
und damit bei abweichender Anordnung u.U. Compilierfehler auftreten. Mit der Verschiebung von Blöcken im Editor behebt man
dies gegebenenfalls.

Hier nun sind die noch fehlenden Bausteine des Programms, von
denen die Prozedur alt die umständlichste ist.

```
PROCEDURE streichen;
   BEGIN
   w := true;
   FOR r := s TO fini - 1 DO feldar[r] := feldar[r+1];
   fini := fini - 1
   END;
```

Diese Prozedur wird von suchen aufgerufen, also vom Hauptmenü
aus via S angefordert. Eine einzeln gesuchte Adresse wird angezeigt und kann dann, falls gewünscht, gelöscht werden. Alle
Adressen hingegen können mit 'P' angesehen werden, wobei die zugehörige Prozedur zeigen jederzeit abgebrochen werden kann.

```
PROCEDURE alt;                        (* Bewegung mit Cursor-Tasten *)
   VAR x, y : integer;                   (* wäre möglich: Kapitel 20 *)
       wort : langtyp;
   BEGIN
   clrscr; gotoxy (1, 16); lowvideo;
   write   ('Gesuchter Text ...    '); normvideo; read (eing);
   gotoxy (50, 3); write ('>>> Übernahme = <RETURN>'); s := 1;
   REPEAT
      feldar[0].fname := eing;
      IF copy(feldar[0].fname,1,4) = copy(feldar[s].fname,1,4)
         THEN BEGIN
         maske; anzeige (s, 22, 6);
         feldar[0] := feldar[s];
         gotoxy (22, 18);
         write  ('Korrigieren ... Ja = J ... '); read (kbd,
         c1);
         c1 := upcase (c1);
         IF c1 = 'J' THEN WITH feldar[0] DO BEGIN
                           streichen;
                           x := 50; y := 6;
                           gotoxy (x, y);    read (wort);
                           IF wort <> '' THEN sex := wort;
                                    sex := upcase(sex);
                           gotoxy (x, y+1); read (wort);
                           IF wort <> '' THEN titel := wort;
                           gotoxy (x, y+2); read (wort);
                           IF wort <> '' THEN vname := wort;
                           gotoxy (x, y+3); read (wort);
                           IF wort <> '' THEN fname := wort;
                           gotoxy (x, y+4); read (wort);
                           IF wort <> '' THEN wohnt := wort;
                           gotoxy (x, y+5); read (wort);
                           IF wort <> '' THEN postz := wort;
                           write ('    '); read (wort);
                           IF wort <> '' THEN stadt := wort;
                           sort
                           END
                  END;
      s := s + 1
   UNTIL s > fini
   END;
```

alt ist recht kompliziert, weil eine zu korrigierende Adresse
nicht gänzlich neu geschrieben werden soll, sondern nur in der
fehlerhaften Zeile! Der alte Text wird dabei zum Vergleich
links davon angezeigt.

```pascal
PROCEDURE suche;
   BEGIN  clrscr; gotoxy (1, 16); lowvideo;
   write ('Gesuchter Text ...   '); normvideo; readln (eing);
   s := 1;
   REPEAT
      c1 := ' ';
      feldar[0].fname := eing;
      IF copy(feldar[0].fname,1,4) = copy(feldar[s].fname,1,4)
         THEN BEGIN
         maske; anzeige (s, 22, 6);
         gotoxy (22, 18);
         write ('Löschen ... Ja = J ...  ');
         read (kbd, c1);
         c1 := upcase (c1);
         IF c1 = 'J' THEN streichen
             END;
         IF c1 <> 'J' THEN s := s + 1
     UNTIL s > fini
   END;

PROCEDURE drucker;
   BEGIN
   writeln ('Drucker einschalten ... ');
   write ('Liste oder Aufkleber ... L/A ... ');
   read(kbd, c1); c1 := upcase(c1);
   IF c1 = 'A' THEN BEGIN
   writeln ('Adressenaufkleber einlegen ... ');
   write   ('Dann weiter ... '); read (kbd, c1);
   FOR i := 1 TO fini DO
       WITH feldar[i] DO BEGIN
           IF sex = 'M' THEN write (lst, 'Herrn ')
                        ELSE write (lst, 'Frau ');
           writeln (lst, titel);
           writeln (lst);
           writeln (lst, vname, ' ', fname);
           writeln (lst);
           writeln (lst, wohnt);
           writeln (lst);
           writeln (lst, postz:4, ' ', stadt);
           writeln (lst); writeln (lst)
                   END
               END;
   IF c1 = 'L' THEN BEGIN
   writeln ('Papier einlegen ... ');
   write ('Dann weiter ... '); read (kbd, c1);
   writeln (lst, 'Adressenliste ... ');
   FOR i := 1 TO fini DO
       WITH feldar[i] DO BEGIN
           writeln (lst, titel, ' ', vname, ' ', fname);
           writeln (lst, wohnt, '  ', postz : 4, ' ', stadt);
           writeln (lst)
               END
           END
   END;
```

Wenn Sie alles richtig abgeschrieben haben, dann muß die Dateiverwaltung funktionieren; die obigen Programmbausteine wurden
in diesem Text nämlich vom lauffähigen Programm von einer Diskette "eingespielt".

Noch ein paar Bemerkungen zum Programm:

Mit "Gewünschter Text ..." am Bildschirm ist immer der Familienname gemeint; dieser wird in den ersten vier Buchstaben mit der
Datei verglichen. Gibt es mehrere Adressen (d. Namen) gleichen
Anfangs, so werden sie der Reihe nach vorgeführt. Bei Verzweigungen ist stets angegeben, welcher Buchstabe zu wählen ist,
z.B. J für Ja, P für Drucker und dgl. Drückt man lediglich die
Leertaste, so wird die Verzweigung nicht ausgeführt ... das ist
Benutzerführung! Es wäre u.U. zweckmäßig, "Sperren" oder Doppel-
abfragen beim Löschen (etwa "Wollen Sie wirklich ...") einzu-
führen, was leicht zu ergänzen ist. Ferner könnte man aus der
Gesamtanzeige der Datei ohne Probleme in "Korrigieren" oder
auch "Löschen" wechseln, falls dies gewünscht ist.

Im Hinblick auf eine gewisse "Professionalität" kann dieses Programm mit den bisherigen Kenntnissen ohne große Mühe wie folgt
erweitert werden:

Man bindet das gesamte Hauptprogramm einschließlich der beiden
Prozeduren lesen und ablage in eine weitere Schleife ein:

```
    REPEAT
       ... Directory gewünscht?
       lesen;
       w := false;
       ...
       ... Hauptmenü erweitern ...
       ...
       IF w = true THEN ablage
    UNTIL wahl = 'E';
```

und erweitert das Hauptmenü durch die Option "Programm (endgültig) beenden ... E". Dann kann eine Adressenverwaltung verlassen und in eine andere eingestiegen werden. - Auf Wunsch
sollte jetzt eine Prozedur directory alle Dateien des Typs
.DTA von der Diskette einblenden, ehe man einlesen bzw. eine
neue Adressendatei generieren läßt. Im gegenwärtigen Stadium muß
man wissen, welche Dateien vorhanden sind. - Die hierfür notwendigen Routinen findet man im Kapitel 18 (ohne Kommentar);
sie können für das vorstehende Programm auch ohne Detailver-
ständis leicht zugeschnitten werden.

Es macht keine Mühe, dieses Programm nach leichten Änderungen
auch für andere Zwecke zu benutzen, etwa zum Erstellen von In-
haltsverzeichnissen, Bibliothekskärtchen und dgl.

> **Kästchen wie dieses erzeugt man durch Angabe der
> entsprechenden Zeichen in write (chr(...)); oder
> direkt von der Tastatur durch ALT-CTRL und Anga-
> der Codenummer. - Siehe dazu eine Bemerkung auf
> Seite 30 sowie die Prozedur box in Kapitel 18.**

15   GRAFIK UNTER TURBO

Zwei wichtige Vorbemerkungen: Während die bisherigen Kapitel un-
eingeschränkt für alle Rechnersysteme gelten, ist der folgende
Text in erster Linie für solche Leser von Interesse, die eine
grafikfähige Version von TURBO erworben haben. - Wir gehen zunächst davon aus, daß unser Rechnersystem die unter TURBO vorhandenen standardmäßigen Grafikmöglichkeiten anbietet, die je
nach Monitorausgang gflls. von der Betriebssystemebene aus (vor
dem Aufruf von TURBO bzw. dem fertigen Programm) mit MODE bw
(wieder zurück mit MODE ms) eingeschaltet werden müssen. Führt
man vor TURBO (einmal) das File GRAPHICS.COM aus, so kann man
eine Grafik während und nach dem Aufbau am Bildschirm mit der
Taste (Shift) PrtSc ausdrucken. Dies gilt auch, wenn das Programm auf Diskette compiliert vorliegt und als Maschinenfile
gestartet wird. - Daher bietet es sich an, GRAPHICS im File
AUTOEXEC.BAT fest aufzunehmen. (Siehe dazu Kapitel 13.)

Verfügt der Rechner über eine sog. Herculeskarte (oder eine
dazu kompatible), so ist das Vorgehen etwas anders: Wir behandeln entsprechende Beispiele im folgenden Kapitel. Mit gering-
fügigen Änderungen sind aber alle in diesem Buch beschriebenen
Grafik-Programme so oder so lauffähig. Man vergleiche dazu die
Einleitung im Kapitel 16 zur Herculeskarte.

Ein laufendes TURBO - Programm kann standardmäßig auf vier verschiedene Rechnermodi umschalten, nämlich

        graphmode;   (320 mal 200 Punkte in "schwarz/weiß")
        hires;   (640 mal 200 Punkte, eine Farbe möglich)
        graphcolormode;   (320 mal 200 Punkte, mit Farbpalette).
        textmode;   (Rückschaltung zur Textseite, default).

Kommt eine der drei zuerst genannten Anweisungen vor, so wird
der Bildschirm gelöscht und steht für Grafik zur Verfügung. Die
letzte Anweisung schaltet in den Textmodus zurück; dabei geht
die vorher gezeichnete Grafik verloren, d.h. bei Wiederaufruf
eines Grafikmodus ist der Bildschirm leer.

Wir geben nachfolgend Programme nur in "schwarz-weiß" an, d.h.
in der jeweiligen Farbe des Monitors vor dunklem Hintergrund.
Für diesen Fall wird die "Farbwahl" mit zwei ganzen Zahlen getroffen, etwa *color := 7;* für "hell zeichnen" und *color := 0;* für
"dunkel zeichnen", d.h. partielles Löschen. Die Farboption wird
in den Anweisungen

        plot (x, y, color);
        draw (x1, y1, x2, y2, color);

direkt eingetragen bzw. per Variable übertragen. Diese beiden
bewirken folgendes:

Die Anweisung *plot (...);* setzt mit der Farbe color an der
Stelle (x, y) des Bildschirms einen Punkt; die andere Anweisung
zieht von (x1, y1) nach (x2, y2) eine Gerade.

Dabei ist die linke obere Ecke (!) des Bildschirms der Ursprung
mit den Koordinaten (0, 0). Die x-Achse zeigt nach rechts und
die y-Achse nach unten. Der rechte untere Eckpunkt hat also die

Koordinaten (319, 199) bzw. (639, 199) je nach Modus. Koordinatenwerte müssen ganzzahlig eingetragen werden. Im Falle vorheriger Berechnung und späterer Zuweisung ist daher gegebenenfalls eine Rundung mit der Funktion *round* vorzunehmen. Auf die Bereichsgrenzen muß man nicht unbedingt achten, d.h. fallweise berechnete Koordinaten außerhalb des angegebenen Bildfensters werden ignoriert, eben einfach nicht gezeichnet; dabei tritt keine Fehlermeldung auf. Mit

```
graphwindow (x1, y1, x2, y2);
```

kann das aktive Bildfenster durch Angabe der linken oberen bzw. rechten unteren Ecke verkleinert werden. Dann wird nur in dem angegebenen Bereich gezeichnet, während eine bereits außerhalb entstandene Grafik unverändert stehen bleibt. Die Voreinstellung bei z.B. *hires;* ist also *graphwindow (0, 0, 639, 199);*.

Es ist möglich, in Grafiken Texte einzutragen; unser erstes Programm benützt beispielhaft die Grafikmodi *graphmode* und *hires:*

```
PROGRAM kreisdemo;
VAR     x, y, r : real;
      m1, m2, phi : integer;
            taste : char;
BEGIN  (* --------------------------------------------- *)
clrscr;
write ('Wollen Sie "Hires" (H) oder "Graphmode"? ... ');
read  (kbd, taste); taste := upcase(taste);

m1 := 160; m2 := 100; r := 60;
IF taste = 'H' THEN hires
              ELSE graphmode;

FOR phi := 0 TO 359 DO BEGIN
IF taste = 'H' THEN
              x := 2 * (m1 + r * cos (phi / 180 * pi))
              ELSE x := m1 + r * cos (phi / 180 * pi);
y := m2 - r * sin (phi / 180 * pi);   (* Vorzeichen - ! *)
plot (round (x), round (y), 7)
              END;

gotoxy (1, 24); write ('Dies ist ein Kreis ... ');
gotoxy (1,  1)
END.  (* --------------------------------------------- *)
```

Ein Kreis vom Radius r mit dem Mittelpunkt (m1, m2) hat nämlich abhängig vom Zentriwinkel phi die Parameterdarstellung

$$x(phi) = m1 + r * cos (phi),$$
$$y(phi) = m2 + r * sin (phi) \qquad (0 <= phi <= 2 pi).$$

Im Blick auf das Programm ist zu beachten, daß phi im Bogenmaß einzusetzen ist, also mit dem Faktor pi/180 zu multiplizieren ist, wenn wir in Grad messen. (m1, m2) setzen wir auf den Bildschirmmittelpunkt. Da die y-Achse nach unten zeigt, ist bei y(phi) eine Vorzeichenumkehr zu berücksichtigen. Schließlich ist zu bemerken, daß im Hires-Mode (HIgh RESolution) in x-Richtung alles mit 2 multipliziert wird, soll der Kreis auch wirklich als Kreis (und nicht als Ellipse) erscheinen ...

Schauen Sie sich in beiden Versionen die Texteinfügung an; sie
erfolgt wegen *gotoxy (1, 24);* auf der untersten Zeile wie im
Textmodus auch, erscheint aber unter *graphmode;* gestreckt. Damit das zuletzt auftauchende Promptzeichen > nicht die Grafik
stört oder ein Rollen verursacht, haben wir den Text mit *write*
(und nicht *writeln*) ausgegeben und den Cursor nach links oben
geführt. - Texteinfügungen sind an beliebiger Stelle möglich; in
den Grafikmodi können auch Eingaben gemacht werden, am besten
stets auf der untersten Zeile nach dem Muster

```
        gotoxy (1,24); write ('Eingabe von ... ');
        read (var); gotoxy (1, 1); ...
```

Mit der Variablen var wird dann z.B. steuernd weitergezeich-
net. Im obigen Programm kommt nur *plot (u, v, 7);* vor; ein
solchermaßen gesetzter Punkt kann mit *plot (u, v, 0);* wieder
gelöscht werden. Analoges gilt für *draw*. Das folgende Programm
demonstriert daher die Bewegung einer Linie über den Bildschirm.
Neu ist dabei die Anweisung *delay(n);* mit der Wirkung, daß das
Programm um ca. n Millisekunden (n ist ganzzahlig zu deklarieren bzw. einzutragen) verzögert wird.

```
        PROGRAM bewegung;
        VAR x : integer;
        BEGIN
            graphmode;
            FOR x := 10 TO 310 DO BEGIN
                draw (x, 10, x, 190, 7);
                delay (50);
                draw (x, 10, x, 190, 0)
                                        END
        END.
```

Das folgende Programm verbindet die Punkte zweier gedachter Geraden sukzessive miteinander und erzeugt auf diese Weise eine
zweidimensionale Ansicht einer sog. hyperbolischen Fläche. Am
Ende des Programms wird nach 2 Sekunden wieder auf die Text-
seite zurückgeschaltet; damit ist die Grafik verloren.

```
        PROGRAM hyperflaeche;
        VAR  x1, y1, x2, y2 : integer;

        BEGIN
            hires;
            x1 :=  10; y1 :=  10;
            x2 := 100; y2 := 190;
            REPEAT
                draw (x1, y1, x2, y2, 7);
                x1 := x1 +  2; y1 := y1 + 6;
                x2 := x2 + 20; y2 := y2 - 2;
            UNTIL x1 >= 60;
            delay (2000); textmode
        END.
```

Das Programm von S. 116 rechnet der Reihe nach für n = 3 bis 20
die Eckpunkte eines regulären n-Ecks aus, die auf einem Kreis
vom Radius r = 90 liegen, und verbindet diese dann jeweils miteinander. Jede fertige Grafik wird 2 Sekunden vorgezeigt, dann
beginnt das Spiel von neuem.

```pascal
PROGRAM rosette;                        (* Abb. des Buchtitels *)
VAR i, n, r, k : integer;
          x, y : ARRAY[1..20] of integer;
BEGIN
   n := 3;
   REPEAT
      r := 90;
      FOR i := 1 TO n DO BEGIN
                 x[i] := 160 + round(r * cos(i*2*pi/n));
                 y[i] := 100 + round(r * sin(i*2*pi/n))
                        END;
      graphmode;
      FOR i := 1 TO n - 1 DO
         FOR k := i + 1 TO n DO
                draw (x[i], y[i], x[k], y[k], 7);
      delay (2000); n := n + 1
   UNTIL n = 20
END.
```

Diese Beispiele von spielerischen Grafiken ließen sich beliebig
fortsetzen; unter mehr mathematischen Gesichtspunkten ist man
vielleicht eher an einer graphischen Darstellung von Funktionen
$y = y(x)$ in einem Intervall [xa, xe] interessiert.

Ein entsprechendes Programm sollte nach Eingabe des Bereichs xa
bis xe die x-Achse mit Einteilung zeichnen, die y-Achse an der
richtigen Stelle markieren und einteilen und – was am wichtig-
sten ist – bei Division durch Null nicht abstürzen. Hier ist
eine Lösung:

```pascal
PROGRAM kurven;

VAR    xa, xe, x, y, k : real;
         teil, a, t, s : integer;

FUNCTION zaehler (z : real) : real;
BEGIN
   zaehler := 2 * z * z * z - 1
END;

FUNCTION nenner (n : real) : real;
BEGIN
   nenner :=  (n + 0.5) * (n - 1.2)
END;

BEGIN       (* ---------------------- Hauptprogramm --- *)
clrscr;
write ('        x-Bereich von ... '); readln (xa);
write ('                    bis ... '); readln (xe);
write ('Maßstab y:x wie 1:k, k = ... '); readln (k);
            (* xa und xe beliebig, aber xa < xe; k > 0 *)
graphmode;
teil := round (300 / (xe - xa));  a := 5;
draw (1, 100, 318, 100, 7);                  (* x - Achse *)
REPEAT
   draw (a, 97 , a, 103, 7);
   a := a + teil
UNTIL a > 320;
a := 5;
```

```
    IF xe*xa <= 0 THEN BEGIN                    (* y - Achse *)
       s := a - round (teil*xa);
       draw (s, 3, s, 198, 7);
       FOR  t := 1 TO round (k*100/teil) DO BEGIN
            draw (s-3, 100 + t*round(teil/k), s+3, 100 +
                            t*round(teil/k), 7);
            draw (s-3, 100 - t*round(teil/k), s+3, 100 -
                            t*round(teil/k), 7)
                                                END
                    END;
    a := 5;
    FOR t := a TO 315 DO BEGIN                   (* Funktion *)
       x := xa + (t - a)/teil;
       IF nenner (x) <> 0 THEN BEGIN
          y := teil/k * zaehler(x)/nenner(x);
          IF ABS (y) < 100 THEN plot (t, 100 - round(y), 7)
                                END
                 END
END.  (* --------------------------------------------- *)
```

Testen Sie das Programm z.B. mit xa = -3, xe = 3 und k = 2 . Es
zeichnet die gebrochen-rationale Funktion

$$y = y(x) = (2*x\string^3 - 1) / ((x + 0.5)*(x - 1.2)).$$

Diese hat zwei Pole und eine Nullstelle, wie beim Zeichnen erkennbar wird. Der Trick liegt darin, Zähler und Nenner getrennt
zu berechnen und in die Zeichnung via Rechnung nur dann einzu-
steigen, wenn der Nenner nicht Null ist. Zu große y-Werte werden ebenfalls ausgelassen.

Die x-Achse liegt auf halber Höhe des Bildschirms; sie wird mit
dem Wert teil automatisch skaliert. Für den Fall verschiedener
Vorzeichen von xa und xe muß die y-Achse im Bildfenster liegen; dann wird sie ebenfalls gezeichnet und außerdem mit einer
Skala versehen. k hat dabei folgende Bedeutung:

Wird k = 1 gesetzt, so sind die Skalen auf den beiden Achsen
gleich, für k > 1 wird die y-Achse gestaucht, für 0 < k < 1
gestreckt, ganz nach den Bedürfnissen des Benutzers.

Das Programm ist keineswegs auf gebrochen-rationale Funktionen
beschränkt; Sie können z.B. zeichnen

```
    sin (x)  mit  zaehler := sin (z)  und  nenner := 1 (!);
    tan (x)  mit  zaehler := sin (z)  und  nenner := cos (n);
```

oder trickreich (!)

```
    sin (1/x)  mit
    IF z <> 0 THEN zaehler := sin (1/z) ELSE zaehler := 0
    und nenner := 1  wie eben.
```

Anders gesagt: Durch geschicktes Aufspalten einer Funktion und
eventuellen Eintrag von Zusatzbedingungen in den beiden Unterprogrammen läßt sich praktisch jede vorkommende Funktion grafisch darstellen, ohne daß ein Programmabsturz befürchtet werden
muß ... Eine feine Sache!

Die Darstellung von Flächen, gar räumlich, erfordert erhebliche
mathematische Voraussetzungen zur Abbildungsgeometrie. Wer sich
hierfür interessiert, sei auf das schon mehrmals erwähnte Buch
"TURBO-PASCAL aus der Praxis" verwiesen, das in einem ausführ-
lichen Kapitel in dieses Gebiet einführt und eine Menge recht
flexibler und zudem höchst interessanter Programme im Quelltext
vorstellt. Dort werden Programmbausteine entwickelt, mit denen
sich beispielsweise Körper und Flächen im Raum unter Berücksichtigung der Sichtbarkeit drehen lassen. Andere Programme zeichnen Höhenlinienkarten von Flächen und so weiter.

Wir wollen als kleine Abschweifung einmal den Zufall bei Grafiken zu Hilfe nehmen, also die Random-Funktion. Die folgende
Anwendung ist einfach (weit kompliziertere im genannten Buch):

Sie beruht auf der Darstellung einer Ellipse mit den Halbachsen
a und b und dem Mittelpunkt (m1, m2) nach den Formeln

        x(phi) = m1 + a * cos(phi),
        y(phi) = m2 + b * sin(phi)   (für den Monitor '-' ...)

analog der Kreisdarstellung weiter oben. Das folgende Programm
zeichnet aber nur in der letzten Schleife eine solche Ellipse
direkt (mit b = a/4); in der ersten (großen) Schleife werden
hingegen phi und r per Zufall gesetzt. Dann werden eine
statistische Kugel (als Planet) und eine Ellipse (als Ring) mit
neuem r, aber gleichem phi (wegen des Zeitbedarfs) gezeichnet. Für diese Ellipse ist a = r und b = r/4 mit jeweils dem
zweiten r-Wert; außerdem werden die Abstände über r (um den
Wert 142.5) "gleichverteilt", während für die Kugel mit der
Exponentialfunktion eine "Verdichtung" hin zum Mittelpunkt der
Grafik erzeugt wird: Damit ergeben sich nämlich mehr kleine r
als große.

Um das Programm gegebenenfalls unter Laufzeit, insbesondere in
der Erprobungsphase, mit CTRL-C abbrechen zu können, ist im
Quelltext die Option (*$U+*) eingetragen.

```
    PROGRAM saturn;
    (*$U+*)
    VAR     i : integer;
      r, phi : real;

    BEGIN
    graphmode;
    FOR i := 1 TO 2000 DO BEGIN
        phi :=  2 * pi * random;
        r    := 25 * (exp(random) - 1);
        plot (160 + round (r*cos(phi)),
                        100 + round(r * sin(phi)), 7);
        r    := 135 + 15 * random;
        plot (160 + round(r*cos(phi)),
                        100 + round(r/4*sin(phi)), 7)
                     END;
     FOR i := 1 TO 180 DO
            plot (round (160 + 100 * cos (i*pi/90)),
                     round (100 - 25 * sin (i*pi/90)), 7)
    END.
```

Auch einen schönen "Spiralnebel" kann man entwerfen lassen:

```
PROGRAM spiralnebel;
(*$U+*)
VAR           t, i : integer;
     x, y, r, u, v : real;

BEGIN
   graphmode;
   For t := 1 TO 1010 DO BEGIN
                              (* t in Grad, umrechnen! *)
       r := 8 * exp(0.2 * t * pi/180);
       x := 205 + r * cos (t*pi/180);
       y := 70 - r/2.5 * sin (t*pi / 180);
       plot (round (x), round (y), 7);
          FOR i := 1 TO t DIV 27 DO BEGIN
              u := x - i/2 + random (i+1);
              v := y - i/2 + random (i+1);
              plot (round (u), round (v), 7)
                              END

                    END
   END.
```

Das Programm beruht auf der sog. Polargleichung

$$r(t) = a * exp(b * t)$$

für eine Spirale; a und b sind Konstanten, t ist der Winkel des Fahrstrahls gegen die Polachse. Wählt man diese in der Richtung der x-Achse, so ergibt sich daraus

$$x(t) = z1 + r * cos (t),$$
$$y(t) = z2 + r * sin (t)   \text{(im Programm wieder '-' ...).}$$

Im Programm ist a = 8, b = 0.2, z1 = 205, z2 = 70 (Zentrum der Spirale); der Winkel t läuft bis 1010 Grad, d.h. nicht ganz drei Umdrehungen (1080 Grad). In y-Richtung haben wir r auf r/2.5 verkürzt, um ein "Schrägbild" zu erhalten. Wenn Sie die innere Schleife (i) zunächst einklammern, wird die Spirale punktweise skizziert. Um jeden dieser Punkte wird aber in der Folge eine immer größer werdende gleichverteilte Punktwolke gezeichnet, eben der "Nebel". Beachten Sie besonders die symmetrische Verteilung von (u, v) um den jeweiligen Punkt (x, y) mit den Zeilen für
u := x - i/2 + random (i + 1); und analog für v.

Das folgende Programm ist jetzt ohne Erklärungen verständlich:

```
PROGRAM komet;
(*$U+*)
VAR x, y, i : integer;
        u, v : real;

BEGIN
   x := 15; y := 10;
   graphmode;
   REPEAT
     plot (x, y, 7);
     x := x + 5; y := y + 3;
```

```
        FOR i := 1 TO (x + y - 40) DIV 3 DO BEGIN
            u := x - i/2 + random (i);
            v := y - i/2 + random (i);
            plot (round (u), round (v), 7)
                                                   END
    UNTIL x >= 240
END.
```

Im Kapitel 10 war von Rekursionen die Rede; wir wollen nun ein
Programm aus der Geometrie angeben, das zunächst ohne Prozedur
geschrieben worden ist. Die Variablen x und x entstammen der
Erprobungsphase (zum Justieren) und könnten nun fest eingetragen
werden, wie aus dem Programm ersichtlich ist: Beide werden dort
nicht mehr verändert. a und phi hingegen sind Parameter, die
nach jedem Durchlauf der Schleife passend abgeändert werden:

Ein nur mit jeweils zwei Seiten (und zwar der Hypotenuse sowie
der kürzeren Kathete) gezeichnetes rechtwinkliges Dreieck wird
um pi/6 (d.h. um 30 Grad) so im Uhrzeiger (phi := phi - pi/6)
weitergedreht, daß die längere Kathete jetzt wieder Hypotenuse
des Folgedreiecks werden kann. Die Hypotenuse a ist dann in der
aus dem Programm ersichtlichen Weise schrittweise zu verkürzen.

```
    PROGRAM wurzelspirale;
                         (* zeichnet eine sog. Wurzelspirale *)
    VAR a, x, y, cp, sp, cf, sf : integer;
                         phi : real;
    BEGIN
        hires;
        a := 200; phi := - pi/12; x := 200; y := 140;
        REPEAT
            cp := 2 *round (a * cos (phi + pi/6) );
            sp := round (a * sin (phi + pi/6) );
            a  := round (a / 2 * sqrt (3) );
            cf := 2 * round (a * cos (phi) );
            sf := round (a * sin (phi) );
            draw (x, 200 - y, x + cp, 200 - (y + sp), 7);
            draw (x + cp, 200 - (y + sp),
                        x + cf, 200 - (y + sf), 7);
            phi := phi - pi/6
        UNTIL a < 5;
        gotoxy (45, 15);
        writeln ('Wurzelspirale')
    END.
```

Setzen Sie zum Verständnis bei einem Probelauf anfangs phi auf
Null (statt - pi/12) und schreiben Sie etwa UNTIL a < 100; am
Ende des Programms. Vor UNTIL könnten Sie auch *delay (2000);*
zum Verzögern einsetzen. - Es ist naheliegend, das sich wieder-
holende Zeichnen als Prozedur zu formulieren, die sich selbst
aufruft. Versuchen Sie diese Umschreibung; hier ist die Lösung:

```
    PROGRAM wurzelspirale2;
                              (* rekursive Version *)
    VAR x, y : integer;          (* Festeintrag möglich *)
    PROCEDURE dreieck (a : integer; phi : real);
    VAR cp, sp, cf, sf : integer;
    BEGIN
    cp := 2 * round (a * cos(phi + pi/6));
```

```
sp :=      round (a * sin (phi + pi/6) );
a :=       round(a / 2 * sqrt (3) );
cf := 2 * round (a * cos (phi) );
sf :=      round (a * sin (phi) );
draw (x, 200 - y, x + cp, 200 - (y + sp), 7);
draw (x + cp, 200 - (y + sp), x + cf, 200 - (y + sf), 7);
phi := phi - pi/6;
IF a > 5 THEN dreieck (a, phi)
END;


BEGIN   (* ----------------- Aufrufendes Hauptprogramm *)
hires;
x := 200; y := 140;   (* u.U. in Proz. fest eintragen *)
dreieck (200, -pi/12);
gotoxy  (45, 15);
writeln ('Wurzelspirale')
END. (* --------------------------------------------- *)
```

Werden x und y fest eingetragen, so kommt das Hauptprogramm
sogar ohne jede Variable aus; die Rekursion konnte deswegen per
REPEAT - Schleife leicht simuliert werden, weil nur eine Prozedur gebraucht wird, die sich mit einer Abbruchbedingung selbst
aufruft. Im folgenden Beispiel ist das anders:

```
PROGRAM pythagoraeischer_baum;              (* Abb. S. 28 *)
                            (* rekursive graphische Struktur *)
PROCEDURE quadrat (x, y : integer; a, phi : real);
VAR cp , sp : integer;
BEGIN
cp := round(a*cos(phi)); sp := round(a*sin(phi));
draw (x, 200 - y, x + cp, 200 - (y + sp), 7);
draw (x, 200 - y, x - sp, 200 - (y + cp), 7);
draw (x + cp, 200 - (y + sp),
         x - sp + cp, 200 - (y + cp + sp), 7);
draw (x - sp, 200 - (y + cp),
         x + cp - sp, 200 - (y + sp + cp), 7);
IF a > 3 THEN BEGIN
    quadrat (x - sp, y + cp, round(3*a/5), phi + 0.93);
    quadrat (x - sp + round(3*a/5*cos(phi + 0.93)),
             y + cp + round(3*a/5*sin(phi + 0.93)),
                        round(4*a/5), phi - 0.64)
            END
END;                        (* of quadrat (...) *)

BEGIN   (* --------------- Startvorgabe der Rekursion *)
graphmode;
quadrat (130, 4, 45, 0);
END.    (* --------------------------------------- *)
```

Hier ruft sich die Prozedur quadrat zweimal selber auf, in
der Folge dann also viermal und so weiter; das ist mit REPEAT
(wenn überhaupt) nur sehr umständlich konstruierbar.

Der erste Aufruf erfolgt mit a = 45; solange a > 3 gilt, wird
in der Rekursion gearbeitet. Verändern Sie diese Bedingung etwa
in IF a > 10 THEN BEGIN ... und fügen Sie unmittelbar vor dieser IF - Zeile z.B. *delay (2000);* ein. Dann können Sie mit-
erleben, wie eine Rekursion "abgearbeitet" wird. Das Prinzip
der Verzweigung "von hinten nach vorne" wird erkennbar ...

Das folgende Programm demonstriert ebenfalls eine solche Verzweigung nach Art eines Baumes, aber mit sehr einfacher Geometrie. Aus jedem Ast sprießen zwei neue Äste, bis dem die Bild-
schirmauflösung ein Ende setzt:

```
PROGRAM tree;
(*$U+*)                 VAR color : integer;

PROCEDURE zweig (lage, breite, tiefe : integer);
VAR links, rechts, neubreite : integer;
BEGIN
links  := lage - breite DIV 2;
rechts := lage + breite DIV 2;
neubreite := breite DIV 2;
draw (links,  tiefe, rechts, tiefe,       color);
draw (links,  tiefe, links,  tiefe + 20, color);
draw (rechts, tiefe, rechts, tiefe + 20, color);
tiefe := tiefe + 20;
IF tiefe < 150 THEN BEGIN
                zweig (links, neubreite, tiefe);
                delay (1000);
                zweig(rechts, neubreite, tiefe)
                END
END;                                        (* OF PROCEDURE *)

BEGIN    (* --------------------- aufrufendes Programm *)
hires;
color := 7;
REPEAT
   draw (256, 0, 256, 20, color);
   zweig (256, 256, 20);
   color := color - 7
UNTIL color < 0
END. (* ------------------------------------------------ *)
```

Vor dem Zeichnen der jeweils "rechten" Zweige ist eine Verzö-
gerung eingebaut, damit man den Vorgang besser beobachten kann.
Man kann die Prozedur mit weniger Variablen schreiben, aber so
ausführlich ist es übersichtlicher. Schreibt man die Farbe 7 fest
ein, so kann auf die Variable color verzichtet werden; allerdings funktioniert dann der "Abbau" des Baumes mit der Schleife
des Hauptprogramms nicht mehr ...

Sie können versuchen, nach diesem Muster eine dreifache Verzweigung zu programmieren. - Eine bekannte rekursive Grafik stammt
von dem berühmten Mathematiker David HILBERT (1862 - 1943); ein
entsprechendes Programm ist ebenfalls in dem Buch "TURBO PASCAL
aus der Praxis" zu finden.

Die beiden nächsten Programme sind anwendungsbezogen; im ersten
Beispiel zeichnen wir diverse Profile von Tragflächen eines
Flugzeugs unter Benutzung der komplexen Abbildung

$$f(z) = z + 1/z \quad (\text{mit} \quad z = x + j * y),$$

die nur auf die Punkte eines Kreises mit Mittelpunkt - a + j*b
wirkt. Der Kreis geht durch den Punkt (1, 0). Mit unterschiedlichen a und b wird dieser Kreis samt Profil ausgegeben.

```pascal
PROGRAM flugzeug_tragflaeche;                       (* Abb. S. 126 *)
            (* benutzt komplexe Abbildung für Transformation *)
                          (* a Profildicke, b Durchbiegung *)
VAR a, b, r, x, y, n, u, v : real;
                        phi : integer;
BEGIN (* -------------------------------------------------- *)
clrscr;
write ('Eingabe  a (0 < a < 0.5) ... '); readln (a);
write ('Eingabe  b ...              ... '); readln (b);

graphmode;
draw (1, 120, 319, 120, 7);
draw (150, 1, 150, 199, 7);

r := sqrt (sqr (1 + a) + b * b);
FOR phi := 1 TO 360 DO BEGIN
    x :=  (- a + r * cos (phi * pi / 180) );
    y :=  (  b + r * sin (phi * pi / 180) );
    plot (150 + round (30 * x), 120 - round (30 * y), 7);
    n := x * x + y * y;
    u := x * (1 + 1/n);
    v := y * (1 - 1/n);
    plot (150 + round (50 * u), 120 - round (20 * v), 7)
                        END;
gotoxy (1, 24); write ('a = ', a:3:1, '   b = ', b:3:1);
gotoxy (1,  1)
END. (* --------------------- Testwerte a = 0.3; b = 1.0 *)
```

Das Beispiel unten behandelt den schiefen Wurf mit oder ohne
Luftwiderstand; dabei sind Differentialgleichungen zu lösen.
Eingesetzt wird die sog. iterative Methode nach EULER, ein
besonders einfaches, hier ausreichend genaues Verfahren.


```pascal
PROGRAM differentialgleichung_wurf;
(*$U+*)
CONST g = 9.81; k = 0.007;            (* realistisch k = 0.04 *)

VAR  phi, v, vv, vh, x, y, t, delta : real;
      (* Winkel gg. Horiz., Geschwindigkeiten, Orte, Zeiten *)
                                s : integer;
                            taste : char;
BEGIN
delta := 0.05;                                      (* Zeittakt *)
clrscr;
writeln ('Dieses Programm simuliert den schrägen Wurf ');
writeln ('ohne/mit Luftwiderstand.');
write   ('Winkel in Grad gegen Horizont ... '); readln (phi);
write   ('Anfangsgeschwindigkeit < 100  ... '); readln (v);
writeln;
writeln ('Grafik:  ohne/mit Luftwiderstand oder beides?');
write   ('          1     2                    3    ');
readln  (taste);
hires;
draw (8,   0,   8, 199, 7);              (* Skala 10 zu 10 Meter *)
draw (0, 199, 639, 199, 7);
FOR s := 1 TO 15 DO draw (0, 199 - 10*s, 8, 199 - 10*s, 7);
FOR s := 1 TO 30 DO draw (8 + 20*s, 196, 8 + 20*s, 198, 7);
FOR s := 0 TO 70 DO plot (8*s, 99, 7);
```

```
IF taste IN ['1', '3'] THEN BEGIN
x := 0; y := 0; t := 0;                    (* ohne Luftwiderstand *)
vh := v * cos (phi * pi / 180);
vv := v * sin (phi * pi / 180);
REPEAT
   x := x + vh * delta;
   y := y + (vv - g * t) * delta;
   t := t + delta;
   plot (8 + 2 * round (x), round (199 - y), 7)
UNTIL y < 0;
gotoxy (5, 2); write ('Zeit ', t : 5 : 1);
gotoxy (5, 3); write ('Weite ', x : 5 : 0); gotoxy (18, 2)
                         END;

IF taste IN ['2', '3'] THEN BEGIN
x := 0; y := 0; t := 0;                    (* mit Luftwiderstand *)
REPEAT
   x := x + vh * delta;
   vh := vh - k * vh * vh * delta;
   y := y + vv * delta;
   IF vv > 0 THEN vv := vv - (g + k * vv * vv) * delta
             ELSE vv := vv - (g - k * vv * vv) * delta;
   plot (8 + 2 * round (x), round (199 - y), 7);
   t := t + delta
UNTIL y < 0;
write (' bzw. ', t : 5 : 1, ' Sek.'); gotoxy (18, 3);
write (' bzw. ', x : 5 : 0, ' m.')
                         END
END.
```

Zum Abschluß dieses Kapitels erweitern wir die grafischen Möglichkeiten durch eine sog. Blockgrafik, die z.B. auf dem APPLE
unter BASIC von Haus aus vorhanden ist. Der Bildschirm wird im
Mode *hires* in 40 x 40 Blöcke aufgeteilt, die mit der Anweisung

```
block (x, y, color);
```

einzeln (als Prozeduren formuiert) aufgerufen werden können. x
und y können ganzzahlig von 0 bis 39 laufen. Die Blockgröße ist
so gewählt, daß gerade zwei Zeichen in x-Richtung der Breite
eines Blockes entsprechen; Blockgrafiken können daher einfach
beschriftet werden. Ergänzend sind noch zwei Prozeduren

```
hlin (x1, x2, y, color);
vlin (y1, y2, x, color);
```

realisiert, mit denen horizontale und vertikale Linien gezogen
werden können, im ersten Fall von x1 bis x2 in der Spalte y, im
zweiten Fall von y1 nach y2 in der Zeile x. Für x und y gelten
die obigen Einschränkungen.

Eine Einsatzmöglichkeit zeigen wir an einem Beispiel, das den
Telefonverkehr zwischen zehn Teilnehmern mit maximal drei Fern-
leitungen simuliert. Die Auslastung des Netzes wird grafisch
angezeigt.

Das Programm findet sich ursprünglich in BASIC formuliert in
dem Buch "Simulationen in BASIC".

```pascal
PROGRAM telefon;
            (* simuliert Telefonverkehr mit 10 Teilnehmern *)
            VAR i, x1, x2, y, t1, t2, code : integer;
                        taste : char;
                         tele : ARRAY[0..9] OF integer;
                         line : ARRAY[1..4] OF integer;

(* ----------------------------------------- BLOCKGRAFIK *)

PROCEDURE block (a, b, color : integer);
BEGIN
draw (16*a,    5*b,    16*a+14, 5*b,   color);
draw (16*a+14, 5*b,    16*a+14, 5*b+3, color);
draw (16*a+14, 5*b+3, 16*a,    5*b+3, color);
draw (16*a,    5*b+3, 16*a,    5*b,   color)
END;

PROCEDURE hlin (a, b, c, color : integer);
VAR k : integer;
BEGIN
IF a <= b THEN FOR k := a TO b DO block (k, c, color)
          ELSE FOR k := b TO a DO block (k, c, color)
END;

PROCEDURE vlin (a, b, c, color : integer);
VAR k : integer;
BEGIN
IF a <= b THEN FOR k := a TO b DO block (c, k, color)
          ELSE FOR k := b TO a DO block (c, k, color)
END;

(* ---------------------- unter hires beliebig verwendbar *)

BEGIN (* ------------------------------- Hauptprogramm *)
hires;                              (* Allgemeine Anzeige *)
      i := 7; REPEAT
              block (i, 33, 7);
              i := i + 3
            UNTIL i > 34;
      gotoxy (15, 23);
      FOR i := 0 TO 9 DO write (i : 2, '     ');

FOR i := 0 TO 9 DO tele[i] := 0;         (* d.h. aufgelegt *)
FOR i := 1 TO 4 DO line[i] := 0;            (* d.h. frei *)
REPEAT                              (* Telefonverkehr *)
   read (kbd, taste);
   val (taste, t1, code);
   x1 := 7 + 3 * t1;

   IF tele[t1] = 0 THEN BEGIN                    (* Abheben *)
      i := 0;
      REPEAT
         i := i + 1              (* freie Leitung suchen *)
      UNTIL (line[i] = 0);            (* line[4] stets 0 *)
      y := 30 - 3 * i;
      block (x1, y, 7);
      IF i < 4 THEN BEGIN                 (* Leitung frei *)
                 read (kbd, taste);        (* anwählen *)
                 val (taste, t2, code);
```

```
                        IF (t2 <> t1) AND (tele[t2] = 0)
                        THEN BEGIN
                             x2 := 7 + 3 * t2;
                             hlin (x1, x2, y, 7);
                             tele[t1] := i; tele[t2] := i;
                             line[i] := 1
                             END
                        ELSE BEGIN         (* Teilnehmer besetzt *)
                             write (chr(7));   delay (500);
                             write (chr(7));
                             block (x1, y, 0)
                             END
                   END
              ELSE BEGIN                 (* keine Leitung frei *)
                   write (chr(7));
                   block (x1, y, 0)
                   END
                      END

                   ELSE BEGIN                      (* Auflegen *)
         y := 30 - 3 * tele[t1];
         i := - 1;
         REPEAT
            i := i + 1                    (* spricht mit wem? *)
         UNTIL (tele[i] = tele[t1]) AND (i <> t1);
         x2 := 7 + 3 * i;
         line[tele[t1]] := 0;          (* Leitung wieder frei *)
         tele[t1] := 0; tele[i] := 0;    (* Teilnehmer frei *)
         hlin (x1, x2, y, 0)
                        END
UNTIL taste = 'E'
END. (* ---------------------------------------------------- *)
```

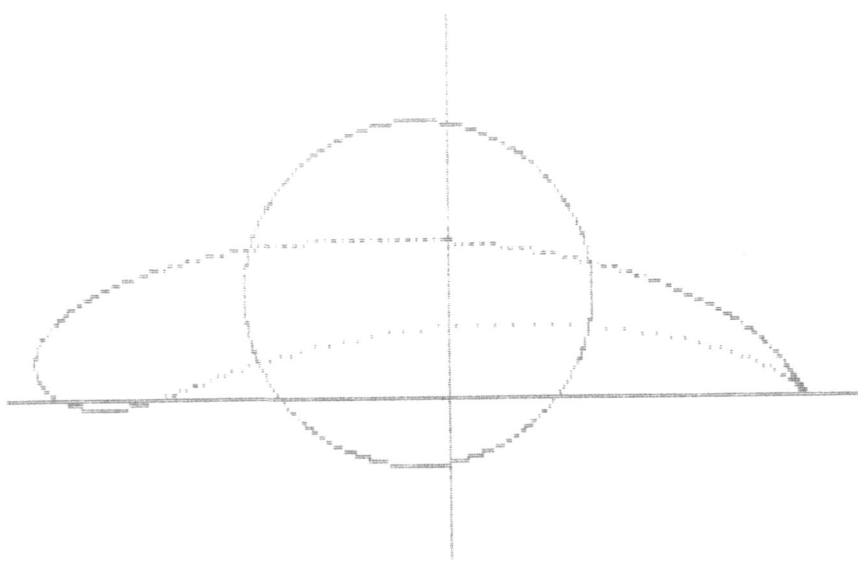

Abb. zum Programm von Seite 123, oben (a = 0.3 und b = 1.0)

16 DIE HERCULESKARTE

Der Einsatz einer Herculeskarte (oder einer dazu kompatiblen)
erweitert zuerst einmal die Auflösung im Grafikmode enorm; es
werden nämlich jetzt

    720 mal 350 Bildpunkte (x: 0 ... 719, y: 0 ... 349)

angesprochen, also vor allem in vertikaler Richtung weit mehr
als unter *hires*. Der Ursprung (0, 0) liegt jetzt links unten,
wie man es aus der Geometrie gewohnt ist: Die x-Achse zeigt
wieder nach rechts, aber die y-Achse nunmehr nach oben! Beim
Umschreiben alter Programme ist hierauf zu achten!

Um Programme mit einer solchen Karte abarbeiten zu können, ist
allerdings die Toolbox Graphix von BORLAND INT. erforderlich,
die u.a. die drei mehr oder minder langen Files

    TYPEDEF.SYS, GRAPHIX.SYS und KERNEL.SYS

als Pascal-Quelltexte anbietet. Sie sind beim Compilieren eines
eigenen Programms als Include-Files (mit um 1500 Zeilen) in der
angegebenen Reihenfolge einzubinden. Die Diskette muß weiter
noch Hilfsfiles

    ERROR.SYS, WINDOWS.SYS und einige Files FON

enthalten, auf die unter RUN-TIME (auch bei .COM - Files) zugegriffen wird . Die bisher üblichen Anweisungen *plot (...);* und
draw (...); werden in Programmen durch

    drawpoint (x, y);
    drawline (x1, y1, x2, y2);

ersetzt, wobei die Farbangabe entfällt. Denn eine Variable

    colorglb

ist in TYPEDEF.SYS (einer Liste von Definitionen) vorab schon
definiert. Mit dem voreingestellten Wert *colorglb := 255;* wird
gezeichnet, mit der Umstellung auf *colorglb := 0;* fallweise gelöscht. Das Grafikpaket bietet eine Fülle von Zusatzmöglich-
keiten, auf die hier nicht näher eingegangen wird. So kann man
Grafiken blitzartig invertieren, sehr professionell beschriften
und manch anderes. Von großer Bedeutung ist die implementierte
Möglichkeit, fertige Grafiken auf Diskette abzuspeichern und
wieder von dort her in den Bildspeicher zu laden.

Die Aktivierung des Bildschirms erfolgt mit der Anweisung

    initgraphic;

man beendet eine Grafik mit *leavegraphic;* (Wechsel in den Text-
mode). Am einfachsten geben wir ein erstes kleines Testprogramm
an, das freilich den zeitlichen Aufwand des Compilierens kaum
lohnt, denn es zeichnet gerade nur zwei Rahmen auf den Bildschirm; mit etwas Geduld (dies als Hinweis!) kann man aber die
o.g. Include-Files unter Verzicht auf gewisse Möglichkeiten in
ein File von (nur!) rund 800 Zeilen komprimieren. Für Besitzer

der neuesten Version TURBO 4.0 sei mitgeteilt, daß die eben genannten Möglichkeiten der Toolbox (insbesondere eine Umschal-
tung auf die Herculeskarte u.a.) dort eingebunden sind ...

```
PROGRAM herculeskarte_demo;

(*$Itypedef.sys*)
(*$Igraphix.sys*)        (* colorglb definiert mit Wert 255 *)
(*SIkernel.sys*)

VAR i : integer;

BEGIN
initgraphic;
drawline (  0,   0,   0, 349);              (* Bildfenster *)
drawline (  0, 349, 719, 349);
drawline (719, 349, 719,   0);
drawline (719,   0,   0,   0);
drawline ( 10,  10,  10, 339);              (* Innenrahmen *)
drawline ( 10, 339, 709, 339);
drawline (709, 339, 709,  10);
drawline (709,  10,  10,  10);

FOR i := 10 TO 200 DO drawpoint (i, i);
delay (2000); invertscreen;
delay (2000); invertscreen;
                (* Farbumstellung zum partiellen Löschen *)
colorglb := 0;
FOR i := 10 TO 200 DO drawpoint (i, i);
delay (2000); leavegraphic
END.
```

Beachten Sie die Wirkung von *invertscreen;* und die Umstellung
der "Farbe". An sich reichen die Anweisungen *drawline* und *draw-
point* aus, um alle alten Programme aus Kapitel 15 unter einer
Herculeskarte laufen zu lassen. Man kann diese Wörter im Editor
mit der Option Suchen/Ersetzen leicht austauschen; dann ergibt
sich eine kopfstehende, etwas verkleinerte Grafik.

Hier ist zunächst ein weiteres, recht einfaches Programm, das
gewisse Ähnlichkeiten mit dem Programm hyperflaeche aus dem
Kapitel 15 hat (und "zurückübersetzt" werden kann ...):

```
PROGRAM dreieck_grafik;
(*$Itypedef.sys*)
(*$Igraphix.sys*)
(*$Ikernel.sys*)
VAR  i, k, n, s : integer;
            f : ARRAY [1..3, 1..4] OF integer;
          loc : ARRAY [1..4, 1..2] OF integer;
          ant : char;

PROCEDURE setzen (VAR out: integer);          (* defaults *)
VAR  ein : STRING [3];
     code : integer;
BEGIN
   write ('        '); read (ein);
   IF ein <> '' THEN val (ein, out, code)
END;
```

```
BEGIN  (* -------------------------------------------------- *)
clrscr;                                            (* defaults *)
f[1,1] :=  40; f[1,2] :=  50; f[1,3] :=  90; f[1,4] := 120;
f[2,1] := 520; f[2,2] := 330; f[2,3] := 400; f[2,4] :=  80;
f[3,1] := 600; f[3,2] :=  40; f[3,3] := 700; f[3,4] :=  30;

REPEAT
  FOR i := 1 TO 3 DO BEGIN
        writeln ('Gerade Nr. ', i, ':');
        write ('x/y Anfang: '); write (f[i,1] : 4, f[i,2] : 4);
        setzen (f[i,1]); setzen (f[i,2]);
        writeln;
        write ('x/y Ende  : '); write (f[i,3] : 4, f[i,4] : 4);
        setzen (f[i,3]); setzen (f[i,4]);
        writeln; writeln;
                    END;
     writeln; write ('Teilungszahl n    '); readln (n);
     initgraphic;
     FOR i := 0 TO n DO BEGIN
         FOR k := 1 TO 3 DO BEGIN
           loc [k,1] := round (f[k,1] + i * (f[k,3] - f[k,1])/n );
           loc [k,2] := round (f[k,2] + i * (f[k,4] - f[k,2])/n );
                       END;
         loc [4,1] :=
             round ( f[1,1] + (i+1) * (f[1,3] - f[1,1])/n );
         loc [4,2] :=
             round ( f[1,2] + (i+1) * (f[1,4] - f[1,2])/n );
         FOR k := 1 TO 3 DO
         drawline (loc[k,1], loc[k,2], loc[k+1,1], loc[k+1,2])
                     END;
     read (kbd, ant); ant := upcase (ant);
     leavegraphic
UNTIL ant = 'E'
END. (* -------------------------------------------------- *)
```

Einen ersten Durchlauf können Sie durch Übergehen der Prozedur
setzen (siehe Bemerkungen auf Seite 49 unten) per <RETURN> mit
den Vorgaben der Geradengeometrie ablaufen lassen ...

Besonders interessant und schon recht anspruchsvoll ist folgendes Programm, das zufallsgesteuert eine Art Landschaft in Form
eines Gitter-Schrägbildes entwirft.

Dabei werden die 129 mal 129 Punkte eines Arrays je nach Feinheit der gewünschten Zeichnung (1 ... 6) als Stützpunkte einer
Fläche verwendet; über diesen Punkten werden zufallsgesteuert
gewisse Höhen berechnet, ausgehend von den vier Randpunkten mit
minimalen bzw. maximalen Indizes. Dabei gilt die Regel, daß mit
zunehmender Verfeinerung jede Höhe für einen Zwischenpunkt als
arithmetisches Mittel aus den Höhen bei den Nachbarpunkten bestimmt wird, immer mit einer kleinen Abweichung per Zufall. Zuletzt wird die Fläche durch Koordinatenlinien skizziert. Eine
sog. Seehöhe (wählen Sie anfangs etwa 1 ... 4) füllt danach
alle "tiefliegenden" Flächenteile aus ...

Starten Sie zum Erkennen des Algorithmus mit der Feinheit 1,
die Sie dann schrittweise vergrößern. - Programme nach diesem
Muster werden z.B. dazu benutzt, Landschaften für Trickfilme
per Computer entwerfen zu lassen.

```
PROGRAM zufallsgebirge;                         (* Abb. Seite 136 *)

(*$U+*)
(*$Itypedef.sys *)
(*$Igraphix.sys*)
(*$Ikernel.sys*)

VAR x, y, i, n, step : integer;
                  a : ARRAY [0..128, 0..128] OF integer;
              color : integer;
                  c : char;
            h, d, m : integer;
BEGIN (* ----------------------------------------------------- *)
h := 1; d := 70; m := 30;

REPEAT                          (* Gesamteinbettung des Programms *)
   clrscr;
   write ('Zufallsgrafik :');
   writeln (' Programmende nach Lauf mit "E" ... '); writeln;
   write ('Stufe < 7 ... '); readln (n);
   write ('Seehöhe ..... '); readln (h);
   writeln;

   a[ 0,  0] := 10 + random (30);  (* Start: vier Eckpunkte *)
   a[128, 0] := 10 + random (10);
   a[0 ,128] := 10 + random (50);
   a[128,128] :=  5 + random (10);

   step := 128;                             (* eine Potenz von 2 *)

   FOR i := 1 TO n DO BEGIN
       step := step DIV 2;
       write   ('Iteration Nr. ', i : 2);
       writeln ('  Schrittweite ', step : 3);
       y := 0;
       REPEAT                         (* setzen in x - Richtung *)
          x := step;
          REPEAT
            a[x, y] :=
                (a[x - step, y] + a[x + step, y]) DIV 2
                      - step DIV 2 + random (step);
            x := x + 2 * step
          UNTIL x = 128 + step;
          y := y + 2 * step
       UNTIL y > 128;
       x := 0;
       REPEAT                         (* setzen in y - Richtung *)
          y := step;
          REPEAT
            a[x, y] :=
                (a[x, y - step] + a[x, y + step]) DIV 2
                      - step DIV 2 + random (step);
            y := y + 2 * step
          UNTIL y > 128;
          x := x + step
       UNTIL x > 128;
                      END;                   (* Ende der Rechnungen *)

   initgraphic; colorglb := 255;
```

```
     (* Die folgenden fünf Zeilen können Sie auch auslassen. *)
     drawline (     m,          0,        512+m,             0          );
     drawline (     m,          0,            m, d+a[0,0]               );
     drawline (512+m,           0,        512+m, d+a[128,0]             );
     drawline (512+m,           0,    512+m+128, d+56                   );
     drawline (512+m+128, d+56, 512+m+128, d+128+a[128,128]);
                                            (* Flächenstützstrecken *)
     y := 0;
     REPEAT
         x := 0;
         REPEAT
             drawline (4 * x + y + m, d + y + a[x,y],
                 4 * (x + step) + y + m, d + y + a[x +step, y]);
             x := x + step
         UNTIL x = 128;
     y := y + 2 * step        (* 2* heißt eine Zeile auslassen *)
     UNTIL y > 128;

     x := 0;
     REPEAT
         y := 0;
         REPEAT
             drawline (4 * x + y + m, d + y + a[x,y],
                 4 * x + y + step + m, d + y + step + a[x, y + step]);
             y := y + step;
         UNTIL y = 128;
         x := x + step
     UNTIL x > 128;

     x := step;                                     (* Seefläche *)
     REPEAT
         y := step;
         REPEAT
             IF a[x,y] <= h THEN BEGIN
                             FOR i := - step DIV 2 TO STEP DIV 2
                             DO
                             drawline (4*x + y - 2 * step + i + m,
                             d + y + h + i,
                                 4*x + y + 2 * step + i + m, d +
                             y + h + i)
                             END;
         y := y + step
         UNTIL y > 128 - step;
     x := x + step
     UNTIL x > 128 - step;

     read (kbd, c); c := upcase (c);
     leavegraphic

UNTIL c = 'E'                     (* Gesamteinbettung Ende *)
END. (* ------------------------------------------------------- *)
```

Ein ähnliches Programm - aber für Standardgrafik mit einem zunehmend verfeinerten Dreieck als Ausgangsgeometrie - findet sich in dem Buch "TURBO - Pascal aus der Praxis".

Die "Rückübersetzung" des vorliegenden Programms macht wegen der anderen Bildschirmdimensionierung einige Schwierigkeiten,

ist aber doch möglich, wenn man die Geometrie durchschaut hat.
Unser letztes Beispiel zur Herculeskarte ist ein sehr schönes,
aber recht komplexes Programm, dessen nähere Erklärung einige
Ausführungen erfordern würde; die Geometrie ist im soeben genannten Buch ausführlich erläutert. Man kann das Programm aber
ohne Detailkenntnis sofort einsetzen.

Es zeichnet unter Berücksichtigung der Sichtbarkeit zweidimen-
sional Flächen, von denen eine passable Auswahl schon in einer
Funktionsroutine zusammengetragen ist. Diese Routine kann nach
eigenem Geschmack ergänzt, d.h. erweitert werden. Beim Start
übernimmt man entweder die Vorgaben zur Justierung oder setzt
eigene neu; nach Programmende kann man diese dann angezeigten
Werte geringfügig verändern und in einem neuen Durchlauf die
verändert gezeichnete Fläche kontrollieren.

```
PROGRAM funktionsgraphen_axonometrisch;      (* 2 Abb. folgen. *)
                       (* zeichnet Funktionsgraphen axonometrisch *)
                       (* mit Berücksichtigung der Sichtbarkeit *)
(*$U+*)
(*$Itypedef.sys*)
(*$Igraphix.sys*)
(*$Ikernel.sys*)

VAR   x0, y0, xb, yb, xl, xr, yl, yr,
            x, y, d, gx, gy, code, s, b : integer;
     u, v, z, phi, psi, cf, sf, cp, sp, h : real;
                              maskar : ARRAY[0..719] OF
                              integer;
                                  w : char;
                                ein : STRING [5];
                                num : integer;

PROCEDURE setzen (VAR out: integer);   (* defaults verändern *)
   VAR ein : string[5];
   BEGIN
      write ('        '); read (ein);
      IF ein <> '' THEN val (ein, out, code)
   END;

PROCEDURE rahmen;                 (* zeichnet Rahmen und Achsen *)
   BEGIN
   colorglb := 255;
   drawline (0, 0, 719, 0); drawline (719, 0, 719, 349);
   drawline (719, 349, 0, 349); drawline (0, 349, 0, 0);
   drawline (x0 + round (xl * cf), y0 + round (xl * sf),
           x0 + round (xr * cf), y0 + round (xr * sf) );
   drawline (x0 - round (yr * cp), y0 + round (yr * sp),
           x0 - round (yl * cp), y0 + round (yl * sp) );
   END;

FUNCTION f (x : real) : real; forward;   (* Beispiele unten *)
         (* sog. forward-Deklaration: zeichnen benötigt f *)

PROCEDURE zeichnen (r : integer);
VAR i : integer;
BEGIN
   FOR i := 0 TO 719 DO maskar[i] := 0;       (* Maske setzen *)
```

```
   CASE r OF

1:    BEGIN                                  (* X - Koordinatenlinien *)
      y := yl;
      FOR x := xl TO xr DO BEGIN                   (* Randmaske *)
         xb := round(x0 + x * cf - y * cp);
         z := f(x);
         IF b = 1 THEN IF z > h THEN z := h;
         yb := round(y0 + x * sf + y * sp + z);
         IF yb > maskar[xb] THEN maskar[xb] := yb
                         END;
      x := xl;                                        (* Linien *)
      WHILE x <= xr DO BEGIN
         u := x0 + x * cf; v := y0 + x * sf;
         FOR y := yl TO yr DO BEGIN
            xb := round(u - y * cp);
            z := f(x);
            IF b = 1 THEN IF z > h THEN z := h;
            yb := round(v + y * sp + z);
            IF yb > maskar[xb] THEN maskar[xb] := yb
                        END;

         FOR i := round (u - yr*cp) TO round (u - yl*cp - 0.8)
         DO
                  drawline(i, maskar[i], i+1, maskar[i+1]);

         x := x + d
                  END                            (* OF WHILE *)
      END;                                       (* OF CASE 1 *)

2:    BEGIN                                  (* Y - Koordinatenlinien *)
      x := xl;
      FOR y := yl TO yr DO BEGIN                    (* Randmaske *)
         xb := round(x0 + x * cf - y * cp);
         z := f(x);
         IF b = 1 THEN IF z > h THEN z := h;
         yb := round(y0 + x * sf + y * sp + z);
         IF yb > maskar[xb] THEN maskar[xb] := yb;
                     END;
      y := yl;                                        (* Linien *)
      WHILE y <= yr DO BEGIN
         u := x0 - y * cp; v := y0 + y * sp;
         FOR x := xl TO xr DO BEGIN
            xb := round(u + x * cf);
            z := f(x);
            IF b = 1 THEN IF z > h THEN z := h;
            yb := round(v + x * sf + z);
            IF yb > maskar[xb] THEN maskar[xb] := yb;
                        END;

         FOR i := round (u + xl*cf ) TO round (u + xr * cf) - 1
         DO drawline(i, maskar[i], i+1, maskar[i+1]);

         y := y + d
                  END                            (* OF WHILE *)
      END                                        (* OF CASE 2 *)
      END                                        (* OF CASE *)

   END;
```

```
FUNCTION f;                      (* diese Funktion wird gezeichnet *)
   BEGIN
   CASE num of
   1:  f := (x - y) * (x - y) * sin (y / 30) / 300;
   2:  f := 60 * sqr (sin (x/60)) * sqr (sin (y/60));
   3:  f := 20 * sin (x/30) * cos (y/30);
   4:  f := ((x - 80) * x / 200 + 1) * sin (x/30) * cos (y/30);
   5:  IF x*y <> 0
           THEN f := (x*x - y*y)/(x*x + y*y) * x * y /180
           ELSE f := 0;
   6:  f := 100 - 120 * exp (- (x/8100*x + y/8100*y) / 2 );
   7:  f := 15 * sin ((x * x + y * y)/6400);
   8:  f := - 8 * exp ( sin (x/40*y/40));
          (* symmetrisch in x, y und Neigungen zeichnen lassen *)
   9:  f := 100 / (5 + sqr (x - 40)/10 + sqr (y - 70)/10)  +
           800 / (5 + sqr (x - 200)/10 + sqr (y - 100)/40) +
           300 / (5 + sqr (x - 110)/70 + sqr (y - 40)/10);
   10: f := 50 - 500 /(7 + x/400*x + y/400*y);
   11: f := - x * y / 600;
   END;
   END;

BEGIN (* ----------------------------- Hauptprogramm ----- *)

x0 := 300; y0 := 40;                  (* Ursprung am Bildschirm *)
xl := 0; xr := + 320;                    (* gezeichneter Bereich *)
yl := 0; yr := + 220;
gx := 15; gy := 20;          (* Winkel x/y-Achse gegen Horizont *)
d := 10;                     (* Abstand Koord.linien in Pixels *)

REPEAT
  REPEAT                                              (* Menü *)

  clrscr; b := 0;
  writeln ('Parameter der Darstellung:');
  writeln ('Bildschirm X: 0...719, Y: 0...349'); writeln;
  write   ('               Vorgabewerte ...');
  writeln ('       Neue Werte ...');
  writeln;
  write ('Ursprung bei ...         '); write (x0 : 4, y0 : 5);
  setzen (x0); setzen (y0); writeln;
  write ('X-Bereich ......         '); write (xl : 4, xr : 5);
  setzen (xl); setzen (xr); writeln;
  write ('Y-Bereich ......         '); write (yl : 4, yr : 5);
  setzen (yl); setzen (yr); writeln; writeln;
  write ('Achsenneigungen ..       '); write (gx : 4, gy : 5);
  setzen (gx); phi := gx/180*pi;
  setzen (gy); psi := gy/180*pi;
  writeln; writeln;
  writeln ('Linienscharen:'); writeln;
  write ('          X, Y oder beide (1, 2, 12)  ');
  readln (s);
  writeln;
  write ('Höhenbeschränkung (J/N) ...           ');
  readln (w);
  w := upcase (w); IF w = 'J' THEN b := 1;
  writeln;
  write ('Abstand der Linien .... '); write (d : 8);
```

```
     (* Fortsetzung unter REPEAT ... *)
     setzen (d); writeln; writeln;
     write ('Funktion Nr. 1 ... 11 .          '); readln (num);
     writeln;
     write ('            Grafik (J/N)                  ');
     read (kbd, w); w := upcase (w)

     UNTIL w = 'J';

cf := cos(phi); sf := sin(phi);
cp := cos(psi); sp := sin(psi);

IF b = 1 THEN
         h := y0 + xr * sf + yr * sp - 15; (* Höhenschranke *)

initgraphic;
rahmen;
IF s = 1 THEN zeichnen (1) ELSE IF s = 2 THEN zeichnen (2)
                                ELSE BEGIN
                                        zeichnen (1);
                                        zeichnen (2)
                                        END;
read (kbd, w);
leavegraphic
UNTIL false

END.  (* -------------------- Ausstieg durch CTRL-C im Menü *)
```

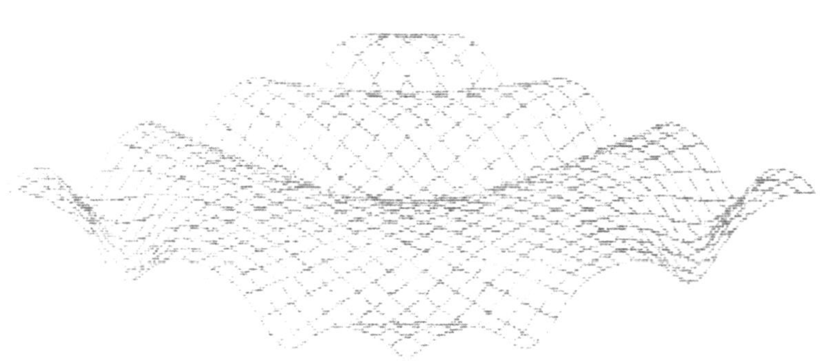

Abb. der Funktion Nr. 8 von S. 134:

Ursprung bei (350, 40), x und y jeweils von -100 bis 150,
Achsen symmetrisch unter 15 Grad gegen die Horizontale,
Abstand der Linien d = 10.

Hier und in der folgenden Abbildung wurde die Prozedur rahmen
mit Kommentarklammern unterdrückt.

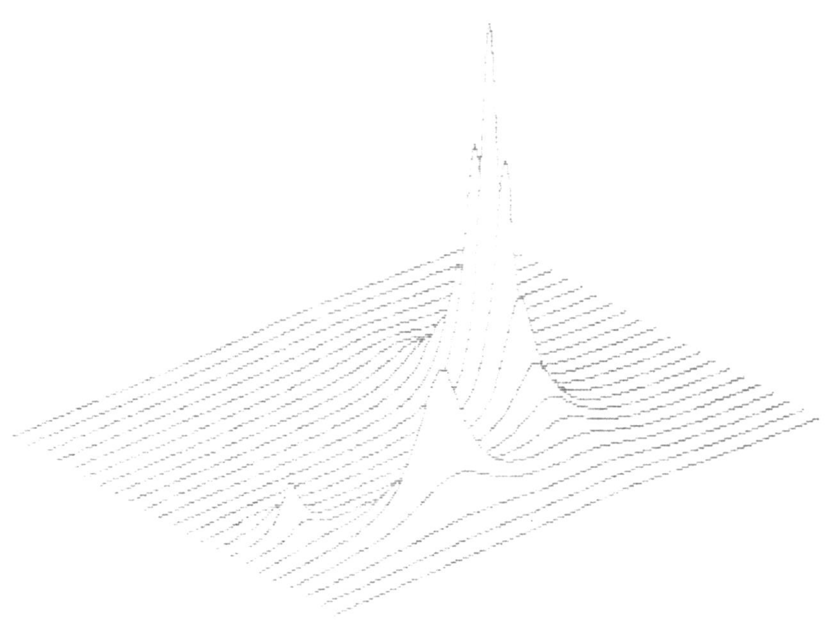

Abb. der Funktion Nr. 9 von S. 134:

Vorgabewerte des Programms, aber nur Linienschar 2 gezeichnet.

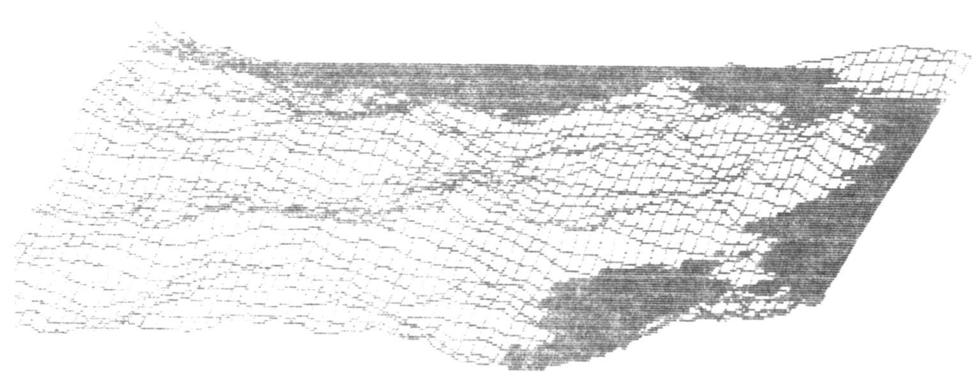

Abb. eines Ausdrucks nach Programm von S. 130:

Feinheit 5; Die Stützstrecken (S. 130 oben) wurden unterdrückt.
Diese Zufallszeichnung ist nicht reproduzierbar.

Wir beginnen diesen Abschnitt mit einem Programm, das den Ord-
nungsbegriff der sog. "Verkettung" beispielhaft zeigt. Starten
Sie das Programm einfach, geben Sie ein paar Namen in willkür-
licher Reihenfolge ein und rufen Sie erst dann die Anzeige auf.

```pascal
PROGRAM verkettete_feldliste;
(*$U+*)                       (* demonstriert Sortierverfahren ohne *)
                              (* Vertauschen oder Verschieben *)
CONST           ende = 5;                      (* zum Testen: 5 *)
TYPE            wort = STRING[20];
            zeiger = integer;
              satz = RECORD
                     wohin  : zeiger;
                     inhalt : wort           (* Sortierkrit. *)
                     END;                    (* u.U. verlängern *)
VAR  vorher, anfang : zeiger;
            platz, i : integer;              (* Zählvariable *)
             eingabe : wort;
               liste : ARRAY[1..ende] OF satz;
               taste : char;

PROCEDURE eintrag; (* ---------------------------------------- *)
BEGIN clrscr;
writeln ('Eingabetext ... (ENDE mit .)');
REPEAT
   platz := 0;
   REPEAT                            (* erstes leeres Feld suchen *)
     platz := platz + 1
   UNTIL (liste[platz].inhalt = '') OR (platz > ende);
   IF platz <= ende THEN BEGIN          (* noch Platz frei *)
   write ('              '); readln (eingabe);
   IF copy (eingabe, 1, 1) <> '.' THEN BEGIN
      liste [platz].inhalt := eingabe;
      i := anfang; vorher := 0;
      WHILE (eingabe > liste[i].inhalt) AND (vorher <> i) DO
                                    BEGIN
      (* Trennstelle suchen *)      vorher := i;
                                    i := liste[i].wohin
                                    END;
      IF (i = anfang) AND (i <> vorher)
         THEN BEGIN                    (* Eintrag ganz vorne *)
            liste[platz].wohin := anfang;
            anfang := platz
            END
         ELSE IF liste[vorher].wohin = vorher
            THEN BEGIN                 (* Eintrag anhängen *)
               liste[vorher].wohin := platz;
               liste[platz].wohin := platz;
               END
            ELSE BEGIN                 (* Eintrag mittig *)
               liste[platz].wohin := liste[vorher].wohin;
               liste[vorher].wohin := platz
               END
                                          END   (* OF if copy *)
                         END                (* OF if platz *)
  UNTIL (copy (eingabe, 1, 1) = '.') OR (platz = ende)
END; (* ---------------------------------------------------- *)
```

```pascal
PROCEDURE loeschen; (* --------------------------------------- *)
BEGIN clrscr;
write ('Welchen Eintrag löschen ... '); readln (eingabe);
i := anfang; vorher := 0;
WHILE (liste[i].inhalt <> eingabe)
      AND (i <> vorher) DO BEGIN
                           vorher := i;
                           i := liste[i].wohin
                           END;
             IF liste[i].inhalt = eingabe THEN
   BEGIN
   IF (liste[i].wohin = i)                   (* letzter Eintrag *)
       THEN IF (i <> anfang)                 (* bei mehreren *)
             THEN liste[vorher].wohin := vorher
             ELSE anfang := 1               (* einziger *)
        ELSE IF i = anfang    (* erster Eintrag bei mehreren *)
             THEN anfang := liste[i].wohin
                                           (* beliebig mittig *)
             ELSE liste[vorher].wohin := liste[i].wohin;
   liste[i].inhalt := ''; liste[i].wohin := i
   END
END; (* ---------------------------------------------------- *)


PROCEDURE anzeige; (* --------------------------------------- *)
BEGIN clrscr; i := anfang; writeln ('Listenanfang ... ', i);
REPEAT
   writeln (i, '  ', liste[i].wohin, '  ', liste[i].inhalt);
   i:= liste[i].wohin
UNTIL i = liste[i].wohin;
IF i <> anfang THEN
   writeln (i, '  ', liste[i].wohin, '  ', liste[i].inhalt);
   writeln; write ('    Ins Menü ... '); read (kbd, taste)
END; (* ---------------------------------------------------- *)


BEGIN (* ------------------------------- Hauptprogramm *)
anfang := 1;                   (* erster Zeiger auf Feldnummer *)
FOR i := 1 TO ende DO liste[i].inhalt := '';
REPEAT  clrscr;                                    (* Menu *)
   writeln ('Eingabe von Namen ........ E'); writeln;
   writeln ('Löschen von Namen ........ L'); writeln;
   writeln ('Anzeige der Liste ........ A'); writeln;
   writeln ('Programmende ............. $'); writeln;
   write ('Wahl .................... ');
   read (kbd, taste); taste := upcase (taste);
   CASE taste OF  'E': eintrag;
                  'L': loeschen;
                  'A': anzeige            END      (* OF CASE *)
UNTIL taste = '$'; clrscr
END. (* ---------------------------------------------------- *)
```

Hier ist die prinzipielle Idee des Programms:

Die eingegebenen Namen W werden nicht wie üblich durch Vertau-
schungen oder direktes Einordnen (von Anfang an) wie in den
bisherigen Programmen in die richtige Reihenfolge gebracht,
sondern durch das Verfahren der sog. "Verkettung". Um dies zu
bewirken, wird jeder Eingabe 'inhalt' im RECORD satz ein sog.
"Zeiger" wohin zugeordnet bzw. unter Laufzeit ermittelt, der
auf das jeweils im Alphabet folgende Wort zeigt.

Im Zeiger des Records steht dabei die Feldnummer des folgenden
Wortes. Kommt ein neues Wort W(neu), so wird in der bereits bestehenden Verkettung die richtige Position gesucht; diese sei
für W(neu) zwischen W(vor) und W(nach). Der Zeiger von W(vor)
weist bis jetzt auf W(nach), d.h. auf dessen Feldnummer.

Nunmehr wird durch "Auftrennen" der Verkettung der Zeiger von
W(vor) auf das Wort W(neu) gesetzt und der Zeiger von W(neu)
auf den Feldplatz von W(nach) eingestellt, auf den W(vor) bisher hinwies; er kann dort abgelesen werden ...

Das Verfahren erscheint kompliziert, hat aber einen enorm wichtigen Aspekt, den wir bisher nicht beachtet haben:

Die zusammengesetzte Datenstruktur ARRAY kann nur mit fester
Feldlänge vereinbart werden, d.h. es ist nicht möglich, im Deklarationsteil eines Programms zu schreiben

        feld : ARRAY [1 .. ende] OF type;

und dann später im Programm:

        readln (ende);

um die Feldlänge variabel (insbesondere möglichst knapp) zu
halten! Grund: Beim Compilieren eines Pascal-Programms wird
nicht nur der Quelltext übersetzt, sondern es wird auch der
benötigte Speicherplatz für Konstanten und Variablen festgelegt, um später die Laufzeit zu optimieren. Sie sehen entsprechende Informationen nach jedem Lauf des Compilers. (Das
Handbuch erläutert, wie diese Informationen u.U. genutzt werden können.)

Diese Einschränkung ist bei der Bearbeitung größerer Daten-
mengen aus verschiedenen Gründen hinderlich; beispielsweise ist
ein Feld "voll", obwohl im Arbeitsspeicher an sich noch Platz
wäre, hätte man diesen vor dem Programmlauf per Deklaration nur
angefordert. Hat man kein Quellprogramm (wie bei fertiger Software allgemein üblich), so ist man mit dem Latein am Ende ...

Man nennt diese Form der Variablenvereinbarung "statisch". Es
wäre schön, dies nach Art eines Stapels von momentan verfüg-
baren Werten (Belegungen der Variablen) "dynamisch" zu organisieren, eines Stapels, der je nach Bedarf höher oder niedriger
wird, wobei die zuletzt gegebene Information obenauf liegt ...

Das obige Programm simuliert eine solche Stapelverarbeitung mit
der Maßgabe, daß die Höhe des Stapels (in unserem Fall ende)
vorweg (noch) festgelegt ist. Diese Einschräkung kann in Pascal
aufgehoben werden:

Wir betrachten dazu das Einführungsprogramm einmal in einer
konkreten Situation genauer und stellen uns dazu vor, es seien
fünf Namen in der Reihenfolge

        c, a, d, e und b

eingegeben worden. Dann ist das Feld z.Z. nach folgendem Schema
organisiert, verkettet:

		anfang ↓		ende ↓		frei ↓		
Feld Nr.	1	2	3	4	5	6	...	n
Zeiger auf	3	5	4	4	1		...	?
Inhalt	c	a	d	e	b		...	?

Im Augenblick weist der Zeiger anfang auf das Feld Nr. 2. - Im
Feld Nr. 4 weist der Zeiger auf sich selbst, das programmierte
Endesignal der Verkettung. Die Felder ab Nr. 6 sind noch nicht
belegt.

Mit der Eingabe eines weiteren Namens wie ab wird nun Feld
Nr. 6 besetzt und die Zeiger werden in der Prozedur eintrag
verändert, "verbogen" nach dem Muster:

Feld Nr.	2		6		5
Zeiger von/nach	5	---> 6	neu	---> 5	1
Inhalt	a		ab		b

denn ab kommt im Alphabet nach a, aber vor b.

Solange kein Eintrag gelöscht wird, ist das Feld optimal genutzt; nachteilig ist, daß mit der im Programm stets festen
Vereinbarung der Feldlänge in der praktischen Anwendung ebenso
schnell wie bisher Grenzen der Dateiverarbeitung erreicht werden können, (dies u.U. ohne Ausnutzung aller Feldplätze), denn
wir verwenden eben eine statische Variable liste mit festem
ende und können das Feld liste : ARRAY[1..ende] im Programm bei
Bedarf nicht neu dimensionieren.

Für solche verketteten (linearen) Listen stellt Pascal einen
sehr leistungsfähigen Variablentyp zur Verfügung, sog. Zeigervariable. Zeigervariable zeigen auf einen Speicherplatz im Arbeitsspeicher des Rechners. Diese Speicherplätze werden in einem Stapel ('Heap') automatisch verwaltet, ohne daß man deren
Adressen explizit kennt. Man spricht von einer "dynamischen
Speicherplatzverwaltung" und entsprechend auch von "dynamischen
Variablen". - BASIC beispielsweise kennt diesen Variablentyp
nicht. Wir führen solche Variable am besten mit einem einfachen
Beispiel ein, an dem die Bezeichnungsweisen und Begriffe einsichtig erläutert werden können.

Gestellt sei die Aufgabe, eine Folge ganzer Zahlen einzugeben
und in der Reihenfolge der Eingabe ohne explizite Angabe eines
Feldes abzuspeichern. - Nach Abschluß mit der Eingabe 0 soll
diese Liste rückwärts wieder ausgegeben werden. Dies leistet
das folgende Programm:

```
PROGRAM zeigerdemo;
  (* liest Folge ganzer Zahlen, beendet durch Null, die dann *)
                        (* rückwärts ausgegeben wird. *)
TYPE      zeiger = ^paar;
          paar = RECORD
                 kette : zeiger;
                 wert : integer;
                 END;
```

```pascal
VAR   zeigt, next :   zeiger;
               x :   integer;

BEGIN
clrscr; writeln ('Folge eingeben, mit Null abschließen ... ');
next := NIL;
REPEAT
   new (zeigt);                             (* aktueller Zeiger *)
   read (x);
   zeigt^.wert := x;                        (* Wert einschreiben *)
   zeigt^.kette := next;                    (* Zeiger eintragen *)
   next := zeigt;      (* Heap aufbauen, Zeiger weiterschalten *)
   write ('  ')
UNTIL x = 0;
writeln;
WHILE zeigt <> NIL DO BEGIN
              write (zeigt^.wert);
              write ('   ');
              zeigt := zeigt^.kette    (* last in, first out *)
              END;
END.
```

Die uns interessierenden ganzen Zahlen werden in der Komponente
wert eines Records abgelegt, der aber eine Zusatzinformation in
einer Komponente kette enthält, wie vorhin auf den Feldplätzen.
Die Typenvereinbarung für kette beschreibt jetzt einen Zeiger,
der auf solche Records weist. In diesem Sinne bedeutet

    zeiger = ^paar;

in Pascal die Definition eines Typs, der auf paar zeigt, d.h.
die entsprechenden Variablen enthalten dann derartige Adressen.
Die Variablen zeigt und next sind von diesem Typ. Die Komponente kette des Records dient der Abspeicherung solcher
Adressen, also der Inhalte von Zeigervariablen. Das einem Namen
vorangestellte Zeichen ^ kommt nur im Deklarationsteil eines
Programms vor. Wollen wir später einen konkreten Record ansprechen, so heißt es etwa

    inhalt := zeigt^.wert;

zum Auskopieren des Zahlenwertes auf inhalt aus jenem Record,
auf den der Zeiger zeigt gerade weist. Dieser heißt die Be-
zugsvariable zum Zeiger zeigt. Zeiger werden also ohne ^ geschrieben, die jeweiligen Bezugsvariablen mit nachgestelltem ^,
also im Beispiel zeigt^. Das Programm läßt erkennen, daß Zeiger umkopiert werden können, etwa

    next := zeigt; oder zeigt^.kette := next;

Im ersten Fall wird der Zeiger next auf jenen Record eingestellt, auf den schon zeigt weist. Im zweiten Fall wird die
Hinweisadresse in next in die Komponente kette jenes Records eingetragen, auf den zeigt gerade hinweist. Analoges
gilt für die Zeile

    zeigt := zeigt^.kette;

Hier wird der Zeiger auf jene Position gesetzt, die derjenige
Record als Verkettungshinweis enthält, auf den zeigt gerade
hinweist ... Das klingt alles recht kompliziert, ist aber nach
etwas Übung ganz einfach!

Nun zum Programm selbst: Anfangs wird der Zeiger next auf NIL
('Not In List') gesetzt, d.h. er zeigt ins Leere. Mit

        new (zeigt);

wird ein Record jenes Typs generiert, auf den die Zeigervariable nach Typenvereinbarung weisen kann. zeigt enthält jetzt
die Adresse dieses Records: eine Information zum Speicherplatz
im Rechner. Dorthin wird dann die Eingabe x geschrieben und der
Verkettungshinweis eingetragen, erstmals also NIL für das sozusagen "unterste" Element im Stapel (Heap). Anschließend wird
erreicht, daß der Zeiger next auf den eben erstellten Record
weist. Durch Wiederholung dieses Vorgangs baut sich ohne (!)
Feldvereinbarung eine Liste nach dem Muster

```
 ↑  wert        <---    Platz mit new neu geschaffen
 |  zeiger
 |
 |  wert
 |  zeiger
 |
 |  wert
 |  zeiger      --->  NIL            (Aufbau des Stapels: Heap)
```

auf, wobei der Zeiger des "obersten" Records auf das zuvor ein-
gegebene Element weist und so fort. Der letzte Record zeigt ins
Leere. Mit der Eingabe x = 0 wird die Schleife abgebrochen. Nun
weist der Zeiger auf den zuletzt erzeugten Record. Sein Inhalt
kann also mit *zeigt^.wert := ..,;* ausgegeben werden. In der
WHILE-Schleife wird der Zeiger danach auf zeigt^.kette gesetzt,
"weitergeschaltet", das ist der zuvor erstellte Record ...

Dieser einfache Auf- und dann wieder Abbau des Stapels erfolgt
nach der Methode "last in - first out", d.h. der zuletzt einge-
gebene Record, auf dem der Zeiger steht, wird als erster wieder
ausgegeben, der allererste als letzter; dieser hat die Information NIL für Ende der Liste, des Stapels. Die Adressenverwaltung geschieht automatisch ohne Dimensionierung, also "dynamisch": Man kann eine Folge praktisch beliebig lange einschreiben, denn der zur Verfügung stehende Speicherplatz (im freien
Arbeitsspeicher) ist für solch kurze Records riesig.

Jetzt ist auch klar, warum die Aufgabenstellung "rückwärts wieder ausgeben" lautete: Hierfür ist das Programm am einfachsten.

Die wirkliche Stärke von dynamischen Variablen zeigt sich in
der Möglichkeit, die Zeiger per Programm nicht in der natürlichen Reihenfolge des Eintragens einfach weiterzusetzen, sondern auf bereits bestehende Records willkürlich einzustellen,
etwa per Suchen zu "verbiegen". Diese Verkettung entspricht
dann genau jenem Vorgang, der im anfangs erstellten Programm in
einem Feld das Sortieren erübrigte. Hier ist ein entsprechendes
Programm; es ist die stark komprimierte Form eines ausführ-
lichen Programms, das in dem Buch "TURBO-PASCAL aus der Praxis"

entwickelt wird. Unter Laufzeit kann man eine Namensliste eingeben und ergänzen sowie alphabetisch sortiert ausgeben lassen.
Auf Routinen zum Löschen/Ändern von Records und zum Abspeichern
der Liste verzichten wir. Das kann bei Bedarf leicht eingebaut
werden und wird im nachfolgenden Kapitel an einem lauffähigen
Verwaltungsprogramm realisiert.

```
PROGRAM verkettung_demo;
                (* demonstriert dynamische Variable mit Zeigern *)
                (* am Beispiel einer Namensliste STRING [20] *)

CONST        laenge = 20;

TYPE   schluesseltyp = STRING [laenge];
          zeigertyp = ^datentyp;           (* ... zeigt auf ... *)
           datentyp = RECORD                 (* Bezugsvariable *)
                      verkettung : zeigertyp;
                      schluessel : STRING [laenge] (* Inhalt *)
                      (* hier bei Bedarf weitere Komponenten *)
                      END;

VAR    startzeiger,
       laufzeiger, neuzeiger, hilfszeiger : zeigertyp;
                                  antwort : char;

(* ------------------------------------------------------------ *)
(* laufzeiger zeigt auf die aktuelle Bezugsvariable, hilfs-   *)
(* ist stets eine Position davor. startzeiger weist auf den  *)
(* alphabetischen Anfang der Liste.                          *)
(* ------------------------------------------------------------ *)

PROCEDURE insertmitte;
BEGIN
neuzeiger^.verkettung := laufzeiger;
hilfszeiger^.verkettung := neuzeiger
END;

PROCEDURE insertvorn;
BEGIN
neuzeiger^.verkettung := startzeiger;
startzeiger := neuzeiger
END;

PROCEDURE zeigerweiter;
BEGIN
hilfszeiger := laufzeiger;    (*  h um eine Position hinter l *)
laufzeiger := laufzeiger^.verkettung
END;

FUNCTION listenende : boolean; forward;

FUNCTION erreicht : boolean; forward;

(* forward-Referenzen:  da diese Funktionen in einfuege vor- *)
(* kommen, aber erst weiter unten explizit definiert werden. *)

PROCEDURE einfuege;
BEGIN
hilfszeiger := startzeiger;
```

```pascal
laufzeiger := Startzeiger;
IF startzeiger = NIL
   THEN insertvorn
   ELSE IF startzeiger^.schluessel > neuzeiger^.schluessel
           THEN insertvorn
           ELSE BEGIN
                   WHILE (NOT listenende) AND (NOT erreicht) DO
                   BEGIN
                      zeigerweiter;
                      IF erreicht THEN insertmitte
                   END;
                   IF listenende THEN insertmitte
                END;
END;

PROCEDURE eingabe;
VAR stop : boolean;
BEGIN
clrscr;
writeln ('Eingaben ... (Ende mit xyz ... ) ');
writeln;
   REPEAT
      new (neuzeiger);                      (* erzeugt neuen Record *)
      write ('           : '); readln (neuzeiger^.schluessel);
      stop := neuzeiger^.schluessel = 'xyz';
      IF NOT stop THEN einfuege
   UNTIL stop
END;

PROCEDURE ausgabe;
BEGIN
clrscr;
laufzeiger := startzeiger;
WHILE NOT listenende DO BEGIN
                        writeln (laufzeiger^.schluessel);
                        zeigerweiter
                        END;
writeln; write ('Weiter mit beliebiger Taste ... ');
REPEAT UNTIL keypressed            (* statt read (kbd, ...) *)
END;

FUNCTION listenende;
BEGIN
listenende := (laufzeiger = NIL)  (* NIL = Not In List, d.h. *)
END;                              (* Zeiger zeigt ins Leere. *)

FUNCTION erreicht;
BEGIN
erreicht := (laufzeiger^.schluessel > neuzeiger^.schluessel)
END;

(* ---------------------------------------------------------- *)
(* Weitere Prozeduren für anfängliches Einlesen einer schon   *)
(* bestehenden Datei bzw.  deren Abspeichern auf Disk sowie   *)
(* solche für Löschen/Ändern usw. müßten hier ergänzt werden *)
(*                                       Siehe folgendes Kapitel *)
(* ---------------------------------------------------------- *)
```

```
BEGIN   (* ------------------------------- Hauptprogramm --- *)
startzeiger := NIL;
REPEAT
   clrscr;
   writeln ('Eingabe ................... 1'); writeln;
   writeln ('Ausgabe ................... 2'); writeln;
   writeln ('Programmende .............. 3'); writeln;
   writeln ('------------------------------'); writeln;
   write   ('Wahl ...................... '); read (kbd,
   antwort);
   CASE antwort OF
   '1' : eingabe;
   '2' : ausgabe
   END
UNTIL antwort = '3';
clrscr; writeln ('Programmende ... ')
END.   (* ------------------------------------------------- *)
```

Der Record enthält den eigentlich interessierenden Namen, hier
schluessel genannt, da nach ihm "einsortiert", d.h. verkettet
wird. Das Programm benötigt vier Zeiger:

neuzeiger zeigt auf den jeweils generierten obersten Record im
Stapel, auf den wir die Eingabe machen.

startzeiger weist auf den jeweiligen Anfang der Liste gemäß dem
vereinbarten Sortierkriterium (hier: Namen alphabetisch).

laufzeiger zeigt auf den jeweils aktuellen Record, hilfszeiger
auf den Record davor in der Verkettungsreihenfolge. Wir benötigen letzteren zum "Verbiegen" der Zeiger: Steht nämlich bei
einem Suchlauf der laufende Zeiger auf jenem Record, vor (!)
dem das neue Element eingefügt werden soll, so muß der Zeiger
des Records davor "umgebogen" werden:

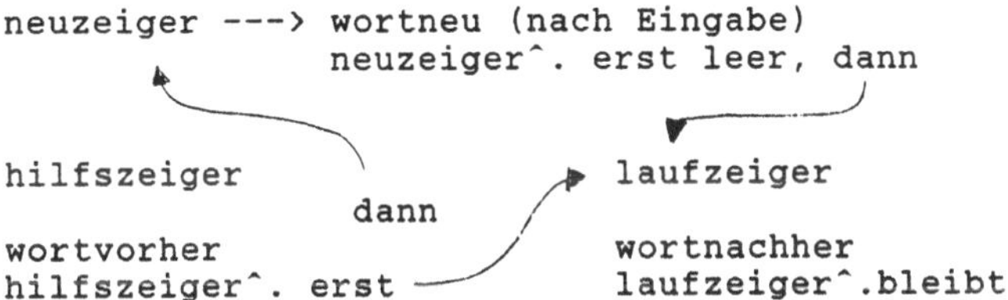

wortneu soll zwischen wortvorher und wortnachher verkettet
werden, wie die Prozedur einfuege festgestellt hat. Die Prozedur insertmitte setzt neuzeiger^.verkettung (bisher noch
ohne Adresse) auf laufzeiger, und hilfszeiger^.verkettung
dann (!) auf neuzeiger.

Die Prozedur ausgabe folgt - beginnend mit dem Record, auf
den startzeiger weist (alphabetischer Anfang der Liste) - der
vom Programm erzeugten Verkettungslinie bis NIL an das Ende der
Liste. Das Weiterschalten erfolgt hier ebenfalls mit der Prozedur zeigerweiter , die schon beim Suchlauf benötigt wird.

Das Programm kann in der eingangs angedeuteten Weise leicht
ausgebaut werden; wir verfolgen aber einen anderen Gedanken:

Wenn ein Record mehrere Informationen enthält, etwa eine komplette Adresse mit Namen und Anschrift, so kann es interessant
sein, nach jeder Komponente des Records (als Schlüsselwort) suchen zu können. Es ist dann z.B. möglich, die Adressen auch
nach Postleitzahlen sortiert auszugeben. Für diesen Fall sehen
wir eine "Mehrfachverkettung" vor, d.h. beim Einfügen eines
neuen Adressensatzes werden wir Informationen über den Nachfolger im Blick auf jede gewünschte Komponente erzeugen. Für den
Fall einer Anschrift

        Familienname + Vorname
        Straße + Hausnummer
        Postleitzahl, Ort (zwei Komponenten)

benötigen wir somit vier Zeigerarten, deren jeder in vier verschiedenen Versionen (Start, Lauf, Neu und Hilfe) vorkommen
muß. Wir bündeln jeweils vier zusammengehörige in einem ARRAY
und bauen den Record entsprechend aus. Hier ist das fertige
Programm in der Grundversion ohne Möglichkeiten des Einlesens
bzw. Abspeicherns von Dateien. Die Zeiger-Routinen sind exakt
diejenigen des vorherigen Programms.

Beim Abspeichern müßte man entscheiden, nach welchem Schlüssel-
begriff der Zeiger weitergeschaltet werden soll, vielleicht mit
zweifacher Ablage nach Namen und Postleitzahlen. Dann hätte man
die Möglichkeit, in jenen Dateien auf Diskette Datensätze nach
Namen oder Postleitzahlen sehr schnell mit dem Binärverfahren
zu suchen (siehe dazu Ende von Kapitel 13).


```
PROGRAM mehrfach_verkettung;
            (* demonstriert dynamische Variable mit Zeigern *)
            (* am Beispiel einer mehrfach verketteten Liste *)
(*$U+*)                                      (* für Testläufe *)

CONST       laenge = 20;          (* Länge der Komponenten *)
               num =  4;             (* Anzahl der Zeiger *)

TYPE     zeigertyp = ^datentyp;

           ordnung = ARRAY[1..num] OF zeigertyp;
             daten = ARRAY[1..num] OF STRING[laenge];
               (* 1 : Name; 2 : Straße; 3 : PLZ; 4 : Ort  *)

           datentyp = RECORD                (* Bezugsvariable *)
                   kette  : ordnung;
                   inhalt : daten
                   END;

VAR   start, lauf, neu, hilf : ARRAY[1..num] OF zeigertyp;
                   antwort : char;
                   anzahl : integer;
(* --------------------------------- Fortsetzung folgende Seite *)
```

Die Zeiger mit dem Index 1 gehören dabei zu daten[1] , also
den Namen; jene mit dem Index 2 zu daten[2] , d.d. Straße mit
Hausnummer und so weiter. Im ARRAY ordnung enthält ein Record
der Reihe nach (1...4) die Verkettungshinweise für seine vier
Komponenten.

```
(* Fortsetzung des Programms ... -------------------------- *)

PROCEDURE insertmitte (i : integer);
   BEGIN
   neu[i]^.kette[i]  := lauf[i]; hilf[i]^.kette[i] := neu[i]
   END;

PROCEDURE insertvorn (i : integer);
   BEGIN
   neu[i]^.kette[i] := start[i]; start[i] := neu[i]
   END;

PROCEDURE zeigerweiter (i : integer);
   BEGIN
   hilf[i] := lauf[i]; lauf[i] := lauf[i]^.kette[i]
   END;

FUNCTION listenende (i : integer) : boolean; forward;
FUNCTION erreicht   (i : integer) : boolean; forward;

PROCEDURE einfuege (i : integer);
   BEGIN
   hilf[i] := start[i]; lauf[i] := start[i];
   IF start[i] = NIL
   THEN insertvorn (i)
   ELSE IF start[i]^.inhalt[i] > neu[i]^.inhalt[i]
           THEN insertvorn (i)
           ELSE BEGIN
                WHILE (NOT listenende (i)) AND (NOT erreicht
                (i))
                DO BEGIN
                   zeigerweiter (i);
                   IF erreicht (i) THEN insertmitte (i)
                   END;
                IF listenende (i) THEN insertmitte (i)
                END
   END;
(* ---------------------------------------------------------- *)
```

Alle bisherigen Prozeduren sowie die beiden Funktionen arbeiten
mit einer Übergabevariablen, die den Zeigerindizes entspricht:
Für i = 1 wird die Verkettung zum Namen hergestellt, für i = 2
zur Straße usw. Die folgende Prozedur eingabe benötigt diese
Information nicht; in ausgabe wird sie durch ein Zwischenmenü
erfragt.

```
(* Fortsetzung des Programms ... -------------------------- *)
PROCEDURE eingabe;
   VAR    k : integer;
        stop : boolean;
        text : ARRAY[1..num] OF STRING[20];
   BEGIN
   clrscr;
   text[1] := '        Name : ';                 (* Hinweistexte *)
   text[2] := '   Straße/Hnr. : ';
   text[3] := '        PLZ  : ';
   text[4] := '        Ort  : ';
   writeln ('Eingaben :'); writeln;
```

```
    REPEAT
       new (neu[1]);                              (* erzeugt neuen Record *)
        (* die restlichen Zeiger zeigen auf diesen Record ... *)
       FOR k := 2 TO num DO neu[k] := neu[1];
       writeln ('                      >>> ENDE mit xyz <<<');
       write (text[1], ' '); readln (neu[1]^.inhalt[1]);
       stop := neu[1]^.inhalt[1] = 'xyz';
       k := 1;
       IF NOT stop THEN BEGIN
                        einfuege(1);
                        REPEAT
                        k := k + 1;
                        write (text[k], ' ');
                        readln (neu[k]^.inhalt[k]); einfuege (k)
                        UNTIL k = num
                        END;
       writeln
       UNTIL stop
    END;

PROCEDURE ausgabe;
    VAR  i, k : integer;
         ant : char;
    BEGIN
    REPEAT                                (* Hilfsmenü zur Zeigerwahl *)
       gotoxy (40, 6);
       write ('>>>>>> Sortiert nach ... Namen ...... N');
       gotoxy (48, 7);
       write ('             ... Straße ..... S');
       gotoxy (48, 8);
       write ('             ... PLZ ........ P');
       gotoxy (48, 9);
       write ('             ... Ort ........ O');
       gotoxy (37,12); read (kbd, ant); ant := upcase (ant);
       CASE ant OF
            'N' : i := 1;
            'S' : i := 2;
            'P' : i := 3;
            'O' : i := 4
               END
    UNTIL i IN [1..num];
    clrscr;
    lauf[i] := start[i];
    WHILE NOT Listenende (i) DO BEGIN
          write (lauf[i]^.inhalt[i], '  ');
          FOR k := 1 TO num DO
             IF k <> i THEN write (lauf[i]^.inhalt[k], '  ');
          writeln;
          zeigerweiter (i)
                             END;
    writeln;
    write ('Weiter mit beliebiger Taste ... ');
    read (kbd, antwort)
    END;

FUNCTION listenende;
    BEGIN
    listenende := (lauf[i] = NIL)
    END;
```

```
FUNCTION erreicht;
   BEGIN
   erreicht := (lauf[i]^.inhalt[i] > neu[i]^.inhalt[i])
   END;

BEGIN  (* ------------------------------ Hauptprogramm --- *)
FOR anzahl := 1 TO num DO start [anzahl] := NIL;
REPEAT
   clrscr; lowvideo;
   write ('DATEIVERWALTUNGSPROGRAMM FÜR ADRESSEN');
   gotoxy (52, 1); write ('COPYRIGHT H. MITTELBACH 1987');
   writeln; writeln; writeln; normvideo;
   writeln ('Eingabe ........................... N'); writeln;
   writeln ('Ausgabe ........................... A'); writeln;
   writeln ('Programmende ...................... E'); writeln;
   writeln ('----------------------------------'); writeln;
   write   ('Wahl .............................. ');
   read (kbd, antwort); antwort := upcase (antwort);
   CASE antwort OF
        'N' : eingabe;
        'A' : ausgabe;
                END
UNTIL Antwort = 'E'; clrscr; writeln ('Programmende ... ')
END.  (* -------------------------------------------------- *)
```

Die im Programm eingetragenen Hilfstexte zur Benutzerführung
können leicht verändert werden; mit größerem num kann ohne
weiteres ein ausführlicherer Datensatz erzeugt und dann verwaltet werden. In der Prozedur ausgabe wird nach allen Komponenten sortiert, dies hier zur Demonstration. In der Praxis
kommt dem Sortieren nach Straßen kaum Bedeutung zu, wohl aber
nach Orten oder Postleitzahlen getrennt, etwa beim Einliefern
von Massendrucksachen bei der Deutschen Bundespost.

Wie das Programm ausgebaut werden muß, ist klar:

Erzeugte Listen müssen abgespeichert (etwa mit der Verkettung
nach Namen) und wieder eingelesen werden können. Dies geschieht
exakt nach dem Muster früherer Programme, etwa nach Kapitel 14.
Interessant ist weiter die Suche eines Einzelsatzes bei gege-
bener Komponente (Schlüsselwort = Suchbegriff), ferner das Löschen und Ändern. Auf Ändern könnte man u.U. verzichten, dies
nämlich einfach durch Löschen und neue Eingabe ersetzen. Wird
das Hauptmenü entsprechend erweitert, so sind in der Prozedur
ausgabe einige Cursorführungen *gotoxy(...);* zu verändern, weil
das Hilfsmenü auf das Hauptmenü abgestimmt ist, dort eingeblen-
det wird.

Ein völlig anderes Anwendungsbeispiel für Zeigervariable stammt
aus der Theorie der Graphen. Ein Graph ist eine Struktur aus
Knoten und Kanten, anschaulich ein Ortsnetz mit Verbindungs-
wegen. Sind die Verbindungswege Einbahnstraßen, so heißt der
Graph gerichtet. Kommt es auf die Richtung nicht an, so können
wir am einfachsten zwei Wege (für Hin- und Rückweg getrennt)
als Verbindungen eines Ortspaares vorsehen.

In einem solchen Graphen kann man die Frage untersuchen, ob es
von einem Ort zu einem anderen eine verbindende (gerichtete)

Wegfolge gibt, i.a. über Zwischenorte. Diese Aufgabe soll zunächst mit statischen Variablen gelöst werden.

Wir geben dazu die Wege als Ortsverbindungen ein, z.B. A B und B A für einen ungerichteten Weg zwischen den Orten A und B, A B allein für eine Einbahnstraße. Der gesamte Graph wird als ein Netz in dem gleichnamigen Array gespeichert. Ist nun ein Weg von X nach Y gesucht, so ermittelt das Programm zunächst einen Weg X U mit dem Anfangsort X (falls vorhanden!). Dessen Ort U am anderen Wegende wird als neuer Startpunkt definiert u.s.w.

Eine solchermaßen aufgebaute Wegfolge kann in einer Sackgasse enden; dann geht das Programm ein Wegstück zurück und sucht ab dort einen anderen, bisher nicht probierten Weg und so fort. Wird auf diese Weise bis vor den Anfangsort X zurückgegangen, so gibt es keine Lösung. Ansonsten gibt es offenbar mindestens eine, die dann ausgegeben wird. Diese "trial-and-error"-Methode mit rekursiven Programmstrukturen heißt "backtracking". Sie ist Grundlage von leistungsfähigen Suchstrategien und wird in gewissen Programmiersprachen der sog. fünften Generation (wie in PROLOG von BORLAND INT.) ausgiebig genutzt.

```
PROGRAM backtracking;
     (* Rekursive Ermittlung existierender Wege in Ortsnetz *)
          (* Anwendung aus der Theorie gerichteter Graphen *)
(*$U+*)
TYPE        ort = char;
            weg = RECORD          (* gerichteter Weg im Graph *)
                  von :  ort;
                  nach : ort
                  END;

VAR         netz : ARRAY [1..20] OF weg;          (* Graph *)
             num : integer;                (* Anzahl der Wege *)
     start, ziel : ort;
        index, i : integer;
           folge : ARRAY [1..20] OF integer;   (* Wegstapel *)
     wegmenge, sackgasse : SET OF 1..20;
             w : boolean;                 (* Weg fortsetzbar? *)

PROCEDURE eingabe;                         (* Aufbau des Netzes *)
VAR a : char;
BEGIN
clrscr;
write    ('Eingabe des Wegnetzes ...: ');
writeln ('jeweils Ort A nach Ort B');
writeln ('(Eingabe A = Z beendet.)'); writeln; num := 0;
writeln ('Weg Nr.   von      nach '); writeln;
REPEAT
    num := num + 1; write (num : 2, '          ');
    read (a); a := upcase (a); netz[num].von := a;
    IF a <> 'Z'
       THEN BEGIN
            write ('        ');
            readln (a); a := upcase (a); netz[num].nach := a
            END
UNTIL a = 'Z';
num := num - 1; writeln
END;
```

```pascal
PROCEDURE ausgabe;
VAR k : integer;
BEGIN
FOR k := 1 TO index DO
    write (netz [folge[k]].von, '  ', netz [folge[k]].nach)
    END;

PROCEDURE reduktion;                (* übergeht eventuelle Umwege *)
VAR k, l : integer;
BEGIN
writeln; writeln ('Ziel gefunden ... '); i := 0;
REPEAT
   i := i + 1;
   k := index + 1;
   REPEAT
   k := k - 1
   UNTIL (netz[folge [i]].von = netz[folge[k]].von) OR (i = k);
   IF i < k THEN BEGIN
         FOR l := i TO i + index - k DO
         folge [l] := folge [l + k - i];
         index := index - (k - i);
         write ('Reduktion: '); ausgabe; writeln
                END;
UNTIL i > k
END;

PROCEDURE sucheweg (anfang : ort);
BEGIN
writeln; i := 0;  w := true;
REPEAT                     (* Weg ab momentanem Anfang suchen *)
   i := i + 1
UNTIL ( (netz[i].von = anfang)
AND NOT (i IN wegmenge) AND NOT (i IN sackgasse)) OR (i > num);
IF i > num THEN w := false;        (* Weg nicht fortsetzbar *)
IF w = false
      THEN IF index = 0
              THEN writeln ('Kein Weg ... ')
              ELSE BEGIN                  (* ein Ort zurück *)
                 ausgabe; index := index - 1;
                 sackgasse :=
                       sackgasse + [folge [index + 1]];
                 IF index = 0
                    THEN anfang := start
                    ELSE
                    anfang := netz[folge [index]].nach;
                 sucheweg (anfang)
                 END
      ELSE BEGIN                     (* Fortsetzung gefunden *)
          index := index + 1;        (* Wegstapel vergrößern *)
          wegmenge := wegmenge + [i];     (* benutzte Wege *)
          folge [index] := i;
          ausgabe;
          IF netz[i].nach = ziel          (* Ziel gefunden *)
             THEN reduktion
             ELSE sucheweg (netz[i].nach)
                          (* Weg versuchsweise verlängern *)
          END
END;
```

```
BEGIN  (* ------------------------------------------------------ *)
eingabe; writeln;
write ('Startort ...  '); readln (start);
write ('Zielort ....  '); readln (ziel);
wegmenge := []; sackgasse := [];
i := 0; index := 0;                         (* Initialisierung *)
start := upcase (start); ziel := upcase (ziel);
sucheweg (start);
END.  (* ------------------------------------------------------ *)
```

Der Quelltext erklärt den Ablauf weitgehend selber; man beachte
vor allem den Trick mit der Menge der Sackgassen! Die unter
Laufzeit untersuchte Wegfolge wird jeweils angezeigt und dann
schrittweise auf- bzw. abgebaut. Wird das Ziel auf Umwegen erreicht, d.h. enthält dieser Stapel ganz zuletzt Wiederholungen
von Orten, so wird er reduziert, verkleinert.

In einer weiteren Ausbaustufe könnte das Programm durch "backtracking" alle Wege (nicht nur einen) ermitteln (Problem der
Vollständigkeit) und schließlich eine "Bewertung" vornehmen:
Wird eine Zusatzinformation über die Länge der Wege mit eingegeben (Record erweitern), so kann aus allen gefundenen Weg-
folgen die kürzeste bestimmt werden. Hinweis dazu: Ist ein
Versuchsweg erfolgreich abgeschlossen worden, so speichert man
ihn, definiert ihn dann als erfolglos und geht um einen Ort
zurück. Die Bewertung kann nach erneutem Durchlesen des gefundenen Stapels einfach vorgenommen werden.

Mit Zeigervariablen sieht das entsprechende Programm etwa wie
folgt aus; es ist mit (für TURBO) geänderten Bezeichnungen dem
sehr lesenswerten Buch Informatik mit Pascal von R. BAUMANN
(siehe Literaturverzeichnis) entnommen. Der Eingabemodus des
Graphen wird von der entsprechenden Prozedur erläutert.

```
PROGRAM wege_in_graphen;
     (* entscheidet, ob in einem Graphen ein Knoten von einem *)
                              (* anderen aus erreichbar ist. *)
                     (* Aus BAUMANN, "Informatik mit Pascal" *)

CONST                n = 10;          (* Maximalzahl der Knoten *)

TYPE        nummer     = 1..n;                   (* des Knotens *)
       kantenzeiger = ^kante;
       kante          = RECORD  (* Verbindung zweier Knoten *)
                        endknoten  : nummer;
                        nachfolger : kantenzeiger
                        END;
           randindex = 1..n;
   nulloderrandindex = 0..n;

VAR    erreicht                 : ARRAY [nummer] OF boolean;
       spitze                   : nulloderrandindex;
       rand                     : ARRAY [randindex] OF nummer;
       zkante                   : kantenzeiger;
       kantentabelle            : ARRAY [nummer] OF kantenzeiger;
       start, ziel, knoten, k   : nummer;
                        anzahl   : integer;
```

```
PROCEDURE aufbau;
VAR  anfangsknoten, endknoten, knoten : nummer;
                             zaehler : integer;
BEGIN
clrscr;
write ('Wieviele Knoten (Orte)?  '); readln (anzahl);
FOR knoten := 1 TO anzahl DO kantentabelle [knoten] := NIL;
writeln; writeln ('Aufbau des Graphen ...');
writeln; writeln ('Jeweils Anfangs- und Endknoten eingeben!');
writeln ('Eingabeende Anfangsknoten 0.'); writeln;
zaehler := 1;
REPEAT
   write (zaehler, '. Kante: ');
   write ('Anfangsknoten:  '); read (anfangsknoten);
   IF anfangsknoten <> 0 THEN BEGIN
      write ('  Endknoten: '); readln (endknoten);
      zaehler := zaehler + 1;
      writeln;
      new (zkante);
      zkante^.endknoten := endknoten;
      zkante^.nachfolger := kantentabelle [anfangsknoten];
      kantentabelle [anfangsknoten] := zkante
                                END
UNTIL anfangsknoten = 0;
END;


PROCEDURE ausgabe;
VAR knoten : nummer;

   PROCEDURE kantenausgabe (liste : kantenzeiger);
   VAR  p : kantenzeiger;
   BEGIN
   p := liste;
   WHILE p <> NIL DO BEGIN
                     write (p^.endknoten : 4);
                     p := p^.nachfolger
                     END
   END;

BEGIN
clrscr; writeln ('      Graph'); writeln;
FOR knoten := 1 TO anzahl DO BEGIN
   write ('Knoten ', knoten, ':');
   kantenausgabe (kantentabelle[knoten]);
   writeln                 END;
END;

BEGIN (* --------------------------- Hauptprogramm ------ *)
aufbau; ausgabe;
writeln; writeln;
REPEAT
   write ('Startknoten?  '); readln (start);
   write ('Zielknoten?   '); readln (ziel)
UNTIL (start IN [1..anzahl]) AND (ziel IN [1..anzahl]);
spitze := 1;
writeln; writeln; writeln; write ('Weg  ');
rand [spitze] := start;
FOR knoten := 1 TO anzahl DO erreicht[knoten] := false;
erreicht [start] := true;
```

```
WHILE (spitze <> 0) AND NOT erreicht[ziel] DO BEGIN
      knoten := rand[spitze];
      write (knoten, '  ');
      spitze := spitze - 1;
      zkante := kantentabelle[knoten];
      WHILE zkante <> NIL DO BEGIN
         k := zkante^.endknoten;
         zkante := zkante^.nachfolger;
         IF NOT erreicht[k] THEN BEGIN
            erreicht[k] := true;
            spitze := spitze + 1;
            rand[spitze] := k
                                     END
                               END
                                                 END;
IF erreicht [ziel] THEN BEGIN
   write (ziel);
   writeln; writeln; writeln ('Es existiert eine Verbindung.')
                  END
                ELSE BEGIN
   writeln; writeln; writeln ('Es gibt keine Verbindung.')
                  END
END. (* ------------------------------------------------- *)
```

Das Programm damen_problem aus Kapitel 12 kann analog umformu-
liert, also mit Zeigervariablen geschrieben werden. Bekannt ist
auch die Aufgabe der sog. "Türme von Hanoi", das Umsetzen eines
Stapels von nach oben zu immer kleiner werdenden Scheiben derart, daß unter Benutzung eines zusätzlichen "Hilfsturms" niemals eine größere auf eine kleinere Scheibe zu liegen kommt.
(Eine Lösung mit Zeigervariablen ist ebenfalls in dem soeben
erwähnten Buch von BAUMANN zu finden.)

Im folgenden Programm wird eine sog. binäre Baumstruktur aufgebaut; an jedem "Knoten" sprießen maximal zwei "Äste". Testen
Sie das Programm durch fortlaufende Eingabe von Wörtern aus
drei Buchstaben (wegen der dann optisch besonders bequemen Darstellung). Sind die Wörter von Anfang an alphabetisch sortiert,
so entsteht ein "entarteter Baum", d.h. eine lineare Liste ...


```
PROGRAM baumstruktur;                 (* demonstriert Binärbaum *)
(*$U+*)
TYPE    wort = STRING[3];
   baumzeiger = ^tree;
         tree = RECORD
                      inhalt : wort;
                 links, rechts : baumzeiger
                 END;

VAR    baum : baumzeiger;
    eingabe : wort;
          n : integer;

PROCEDURE einfuegen (VAR b : baumzeiger; w : wort);
   VAR gefunden : boolean;
          p, q : baumzeiger;
                              (* Fortsetzung nächste Seite ... *)
```

```pascal
   PROCEDURE machezweig (VAR b : baumzeiger; w : wort);
   BEGIN
   new (b); gefunden := true;
   WITH b^ DO BEGIN
               links  := NIL; rechts := NIL;
               inhalt := w
               END
   END;

BEGIN
gefunden := false;
q := b;
IF b = NIL THEN machezweig (b, w)
           ELSE REPEAT
                 IF w < q^.inhalt THEN
                                     IF q^.links = NIL
                                        THEN BEGIN
                                               machezweig (p, w);
                                               q^.links := p
                                               END
                                        ELSE q := q^.links
                                     ELSE
                  IF w > q^.inhalt THEN
                                     IF q^.rechts = NIL
                                        THEN BEGIN
                                               machezweig (p, w);
                                               q^.rechts := p
                                               END
                                        ELSE q := q^.rechts
                 ELSE gefunden := true
                 UNTIL gefunden
END;                                         (* OF einfuegen *)

PROCEDURE line (von, bis, zeile : integer);
VAR i : integer;
BEGIN
IF von < bis THEN FOR i := von     TO bis DO BEGIN
                                              gotoxy (i, zeile);
                                              write ('-')
                                              END
             ELSE FOR i := von DOWNTO bis DO BEGIN
                                              gotoxy (i, zeile);
                                              write ('-')
                                              END;
gotoxy (bis, zeile - 1); write (chr(179));
END;
(*$A-*)

PROCEDURE
   schreibebaum (b : baumzeiger; x, y, astbreite : integer);
BEGIN
IF b <> NIL
   THEN BEGIN
        IF b^.links <> NIL
           THEN BEGIN
                line (x - 2, x - astbreite DIV 2, y);
                schreibebaum (b^.links, x - astbreite DIV 2,
                              y - 2, astbreite DIV 2)
                END;
```

```
                  gotoxy (x - 1, y);
                  write (b^.inhalt);
                  IF b^.rechts <> NIL
                     THEN BEGIN
                          line (x + 2, x + astbreite DIV 2, y);
                          schreibebaum (b^.rechts, x + astbreite DIV 2,
                                        y - 2, astbreite DIV 2)
                          END
                  END
           END
END;
(*$A+*)

BEGIN (* ------------------------------------------------------- *)
clrscr;
baum := NIL;
writeln ('Demonstration einer Baumstruktur');
writeln ('=================================');
gotoxy (1,  5); FOR n := 1 TO 80 DO write ('*');
gotoxy (1, 18); FOR n := 1 TO 80 DO write ('*');
FOR n := 6 TO 17 DO BEGIN
                    gotoxy (1,  n);  write ('*');
                    gotoxy (80, n); write ('*')
                    END;
gotoxy (40, 16); write (chr(179));
gotoxy (1, 22);
write ('Wort aus drei Buchstaben eingeben (stp = ENDE) : ');
REPEAT
   gotoxy (50, 22); clreol;
   read (eingabe);
   IF eingabe <> 'stp' THEN BEGIN
                            einfuegen (baum, eingabe);
                            schreibebaum (baum, 40, 15, 40)
                            END
UNTIL eingabe = 'stp'
END.  (* ------------------------------------------------------- *)
```

Wir schließen dieses Kapitel mit dem Hinweis auf eine TURBO-
Prozedur ab, mit der ein Speicherplatz im Heap wieder freigemacht werden kann:

```
     dispose (zeiger);
```

Wird ein Datensatz nicht mehr benötigt, so setzt man den Zeiger
auf diesen und wendet *dispose* an; bei späterem Einsatz von *new*
ist dieser Platz dann wieder verwendbar, d.h. der Heap wurde
"gestaucht" und damit Speicherplatz gespart. *dispose* schafft
also eine benutzbare Lücke. Im Gegensatz dazu kann mit den Prozeduren

```
     mark (zeiger);   und   release (zeiger);
```

von einer markierten Adresse an "abwärts" der gesamte Heap für
neuerliche Verwendung freigemacht werden. - Die gleichzeitige
Benutzung von *dispose* einerseits und *mark/release* andererseits
in einem Programm ist aber nicht erlaubt. Näheres illustriert
das TURBO-Handbuch auch mit einem Speicherbild.

In Kapitel 14 wurde eine Dateiverwaltung besprochen, in der die
Anzahl der insgesamt zu bearbeitenden Sätze durch eine vom Programm vorgegebene Feldgröße grundsätzlich begrenzt ist. Diese
Beschränkung soll jetzt durch Einsatz von Zeigervariablen aufgehoben werden. Wir benutzen diese Gelegenheit, eine völlig
andere Organisationsstruktur für Datenverwaltung mit zusätzlichen "Features" zu verbinden, die im professionellen Bereich
gerne verwendet werden. Dazu gehören z.B. ein Startsignet des
Programms, Zugriffsabsicherungen mit Geheimcode und jetzt auch
eine Directory-Routine sowie die dauerhafter Ablage der eingegebenen Datensätze.

Der nachfolgende Quelltext wird abschnittsweise kommentiert;
vorab soll beschrieben werden, wie das Programm unter Laufzeit
reagiert, welche Einsatzmöglichkeiten sich bieten. Das Beispiel
ist nämlich auch dadurch interessant, daß es Datensätze mit
ganz unterschiedlicher inhaltlicher Relevanz zu verwalten imstande ist, in (hier noch) engem Rahmen jeweils der Aufgabe angepaßte Menüs generiert ...

Nach dem Starten von stapel erscheint für einige Sekunden ein
Titelbild ("Logo") und dann ein Vormenü, in dem alle bisher zum
Programm passenden Datenfiles angezeigt werden. Beim Erststart
ist diese Liste leer. Einzugeben ist dann das Datum in der Form
z.B. 07.05.1988 (d.h. 7. Mai 1988) und der gewünschte Filename
ohne Suffix (Typ, 'extension'); das Programm hängt später automatisch die Endung   .VWA an und erkennt daran, welche Dateien
auf Diskette zum Programm "passen". Diese müssen sich auf der
Diskette befinden, von der aus das Programm gestartet worden
ist; in der Directory-Routine ist aber eine Laufwerksangabe zusätzlich möglich.

Nunmehr passiert folgendes: Existiert das angebene File auf der
Diskette, so wird es geladen und das Programm wechselt nach
Eingabe des zugehörigen Codewortes in das Hauptmenü, wobei die
zur geladenen Datei gehörige Eingabemaske ebenfalls mit geladen
wird. - In unserem Fall hingegen beginnen wir mit einem neuen
Dateinamen, der wie üblich aus maximal 8 Zeichen bestehen kann.
Das Programm fragt uns dann nach einem Code, einer beliebigen
Zeichenkette aus maximal 10 Zeichen. Diese Zeichenkette wird
später noch ein einziges Mal angezeigt, dann nie mehr! Zu beachten ist, daß das Codewort präzise angegeben werden muß: Die
beiden Wörter Geheim und geheim sind durchaus verschieden ...

Nach Bestätigung des neuen Codewortes mit <RETURN> erscheint
das "Generierungsmenü" für die spätere Eingabemaske:

Oben links steht der Filename, rechts darunter fragt das Programm nach einem beschreibenden Kurztext, etwa "Schadensbearbeitung" oder dgl. Die Gänsefüßchen werden natürlich nicht eingegeben; die maximale Wortlänge des Textes wird durch Pünktchen
angezeigt. Danach gibt man der Suchvariablen einen Namen, als
Vorschlag in unserem Beispiel etwa "Einreicher". Das Zielobjekt
könnte der "Geschädigte(r)" sein.

Worauf wollen wir hinaus? - Wir möchten später einen sich immer
wiederholenden Verwaltungsvorgang "Schadensbearbeitung" per EVD

abwickeln, wobei ein Versicherungsnehmer eine Schadensmeldung
einreicht, in der neben seinen eigenen Daten die Anschrift des
Geschädigten gemeldet wird, ferner eine Beschreibung des Falles
(Vorgang: "Schadensfall") mit einigen Daten. Vorgesehen sind
daher zwei Boxen vom Datumstyp: Diesen könnten wir die näheren
Bezeichnungen "Eingang" und "Ausgang" geben. In beiden Boxen
trägt das Programm später automatisch das aktuelle Tagesdatum
ein, wenn wir nicht ausdrücklich etwas anderes einschreiben. So
könnte ja das Ausgangsdatum (der Bearbeitung) ein späteres als
das Eingangsdatum sein ...

Nach Abschluß der Maskengenerierung fragt das Programm, ob wir
mit der festgelegten Beschriftung endgültig zufrieden sind. Sie
wird am Bildschirm angezeigt. - Geben wir "okay", so wird uns
noch einmal das Codewort genannt, dann wechselt das Programm in
das Hauptmenü. Ansonsten kann man die Generierungsphase wiederholen.

Das Hauptmenü besteht aus den Wahlmöglichkeiten

         Neueingabe Vorgang   .... N
         Suchen / Löschen etc   .... S
         Auslisten   L
         Statistik   .... M
         File sichern   .... F
         File verlassen   .... Q
         Programmende   X

und einer Wahlzeile. Die Option F dient dem Zweck, nach Eingabe
mehrerer Datensätze den Stapel zwischendurch abzuspeichern. Damit ist Schreibarbeit bei eventuellem Ausfall des Stroms oder
Programmabsturz aus anderen Gründen nicht vergebens gewesen.
Mit Q verläßt man die Bearbeitung der aktuellen Datei, mit X
das Programm überhaupt. - Diese beiden Optionen beinhalten F
automatisch. Wählt man sie zum gegenwärtigen Zeitpunkt, so wird
nur die eben generierte Maske samt Codewort abgespeichert. Die
Option M wird weiter unten erklärt.

Sinnvollerweise wählen wir Option N für Neueingabe. - Jetzt erscheint die Eingabemaske korrekt beschriftet und wir können den
Vorgang eingeben:

Unter "Einreicher" sind drei Zeilen Text vorgesehen: Die erste
Zeile für Familien- und Vorname (in dieser Reihenfolge, nach
dem Familiennamen wird sortiert!), dann eine weitere für Straße
mit Hausnummer und schließlich eine Zeile für Postleitzahl und
Ort. Beginnt man die erste Zeile mit dem Zeichen - , so ist die
Eingabephase mit Rückkehr in das Hauptmenü beendet. Die beiden
anderen Zeilen können auch mit <RETURN> übergangen werden, etwa
wegen fehlender Daten. In der Box "Geschädigter" wird im Beispiel auch eine Adresse eingetragen, dies mit beliebiger Un-
vollständigkeit, also u.U. auch dreimal <RETURN>. Das aktuelle
Tagesdatum steht zwischen beiden Blöcken.

Unter "Schadensfall" haben wir zwei Zeilen zur Verfügung. In
der ersten kann beliebiger Text untergebracht werden, z.B. bei
uns der Hinweis "Scheibe eingeschlagen". Die zweite Zeile ist
von besonderer Bedeutung: Enthält sie nur eine ganze Zahl, etwa
300 ohne folgenden Text (!), so dient sie später bei der Option

M des Hauptmenüs statistischen Auszählzwecken; enthält diese
Zeile hingegen einen um Text erweiterten String, so bleibt sie
bei der Auswahl M des Hauptmenüs unberücksichtigt.

In den Boxen "Eingang" bzw. "Ausgang" sind Datumseinträge möglich, aber auch einfache <RETURN>s; dann wird das Tagesdatum
per Programm eingetragen. Die letzte Datensatzzeile dient beliebigen Texteinträgen, auch einfach <RETURN>.

Bearbeiten Sie also einige Vorgänge nacheinander, ehe Sie mit
dem Zeichen - die Neueingabe verlassen. Wenn Sie jetzt L aufrufen, werden alle bisherigen Datensätze der Reihe nach aufgelistet. Mit A kann man vor dem Ende des Stapels abbrechen,
mit D einen Datensatz drucken: Der Drucker muß ON-LINE sein!

Rufen Sie hingegen einen Datensatz mit S auf (Suchkriterium ist
die erste Zeile der Box "Einreicher"), so werden der Reihe nach
alle Datensätze angezeigt, die mit der Suchvariablen übereinstimmen: Eberle können Sie daher suchen als E, Eb, Ebe und so
weiter, nicht aber als eberle! Die Option S gestattet es auch,
Datensätze zu löschen oder teilweise zu ergänzen, und zwar
Nachträge in den Boxen "Eingang" und "Ausgang" einzutragen.

In der noch etwas einfachen Form unseres Programms dient die
Option S auch dazu, Eingabefehler bei der Ersteingabe zu korrigieren: Da eine Option für zeilenweises Ändern fehlt, muß eine
z.B. in den Anschriften fehlerhafte Eingabe abgeschlossen und
dann via - mit S wieder gesucht und gelöscht werden ...

Der Aufruf der Option M vom Hauptmenü aus erklärt sich nach
Eingabe einiger Datensätze von selber. Die z.Z. implementierte
Statistik ist als konkretes Beispiel (Sortieren der Schadens-
fälle nach Größenklassen) aus einer tatsächlich laufenden, geringfügig modifizierten Version dieses Programms aufzufassen.

Da das Programm im Quelltext angegeben ist, kann es in diesen
und anderen Details beliebig verändert und bestimmten Zwecken
optimal angepaßt werden. In der ungeänderten Fassung könnte es
beispielsweise auch für die beiden folgenden Registrieraufgaben
(nebeneinander skizziert) dienen:

Überschrift:	Autorenliste	Terminkalender
Suchvariable:	Autor	Datum
Zielobjekt:	Verlag	Ort des Termins
Vorgang:	Buchtitel/Preis	benötigte Unterlagen
Datumstypen:	Erscheinungs-	Uhrzeit und
	und Kaufdatum	Termindauer
Zusatzinfo:	beliebig	...

Dazu ein paar Bemerkungen: Nach der Suchvariablen wird wie beschrieben sortiert; der Autor muß also mit dem Familiennamen
beginnen; im Falle eines Datums ist dieses in der Form Monat /
Tag zu schreiben, etwa 0403 für den 3. April. - Wird unter Vorgang in der zweiten Zeile der Preis (ohne DM) des Buches eingetragen, so liefert die spätere Statistik eine Einteilung der
Bibliothek nach Preisklassen und die durchschnittlichen Buch-
kosten. Es wäre dann zweckmäßig, die Größenklassen im Quelltext
neu zu schneiden oder die Statistik überhaupt zu ändern.

Zum Abschluß nochmals: Alle generierten Dateien laufen mit ein
und demselben Programm; dieses unterscheidet nach Dateiaufruf
mit Codewort die jeweils benötigte Maske! - Und hier ist das
Programm, das durch zwischengeschobene Texte etwas kommentiert
wird, ansonsten aber bereits im Quelltext eine hinreichende Dokumentation aufweist. Es sollte in der angegebenen Reihenfolge
der Bausteine zusammengesetzt werden.

```
PROGRAM stapelverwaltung;
(*$U+*)

CONST       laenge = 31;

TYPE        ablage = STRING [laenge];
             datei = RECORD
                        schluessel : ablage;     (* Name mit sort *)
                        strasse1   : ablage;
                        ort1       : ablage;
                        name2      : ablage;
                        strasse2   : ablage;
                        ort2       : ablage;
                        zeile1     : ablage;
                        zeile2     : ablage;
                        dat1       : STRING [10];
                        dat2       : STRING [10];
                        dat3       : STRING [10];
                        zusatz     : ablage
                        (* hier bei Bedarf weitere Komponenten  *)
                        END;

        zeigertyp = ^datentyp;                 (* ... zeigt auf ... *)
         datentyp = RECORD                  (* Bezugsvariable *)
                        verkettung : zeigertyp;
                        inhalt     : datei
                        END;
            str64 = STRING [64];               (* für Directory *)
            str10 = STRING [10];

VAR     startzeiger,
        laufzeiger, neuzeiger, hilfszeiger : zeigertyp;

             datum : STRING [10];
             ename : STRING [ 8];
             fname : STRING [12];
               key : STRING [10];
             sname : STRING [15];
              eing : ARRAY [1..6] OF ablage;
           listefil : FILE OF datei;
        c, antwort : char;
(* ----------------------------------------------------------------- *)
```

Der engere Deklarationsteil des Programms zeigt, daß ein Datensatz aus 12 Komponenten besteht; die einzelen Datensätze werden
in einem Stapel mit Zeigerstruktur verwaltet. Für die Vorwärts-
verkettung sind vier Zeiger vorgesehen; ein Auslisten der Datei
ist daher nur vorwärts (mit möglichem Abbruch vor Ende) vorgesehen. Die Variablen dienen im wesentlichen ersten Eingabe- und
ferner Steuerungszwecken.

```pascal
PROCEDURE box (x, y, b, t : integer);
VAR k : integer;
BEGIN
gotoxy (x, y); write (chr(201));
FOR k := 1 TO b - 2 DO write (chr(205)); write (chr(187));
FOR k := 1 TO t - 2 DO BEGIN
                 gotoxy (x, y + k); write (chr(186));
                 gotoxy (x + b - 1, y + k); write (chr(186))
                 END;
gotoxy (x, y + t- 1); write (chr(200));
FOR k := 1 TO b - 2 DO write (chr(205)); writeln (chr(188));
writeln
END;

PROCEDURE titel;
VAR i : integer;
BEGIN
clrscr;
FOR i := 1 TO 10 DO box (40-3*i, 13-i, 6*i + 1, 2*i);
gotoxy (33, 11); write ('      1 9      ');
gotoxy (33, 12); write ('  T E U B N E R  ');
gotoxy (33, 13); write ('S O F T W A R E');
gotoxy (33, 14); write ('      8 8      ');
gotoxy (40, 15); delay (2000); write (chr(7));
clrscr; FOR i := 1 TO 10 DO box (2, 1, 3*i, 8);
gotoxy (3, 2); write ('  BBBBBB   PPPP    VV   VV  ');
gotoxy (3, 3); write ('  B    B   P   P   V     V  ');
gotoxy (3, 4); write ('  BBBBB    PPPP    V     V  ');
gotoxy (3, 5); write ('  B    B   P       V     V  ');
gotoxy (3, 6); write ('  B    B   P        V   V   ');
gotoxy (3, 7); write ('  BBBBBB   PPP        VVV   ');
box (42, 1, 38, 8);
gotoxy (44, 2); write ('Stapelverwaltung     Version 01/88');
gotoxy (44, 3); write ('        mit  Generierung ');
gotoxy (44, 4); write ('von Masken und geschützten Dateien');
gotoxy (44, 7); write ('Copyright:     H. Mittelbach 1988');
END;
(* ----------------------------------------------------- *)
```

Die Prozedur titel ist das "Logo" des Programms; hier ist aus
einem konkreten Anwendungsfall die Abkürzung BPV eines Berufs-
verbandes eingetragen; mit "Overwrite" im Editor kann man sich
den eigenen Namen oder dgl. ohne Zerstörung der Bildaufteilung
eintragen.

titel wie auch das spätere Programm unter Laufzeit benutzen
des öfteren die Prozedur box , die mit den Parametern linke
obere Ecke, Breite und Tiefe am Bildschirm einen Kasten aus
Sonderzeichen erstellt, eine Box eben. In solche Boxen werden
dann Texte gegliedert eingetragen.

Die nachfolgende Prozedur directory wird hier nicht erklärt;
sie kommt u.a. auch in dem Buch "TURBO - PASCAL aus der Praxis"
vor. directory erkennt die File-Extension *.VWA unserer Datenfiles und kann entsprechend leicht verändert werden. Speziell
eingefügt und leicht erkennbar sind einige *gotoxy*-Steuerungen
passend zur File-Box, dies samt Zeilenvorschubsroutine nach
jeweils 5 Ausgaben (lokale Variable n, x und y).

```
PROCEDURE directory;
VAR suchstring : string[64];                        (* Pfadangabe *)
       n, x, y : integer;

PROCEDURE catalog(VAR pfad:str64);      (* eigentl. Prozedur *)
CONST  attribut = $20;                          (* normale Datei *)
VAR  registerrec : RECORD
                       al,ah :byte;
                       bx,cx,dx,bp,di,si,ds,es,flags : integer;
                   END;
     buffer       : str64;
     name,erw     : string[10];
     ch           : char;

PROCEDURE auswertg(VAR name,erw:str10);
(* Auswertung von  in buffer zwischengespeichertem Eintrag *)
VAR i : byte;
BEGIN
  i := 30;
  name := ''; erw  := '';
  WHILE (buffer[i] <> #0) AND (buffer[i] <> '.') AND (i>13)
    DO
    BEGIN
      name := name + buffer[i]; i := i+1
    END;
  IF buffer[i] = '.' THEN
    BEGIN
      i := i+1;
      WHILE (buffer[i] <> #0) AND (i<43) DO
        BEGIN
          erw := erw + buffer[i]; i := i+1
        END;
    END;
END;                                    (* OF PROCEDURE Auswertung *)

BEGIN                                   (* PROCEDURE Catalog *)
  suchstring := suchstring + '\*.*' + chr(0);
    WITH registerrec DO         (* Setzen der Pufferadresse *)
    BEGIN                       (* = MS-DOS Funktion 1A      *)
      ah := $1a;
      ds := seg(buffer);
      dx := ofs(buffer);
      msdos(registerrec);
    END;
  WITH registerrec DO                   (* Ersten Eintrag suchen *)
    BEGIN                               (* = MS-DOS-Funktion 4E  *)
      ah := $4e;
      ds := seg(pfad);
      dx := ofs(pfad)+1;
      cx := attribut;
      msdos(registerrec);
        IF al <> 0 THEN          (* AL = 0 : Eintrag gefunden *)
          BEGIN
            writeln('kein Eintrag');
            exit;
          END
           ELSE
             BEGIN
               auswertg(name,erw);
```

```
                    IF erw = 'VWA' THEN BEGIN
                                  gotoxy (x,y);
                                  write (name : 12 , '.', erw);
                                  n := n + 1;
                                  x := x + 15;
                                  IF n MOD 4 = 0 THEN BEGIN
                                                    x := 5;
                                                    y := y + 1
                                                    END
                                  END
                END;
      END;
    WITH registerrec DO              (* nächsten Eintrag suchen *)
      REPEAT                         (* = MS-DOS-Funktion 4F     *)
        ah := $4f;
        cx := attribut;
        msdos(registerrec);
        auswertg(name,erw);
        IF erw = 'VWA' THEN BEGIN
                                  gotoxy (x,y);
                                  write (name : 12, '.', erw);
                                  n := n + 1;
                                  x := x + 15;
                                  IF n MOD 4 = 0 THEN BEGIN
                                                    x := 5;
                                                    y := y + 1
                                                    END
                                  END
                        END
      UNTIL al <> 0;                 (* AL <> 0: kein weiterer *)
      END;                           (* Eintrag vorhanden      *)

BEGIN
  (* write ('pfad: '); readln (suchstring); *)
  x := 5; y := 12; n := 0;
  suchstring := ''; catalog (suchstring);
END;
(* ---------------------------------------------------------- *)
```

Die eigentliche Prozedur directory (die letzten fünf Zeilen)
könnte auch eine zusätzliche Pfadangabe verarbeiten, d.h. Lauf-
werksänderungen oder gar Unterverzeichnisse behandeln. Da diese
Zeile aber abgeklammert ist, wurde *suchstring := '';* gesetzt.
Diese Leer-Zuweisung müßte dann entfernt werden.

Die nachfolgenden Prozeduren zur Zeigerbehandlung sind schon
aus Kapitel 17 bekannt und von dort übernommen.


```
PROCEDURE insertmitte;
BEGIN
neuzeiger^.verkettung := laufzeiger;
hilfszeiger^.verkettung := neuzeiger
END;

PROCEDURE insertvorn;
BEGIN
neuzeiger^.verkettung := startzeiger;
startzeiger := neuzeiger
END;
```

```
PROCEDURE zeigerweiter;
BEGIN
hilfszeiger := laufzeiger; (* um eine Position dahinter .. *)
laufzeiger := laufzeiger^.verkettung
END;

FUNCTION listenende : boolean;
BEGIN
listenende := (laufzeiger = NIL)        (* NIL = Not in List, *)
END;                             (* d.h. Zeiger zeigt ins Leere. *)

FUNCTION erreicht : boolean;
BEGIN
erreicht :=
(laufzeiger^.inhalt.schluessel > neuzeiger^.inhalt.schluessel)
END;

PROCEDURE einfuege;
BEGIN
hilfszeiger := startzeiger;
laufzeiger  := startzeiger;
IF startzeiger = NIL
   THEN insertvorn
   ELSE
   IF startzeiger^.inhalt.schluessel >
                                  neuzeiger^.inhalt.schluessel
          THEN insertvorn
          ELSE BEGIN
              WHILE (NOT listenende) AND (NOT erreicht) DO
                 BEGIN
                    zeigerweiter;
                    IF erreicht THEN insertmitte
                 END;
              IF listenende THEN insertmitte
              END;
END;
(* ----------------------------------------------------------- *)
```

Es folgen nunmehr drei Prozeduren zur Maskenerstellung unter
Laufzeit; der Einfachheit halber sind alle Positionen fest eingetragen. Da die Datensätze in allen Fällen gleiche Struktur
haben, reicht dies aus. Man könnte aber in einer erweiterten
Form des Programms auch die Satzstruktur variabel halten und
dann die Boxen mit Variablen unterschiedlich gestalten ...

```
PROCEDURE maske1;
BEGIN
box ( 1,  5, 35, 7); box (45,  5, 35, 7);
box (34,  7, 13, 3); box (30, 10,  5, 3);
box ( 1, 13, 35, 6); box (45, 13, 16, 3);
box (64, 13, 16, 3); box (45, 16, 35, 3);
END;

PROCEDURE maske2;
BEGIN
gotoxy ( 1 ,3); write ('Vorgang : ', eing[1]); clreol;
gotoxy ( 4, 5); write (' ', eing [2], ': ');
gotoxy (48, 5); write (' ', eing [3], ': ');
```

```pascal
gotoxy ( 4,13); write (' ', eing [4], ': ');
gotoxy (48,13); write (' ', eing [5], ' ');
gotoxy (67,13); write (' ', eing [6], ' ');
END;

PROCEDURE maske3;
BEGIN
gotoxy ( 3, 7); write ('...................................');
gotoxy ( 3, 8); write ('...................................');
gotoxy ( 3, 9); write ('...................................');
gotoxy (35, 8); write ('>', datum);
gotoxy (47, 7); write ('...................................');
gotoxy (47, 8); write ('...................................');
gotoxy (47, 9); write ('...................................');
gotoxy ( 3,15); write ('...................................');
gotoxy ( 3,16); write ('...................................');
gotoxy (48,14); write ('..........');
gotoxy (67,14); write ('..........');
gotoxy (47,17); write ('...................................')
END;
(* ----------------------------------------------------------- *)
```

Die nachfolgende Prozedur neugen erstellt eine Maske für ein
erstmals aufgerufenes File; sie benötigt dazu die Prozedur
anzeige , die wiederum auf die Masken zugreift. Die Stapelver-
waltung arbeitet mit einem Trick:

Der erste Datensatz (startzeiger) enthält die Informationen zu
den Masken, den Code usw. Deswegen wird bei der Sortierkomponente schluessel die Zeichenkette ##### vorgesetzt. Damit ist
sichergestellt, daß die Maskeninformationen stets am Anfang des
Stapels liegen und später niemals als Inhalt angezeigt werden!
Der erste Datensatz wird also dazu benutzt, die Beschriftungen
der Boxen zu speichern usw. Beim Einlesen bestehender Dateien
muß daher der erste Datensatz auf Variable des Programms umkopiert werden. Dazu später mehr.


```pascal
PROCEDURE anzeige; forward;

PROCEDURE neugen;
BEGIN
clrscr;
new (neuzeiger);
REPEAT
maske1; maske3;
gotoxy ( 1, 1); write ('File : ' , fname);
gotoxy (1, 3); clreol; gotoxy (10, 3);
write ('*** Maskengenerierung für neues File : ');
write ('........................ ***');
gotoxy ( 3, 7); write ('Sortierkriterium .............');
gotoxy (35, 8); write ('auto. Datum');
gotoxy (31, 11); write (' n ');
gotoxy (48, 14); write ('tt.mn.jahr');
gotoxy (67, 14); write ('tt.mn.jahr');
gotoxy (47, 17); write ('Freie Zusatzinformationen .....');
gotoxy ( 4, 5); write (' Suchvariable: .............. ');
gotoxy (48, 5); write (' Zielobjekt: ................ ');
gotoxy ( 4, 13); write (' Vorgang: ................... ');
```

```
gotoxy ( 3, 16); write ('Statistik, falls Zahl OHNE TEXT');
gotoxy (47, 13); write (' Datumstyp ');
gotoxy (66, 13); write (' Datumstyp ');
WITH neuzeiger^.inhalt DO BEGIN
gotoxy (49,  3); readln (schluessel);  eing [1] := schluessel;
schluessel := '#####' + schluessel;
gotoxy (19,  5); readln (strasse1);    eing [2] := strasse1;
gotoxy (61,  5); readln (ort1);        eing [3] := ort1;
gotoxy (14, 13); readln (name2);       eing [4] := name2;
gotoxy (48, 13); readln (strasse2);    eing [5] := strasse2;
gotoxy (67, 13); readln (ort2);        eing [6] := ort2;
                           zeile1      := key;
                           zeile2      := 'CODEWORT';
                           dat1        := 'vvv';
                           dat2        := 'www';
                           dat3        := datum;
                           zusatz      := 'yyy'
                           END;
maske1;
maske3;
maske2;
gotoxy (1,  20); write ('Maske okay (J/N) ... ');
read (kbd, c); c := upcase (c)
UNTIL c = 'J';
                          (* Maske auf Dateianfang kopieren *)
gotoxy (1, 20); write (chr(7));
writeln ('Maske ist definiert ... '); delay (1000);
write (chr(7)); box (30, 19, 30, 3);
gotoxy (32, 20); write ('Ihr Code ist ... ', key);
read (kbd, c);
einfuege
END;
(* ------------------------------------------------------------ *)
```

Die folgende Prozedur lesen ist eine Diskettenzugriffsroutine;
nach Eingabe des Dateinamens ename wird entschieden, ob es
sich um eine bereits bestehende oder aber um eine neue Datei
handelt. Die Prozedur verzweigt entsprechend den beiden Fällen:

Ist die Datei vorhanden, so wird der erste Datensatz eingelesen
und daraufhin untersucht, ob der Anwender das richtige Codewort
angegeben hat. Ist dies nicht der Fall, so wird ein Absturz des
Programms bewirkt. Ansonsten wird der erste Datensatz auf die
zukünftige Eingabemaske umkopiert und dann weiter eingelesen.
Für den "Lieferanten" des Programms ist hier eine Umgehung des
Codes eingebaut: Man kann alle bereits bestehende Dateien mit
einer Art "Universalschlüssel" (hier der Zeichenfolge 270740)
öffnen und damit im Falle des Codeverlustes helfend eingreifen.
Mehr dazu weiter unten ... Auch "Hacker" werden da aktiv!

Ist die eröffnete Datei hingegen neu, so wird das zukünftig gewünschte Codewort erfragt und dann in neugen verzweigt.


```
PROCEDURE lesen;
   BEGIN
   REPEAT
      gotoxy (37, 21); readln (ename);
   UNTIL ename <> '';
```

```pascal
      fname := ename + '.VWA';
      assign (listefil, fname);
      (*$I-*)                             (* siehe Compiler-Befehle *)
      reset (listefil);
      (*$I+*)
      IF (ioresult = 0)                          (* File vorhanden *)
         THEN BEGIN
               gotoxy (65, 20); write ('vorhanden! ');
               delay (1000); write (chr(7));
               gotoxy (65, 20); write ('           ');
               gotoxy (65, 20); read (key);
               new (neuzeiger);
               read (listefil, neuzeiger^.inhalt);
               eing [1] := neuzeiger^.inhalt.zeile1;
               IF NOT ((eing[1] = key) OR ('270740' = key))
                       THEN BEGIN              (* Programmabsturz *)
                            clrscr;
                            writeln ('Zugang nicht erlaubt !');
                            writeln; writeln; writeln (sqrt (-1))
                            END
                     ELSE einfuege;
               REPEAT                 (* Ohne Absturz weiterlesen *)
               new (neuzeiger);
               read (listefil, neuzeiger^.inhalt);
               einfuege
               UNTIL eof (listefil);
               close (listefil);
               WITH startzeiger^.inhalt DO BEGIN
                                          (* Maske aufbauen *)
                     eing [1] :=
                     copy(schluessel, 6, length(schluessel) -5);
                     eing [2] := strasse1;
                     eing [3] := ort1;
                     eing [4] := name2;
                     eing [5] := strasse2;
                     eing [6] := ort2
                                          END
            END
         ELSE BEGIN                (* ioresult <> 0, neues File *)
               write (chr(7)); gotoxy (65, 20);
               write ('gut merken!');
               delay (1000); write (chr(7));
               gotoxy (65, 20); write ('           ');
               gotoxy (65, 20); readln (key);
               write (chr(7)); neugen
               END
      END;

PROCEDURE speichern;
   BEGIN
   assign (listefil, fname);
   rewrite (listefil);
   laufzeiger := startzeiger;
   REPEAT
      write (listefil, laufzeiger^.inhalt);
      zeigerweiter
   UNTIL laufzeiger = NIL;
   close (listefil);
   END;
```

Die voranstehende Prozedur speichern legt den im Arbeitsspeicher des Rechners befindlichen Stapel von Datensätzen via F, Q
oder X vom Hauptmenü aus ab.

Die folgende Prozedur start läuft nach Programmstart oder nach
der Option Q des Hauptmenüs ab; sie greift auf die Directory zu
und verlangt allgemeine Eingaben, insbesondere das Codewort zu
einem gewünschten File; nach Aufruf von lesen folgen weitere
Fallunterscheidungen.


```
PROCEDURE start;
BEGIN
box (2, 9, 78, 11);
gotoxy ( 4, 10);
write ('Vorhanden sind derzeit die Files ... ');
gotoxy (4, 18);
write ('Zugehörige Masken werden automatisch geladen.');
directory;
box ( 2, 20, 78, 4);
box (49, 18, 28, 4);
gotoxy (50, 19); write (' Datum heute : ');
   IF datum = '' THEN write ('tt.mt.jahr ')
                 ELSE write (datum, ' ');
gotoxy (50, 20); write (' Zugangscode :             ');
gotoxy ( 4, 21);
write ('Gewünschtes File (ohne Suffix) : ........');
gotoxy ( 4, 22);
write ('Kommt das angegebene File nicht vor, ');
write ('so wird eine neue Maske generiert ... ');
gotoxy (65, 19); IF datum = '' THEN readln (datum);
lesen
END;
(* ----------------------------------------------------- *)
```

Die folgende Prozedur eingabe dient der Eingabe von Datensätzen
mit der Hauptmenüoption N. Ein Ausstieg erfolgt durch Eingabe
des Zeichens - auf die erste Komponente des Datensatzes. Eingaben mit Fehlern können nur bis zum jeweiligen <RETURN> noch
korrigiert werden; ansonsten muß man den Datensatz abschließen
und mit der Option Suchen/Löschen wieder entfernen. Zu beachten
ist, daß bei zwei Boxen im Falle leerer Eingaben automatisch
Datumssetzungen vorgenommen werden.


```
PROCEDURE eingabe;
VAR stop : boolean;
BEGIN
clrscr;
write   ('File : ', fname);
writeln ('      Neueingabe ... (Ende mit - ) ');
maske1; maske2;
   REPEAT
      new (neuzeiger);                (* erzeugt neuen Record *)
      maske3;
      gotoxy (3, 7); readln (neuzeiger^.inhalt.schluessel);
      stop := neuzeiger^.inhalt.schluessel = '-';
      IF NOT stop THEN WITH neuzeiger^.inhalt DO BEGIN
                          dat3 := datum;
```

```
                              gotoxy (3,   8); readln (strasse1);
                              gotoxy (3,   9); readln (ort1);
                              gotoxy (47,  7); readln (name2);
                              gotoxy (47,  8); readln (strasse2);
                              gotoxy (47,  9); readln (ort2);
                              gotoxy ( 3,15); readln (zeile1);
                              gotoxy ( 3,16); readln (zeile2);
                              gotoxy (48,14); readln (dat1);
                                 IF dat1 = '' THEN dat1 := datum;
                              gotoxy (67,14); readln (dat2);
                                 IF dat2 = '' THEN dat2 := datum;
                              gotoxy (47,17); readln (zusatz)
                                           END;

         IF NOT stop THEN einfuege
      UNTIL stop
END;
(* ----------------------------------------------------------- *)
```

Die Prozedur anzeige schreibt jeweils einen Datensatz in die
entsprechenden Boxen am Bildschirm. Sie wird über den Laufzeiger von den Prozeduren suche bzw. ausgabe angesteuert; die
eingetragenen Bildschirmpositionen sind (wie oben auch) hier
fest gewählt, könnten aber veränderlich gestaltet werden.

```
PROCEDURE anzeige;
BEGIN
WITH laufzeiger^.inhalt DO BEGIN
gotoxy ( 3, 7); write (schluessel);
gotoxy ( 3, 8); write (strasse1);
gotoxy ( 3, 9); write (ort1);
gotoxy (35, 8); write ('>', dat3);
gotoxy (47, 7); write (name2);
gotoxy (47, 8); write (strasse2);
gotoxy (47, 9); write (ort2);
gotoxy ( 3,15); write (zeile1);
gotoxy ( 3,16); write (zeile2);
gotoxy (48,14); write (dat1);
gotoxy (67,14); write (dat2);
gotoxy (47,17); write (zusatz)
                              END
END;
(* ----------------------------------------------------------- *)
```

Die Prozedur streichen verkettet den Stapel unter Auslassen des
aktuellen (zu löschenden) Datensatzes neu.

```
PROCEDURE streichen;
BEGIN
hilfszeiger^.verkettung := laufzeiger^.verkettung
END;

PROCEDURE unterzeile;
BEGIN
gotoxy (1, 22);
write ('L) öschen   N) achtragen');
write ('   D) rucken    Weiter (Leertaste) ');
END;
```

Nach einer beim Suchen und Löschen benötigten Unterzeile folgt
die Prozedur drucken ; diese Druckerroutine bedarf keiner Erläuterung. Sie gibt auf dem Drucker einen einfachen Merkzettel
zum Datensatz aus.


```
PROCEDURE drucken;
   PROCEDURE frei (wort : ablage);
   VAR k : integer;
   BEGIN
   FOR k := 1 TO 16 - length (wort) DO write (lst, ' ')
   END;

BEGIN
writeln (lst, 'Datum : ', datum);
WITH laufzeiger^.inhalt DO BEGIN
     write    (lst, eing [2], ' : '); frei (eing [2]);
     writeln (lst, schluessel, '  ', strasse1, '  ', ort1);
     write    (lst, eing [3], ' : '); frei (eing [3]);
     writeln (lst, name2, '  ', strasse2, '  ', ort2);
     write    (lst, eing [4], ' : '); frei (eing [4]);
     writeln (lst, zeile1, '  ', zeile2);
     write    (lst, eing [5], ' : ', dat1);
     writeln (lst, '  -  ', eing [6], ' : ', dat2);
     writeln (lst, zusatz)
                              END;
writeln (lst)
END;
(* ---------------------------------------------------------- *)
```

Die Prozedur suche ermittelt nach Eingabe des Suchkriteriums,
d.h. des Anfangs der ersten Zeile in der Box "Suchvariable",
die richtige Zeigerposition im Stapel und zeigt dann alle Datensätze mit dem Suchkriterium der Reihe nach an. Gegebenenfalls kommt auch "Fehlanzeige", nämlich dann, wenn der Laufzeiger ins Leere (NIL) zeigt. Eine Unterzeile (siehe weiter
oben) läßt dann verschiedene Optionen zu, insbesondere Löschen,
(teilweises) Nachtragen und Drucken des Satzes. Hier ist, für
den Anwender nicht erkennbar, eine Zusatzoption für Notfälle
mit "Operatorhilfe" (Software-Haus) eingebaut:

Ist zu einer bestehenden Datei das Codewort vergessen worden,
so kann diese Datei zunächst mit dem Universalschlüssel von
weiter vorne (Prozedur lesen) geöffnet und dann auf ihren Code
abgefragt werden. Man ruft zu diesem Zweck einen leeren Datensatz '' (also Suchkriterium: keine Eingabe, <RETURN>) mit der
Option L auf und gibt sodann die via Unterzeile nicht vorge-
schlagene Antwort ? ein: Nunmehr wird für zwei Sekunden der
Laufzeiger (ausnahmsweise) auf den Startzeiger gesetzt. In der
Box "Vorgang" taucht dann für kurze Zeit das Codewort der Datei
auf ... Der erste Datensatz im Stapel enthält bekanntlich die
Maskeninformationen und den Code.


```
PROCEDURE suche;
VAR merk : STRING [10];
       n : integer;
BEGIN
n := 0;
```

```pascal
laufzeiger := startzeiger; clrscr;
maske1; maske2;
REPEAT
REPEAT
   zeigerweiter
UNTIL (sname =
     copy (laufzeiger^.inhalt.schluessel, 1, length (sname)) )
        OR (laufzeiger = nil);
maske3;
IF NOT (laufzeiger = NIL)              (* BOX 31,11 linke Pos. *)
   THEN BEGIN
        n := n + 1;
        anzeige;
        gotoxy (31,11); write (' ', n, ' ');
        END
   ELSE BEGIN
        gotoxy (3, 7);
        write (sname, ' nicht (mehr) vorhanden.')
        END;
unterzeile;
gotoxy (65,22); clreol; read (kbd, c); c := upcase (c);
CASE c OF
'?'  : BEGIN
        laufzeiger := startzeiger;
        anzeige; delay (2000)
        END;
'L'  : BEGIN
        gotoxy (65, 22);
        write ('Wirklich (L) ');
        read (kbd, c); c := upcase (c);
        IF c = 'L' THEN streichen;
        END;
'N' :  BEGIN
        WITH laufzeiger^.inhalt DO BEGIN
            merk := dat1;
            gotoxy (48,14); readln (dat1);
            IF dat1 = '' THEN dat1 := merk;
            merk := dat2;
            gotoxy (67,14); readln (dat2);
            IF dat2 = '' THEN dat2 := merk
                                  END
        END;
'D' :  drucken;
END                                        (* OF CASE *)
UNTIL laufzeiger = NIL;
clrscr
END;
(* ------------------------------------------------------- *)
```

Die Prozedur ausgabe bedarf keiner besonderen Erklärung:

```pascal
PROCEDURE ausgabe;
VAR c : char;
    n : integer;
BEGIN
n := 0;
clrscr;
maske1; maske2;
```

```pascal
gotoxy (1, 22); write ('A) bbrechen');
write ('    D) drucken    Weiter (Leertaste) ');
REPEAT
   maske3;
   anzeige; n := n + 1; gotoxy (31, 11); write (n : 3);
   gotoxy (70, 22); read (kbd, c);
   c := upcase (c);
   IF c = 'D' THEN drucken;
   zeigerweiter
UNTIL listenende OR (c = 'A');
END;
(* ---------------------------------------------------------- *)
```

Als letzte folgt die Prozedur statistik , angepaßt auf eine in
der Praxis eingesetzte spezielle Version dieses Programms; sie
kopiert fallweise die zweite Zeile der Box "Vorgang" auf eine
reelle Variable zahl um und enthält daran anschließend eine
Maximum/Minimum - Routine mit einfachen Verzweigungen und einer
Summenbildung mit folgendem Mittelwert.


```pascal
PROCEDURE statistik;
CONST x = 35; y = 6;
VAR                              n, m, code : integer;
     sum, max, min, zahl, k1, k2, k3, k4 : real;
BEGIN
laufzeiger := startzeiger;
n := 0; m := 0; sum := 0; k1 := 0; k2 := 0; k3 := 0; k4 := 0;
max := 0; min := 10000;
zeigerweiter;
IF laufzeiger <> NIL
   THEN REPEAT
        n := n + 1;
        val (laufzeiger^.inhalt.zeile2, zahl, code);
        IF (code = 0) AND (zahl > 0) THEN
           BEGIN
           sum := sum + zahl;
           IF zahl > max THEN max := zahl;
           IF zahl < min THEN min := zahl;
           IF zahl < 50 THEN k1 := k1 + 1;
           IF (zahl >= 50) AND (zahl < 100) THEN k2 := k2 + 1;
           IF (zahl >=100) AND (zahl < 500) THEN k3 := k3 + 1;
           IF (zahl >=500) THEN k4 := k4 + 1;
           m := m + 1
           END;
        zeigerweiter
        UNTIL listenende;
box (x-1, 5, 42, 13);
gotoxy (x, y);
write (' Registrierte Fälle ........... ', n : 5, ' ');
gotoxy (x , y+2);
write (' Davon mit Wertangaben ........ ', m : 5, ' ');
gotoxy (x, y+ 4);
IF m > 0 THEN
write ('        u.z. Wertmittel ......... ');
write ( sum/m : 5 : 0, ' ');
gotoxy (x, y+ 5);
write ('           Maximum ........... ', max : 5 : 0, ' ');
gotoxy (x, y+ 6);
```

```
write ('              Mimimum ............ ', min : 5 : 0, ' ');
gotoxy (x, y+ 7);
write ('              Klasse ... bis  49 : ', k1 : 5 : 0, ' ');
gotoxy (x, y+ 8);
write ('              Klasse  50 bis  99 : ', k2 : 5 : 0, ' ');
gotoxy (x, y+ 9);
write ('              Klasse 100 bis 499 : ', k3 : 5 : 0, ' ');
gotoxy (x, y+10);
write ('              Klasse .. über 500 : ', k4 : 5 : 0, ' ');
gotoxy (x, y+11); read (kbd, c);
END;
(* ------------------------------------------------------------ *)
```

Das Hauptprogramm ist wie meistens in Pascal recht kurz; eine
äußere REPEAT - Schleife wird je Datei nur einmal durchlaufen
und ruft die Startroutine auf. Wichtig ist, daß der Startzeiger
an der richtigen Stelle auf NIL zurückgesetzt wird.

In der inneren Schleife ist das Hauptmenü samt Programmschalter
angeordnet. - Von hier aus läßt sich das Programm schrittweise
weiter ausbauen, etwa mit Optionen für Korrigieren usw.

```
BEGIN (* ------------------------------------------------------ *)
datum := '';
titel;
REPEAT
startzeiger := NIL; start;        (* In jeder Schleife neu ! *)
clrscr;
REPEAT
   clrscr;
   writeln ('File : ', fname, ' zum Vorgang : ', eing[1]);
   gotoxy (1, 4);
   writeln ('        Neueingabe Vorgang ......... N'); writeln;
   writeln ('        Suchen / Löschen / etc ..... S'); writeln;
   writeln ('        Auslisten ................. L'); writeln;
   writeln ('        Statistik ................. M'); writeln;
   writeln ('        File sichern .............. F'); writeln;
   writeln ('        File verlassen ............ Q'); writeln;
   writeln ('        Programmende .............. X'); writeln;
   writeln ('        ---------------------------'); writeln;
   write   ('        Wahl ...................... ');
   read (kbd, antwort);antwort := upcase (antwort);
   CASE antwort OF
   'N' : eingabe;
   'S' : BEGIN
         box (43, 5, 32, 3);
         REPEAT
         gotoxy ( 45, 6); write ('Kriterium ... ');
         readln (sname)
         UNTIL sname <> '';
         suche
         END;
   'L' : BEGIN
         laufzeiger := startzeiger;
         zeigerweiter;
         IF laufzeiger <> NIL
            THEN ausgabe
            ELSE BEGIN
```

```
                    clrscr; gotoxy (30, 10);
                    write ('Vorgangsliste leer ...'); delay (2000)
                    END
              END;
       'M' : statistik;
       'F' : BEGIN
             box (43, 11, 18, 3);
             gotoxy (46, 12); write ('Bitte warten!');
             speichern; write (chr (7));
             END;
    END
UNTIL (antwort = 'Q') OR (antwort = 'X');
clrscr; writeln ('Bitte Abspeichern abwarten ... ');
speichern; write (chr(7))
UNTIL antwort = 'X';
clrscr; writeln ('Programmende ... ')

END. (* ------------------------------------------------- *)
```

Das vorstehende Programm wurde nach Testläufen von der Diskette
direkt in den Text des Buches eingespielt und enthält daher
keine Schreibfehler. Es muß also laufen; grob fehlerhafte Eingaben könnten freilich u.U. einen Absturz bewirken. Nach etwas
Übung wird man aber keine Probleme haben und noch so manche Besonderheit entdecken, so etwa einen mitlaufenden Zähler im Stapel bzw. in der Suchroutine, falls ein Suchkriterium zu mehr-
fachen Anzeigen führt. Hintergrund: Sind bei aktueller Nutzung
des Programms am Beispiel der Schadensverwaltung viele Datensätze eingegeben, so können gehäufte Meldungen eines einzigen
Verursachers erkannt werden; dahinter sind vielleicht betrüge-
rische Manipulationen zu vermuten ... Die Statistik hat den
Zweck, die Schadensmeldungen nach Größe zu klassifizieren und
damit sog. Bagatellschäden aufzuzeigen, bei denen die Bearbeitung mehr kostet als der Schaden ausmacht.

Doch wie gesagt, das Programm hat viele Nutzungsmöglichkeiten.

Nach seinem Muster könnte man sich sehr einfach einen Termin-
kalender (für jede Stunde eine eigene Box) aufbauen, der tag-
weise durchzublättern wäre (vor- und rückwärts), und in den man
auf freien Boxen Einträge machen kann. Diese Einträge können
bequem durch Cursorbewegungen gesetzt werden (siehe Steuerungs-
muster im Kapitel 20). In Arztpraxen z.B. sind solche Programme
üblich. An die Rechneruhr angekoppelt werden Terminblätter für
eine gewisse Zeit im Voraus automatisch erstellt; zu Ende eines
jeden Tages wird ein Protokoll für das Archiv ausgedruckt und
dann der Tag vom Stapel gelöscht.

19 EIN SPRACHÜBERSETZER

Das nachfolgende Programm intercom ist die vorläufige Realisation der Idee, die Wirkungsweise eines Interpreters oder Compilers auf Pascalebene zu simulieren. - Das Programm übersetzt Quelltexte in einer sehr frei wählbaren Kunstsprache, mit der wir komplexe Grafiken zeichnen können, in erster Linie solche, die mit sich oft wiederholenden Routinen (z.B. für Symmetrien oder dgl.) generiert werden. intercom implementiert also ein noch zu beschreibendes Sprachsystem, etwa vom Typ der bekannten TURTLE - Grafik.

In der wiedergegebenen Form wird das Standard-Bildfenster unter *graphmode* der Größe 319 x 199 benutzt. Damit auf einem gewissen Monitor ein rechnerisches Quadrat auch als solches erscheint, ist im Programm ein Maßstabsfaktor ms = 0.95 eingetragen, der in y-Richtung staucht, sodaß y eingabeseitig nicht nur bis 199, sondern bis ca. 209 gesetzt werden kann. Als Testgeometrie wäre auch ein Kreis geeignet, der eben rund und nicht elliptisch erscheinen sollte. Nach etwas Erfahrung mit dem Programm können Sie diesen Faktor passend auf Ihren Bildschirm zuschneiden. Anmerkungen zu *hires* oder der Herculeskarte finden Sie weiter unten vor dem Quelltext.

Ehe wir technische Hinweise zum Programm geben, soll die Bedienung ausführlich beschrieben werden:

Nach dem Starten des Programms meldet sich die Titelseite, von der aus Sie in den Interpreter- oder Compilermodus wechseln können; beide hängen intern zusammen, wie ebenfalls später kurz erläutert wird. Das ausführlich kommentierte Listing des Quellprogramms zeigt auch, daß unsere grafische Anwendung nur beispielhaft ist: Die implementierte Sprache kann beliebig erweitert, verändert und auch auf andere Anwendungen hin orientiert werden ...

Zur Zeit existieren folgende 16 Anweisungen, die Sie im Interpreter mit "list" und im Compiler mit der Option B) vom Hauptmenü aus anzeigen lassen können:

```
up              Schreibstift "aus"
down            Schreibstift "an"
sauber          löschen und zur Schirmmitte mit 0 Grad
urnull          Eintrag eines Koordinatensystems
mitte           zur Bildschirmmitte mit 0 Grad
```

Diese Anweisungen werden stets ohne Parameter benutzt. Weiter gibt es mit einem Parameter X

```
move X          bewegt zeichnend um X Pixels
line X          zieht einen Zeiger der Länge X
jump X          springt relativ um X Pixels
turn X          dreht die Richtung um X Grad
turnto X        dreht absolut nach X Grad
pause X         legt eine Pause mit X Millisekunden ein
kreis X         zeichnet einen Kreis mit Radius X
```

Genauere Erläuterungen folgen weiter unten; hier ist zunächst noch die Liste der Anweisungen mit zwei Parametern:

```
moveto X Y        bewegt zeichnend absolut zum Punkt X Y
lineto X Y        zieht einen Zeiger (Länge X in Richtg. Y)
jumpto X Y        springt nach X Y
ellipse X Y       zeichnet Ellipse mit den Halbachsen X Y.
```

Aus diesen Anweisungen können Sätze gebildet werden; die Parameter X bzw. Y sind stets ganzzahlige Werte (mit Vorzeichen): Längen, Koordinaten oder Winkel. In der Voreinstellung (also nach 'sauber' bzw. 'mitte') beträgt der Winkel 0 (nach rechts, positiv drehen gegen den Uhrzeiger), es gilt 'down' und die Startkoordinaten sind auf die Schirmmitte eingestellt. Der Ursprung (0, 0) ist links unten. X läuft von 0 bis 319 und Y von 0 bis 209 (statt nur 199, siehe oben).

Ein paar allgemeine Hinweise zur Sprache: Die Anweisungen move, line, jump, turn, kreis und ellipse arbeiten mit relativen Koordinaten, d.h. befindet sich der imaginäre Zeichenstift an der Position X Y mit der Richtung Phi, so geht er mit move Z um Z Punkte in Richtung Phi zeichnend weiter und erreicht eine neue Lage X1 Y1. Phi wird stets in Grad gemessen.

line Z zieht ab X Y eine Strecke der Länge Z in der Richtung von Phi und <u>kehrt dann nach X Y zurück</u>. jump bedeutet move zusammen mit up. turn Z bewirkt eine Vergrößerung von Phi um Z.

kreis R bewirkt einen Kreis um X Y mit dem Radius R und analog ellipse A B eine Ellipse mit den Halbachsen A und B um X Y. Der aktuelle Wert von Phi wird dabei berücksichtigt, d.h. daß die Ellipse fallweise sogar gedreht gezeichnet wird!

Die auf -to endenden Anweisungen bewirken hingegen absolute Veränderungen von Ausgangskoordinaten und Winkeln, d.h. moveto zeichnet bzw. jumpto springt von X Y zur angegebenen Position; dabei bleibt Phi unverändert. turnto Z dreht in Richtung von Z (Z = 0 ist rechts, Z = 90 ist oben und so weiter). lineto X Y zieht ab Ausgangsposition eine Strecke der Länge X absolut in Richtung Y in Grad mit Rückkehr an den Ausgangspunkt.

Der implementierte Anweisungsvorrat ermöglicht auf einfache Weise das Zeichnen aller geometrischen Grundmuster (reguläre Vielecke, Netze, hyperbolische Flächen u. dgl.). Für spezielle Fälle läßt er sich leicht erweitern, wie die Prozeduren für Kreis und Ellipse im Quelltext beispielhaft zeigen.

Aus diesen Anweisungen können nunmehr Sätze gebildet werden. In ihnen sind Wörter und Parameter jeweils durch mindestens ein blank zu trennen (Beispiele unten). <u>Wichtig: Alles wird klein geschrieben</u>. Weiter gibt es noch

```
list              zum Aufrufen der obigen Liste vom Interpre-
                  ter aus,
ende              zum Beenden der Arbeit im Interpreter.
```

Im Interpretermodus (der für erste Übungen besonders geeignet ist) können Sie jeweils eine Zeile schreiben und dann direkt abarbeiten lassen; z.B. liefert

```
move 100 turn 120 move 100 turn 120 move 100 turn 120
```

oder kürzer mit Verwendung der Schleife mal X ... /

    mal 3 move 100 turn 120 /   (je Zeilenende <RETURN>)

ein gleichseitiges Dreieck. Der "Zeichenstift" steht hernach
wieder in Bildschirmmitte mit "Blick nach rechts". Jede Schleife mal X ... wird mit / abgeschlossen. Schachtelungen sind der-
zeit nicht möglich, aber auch nicht nötig, denn: Wenn Sie dieses Dreieck öfters brauchen, so bietet sich die Möglichkeit,
unter Laufzeit zuerst als Definition (mit Ausrufezeichen)

    !drei mal 3 move 100 turn 120 /   <RETURN>

zu schreiben, dann u.U. mit 'sauber' den Bildschirm zu "putzen"
und zukünftig nur noch 'drei' zu verwenden, als neues Einzel-
wort natürlich <u>auch in Schleifen</u> ...

!neuwort ... wirkt wie eine Prozedur: Ein nachfolgendes neuwort
wird durch die Kette ... inhaltlich einmal definiert und kann
hernach beliebig eingesetzt werden. Abschluß dieser Definition
ist in jedem Fall das Zeilenende. (Ein eigenes Endezeichen wie
bei der Schleife wurde nicht definiert, wäre aber möglich: Dann
könnte nach der Definition in der Zeile noch weitergeschrieben
werden.) <u>Wichtig: Zwischen ! und neuwort kein blank.</u>

Definieren Sie z.B. als weiteres Beispiel:

    !sechs mal 6 move 40 turn 60 /

und probieren Sie jetzt 'sechs' allein ... oder weiter

    !super mal 10 sechs turn 36 /

als Neudefinition unter Benutzung von 'sechs' ...

    sauber super pause 2000 sauber

ist schon recht effektiv ...   - Dies sind alle Regeln! - Ein
definiertes Wort findet man unter Laufzeit in der Befehlsliste
ergänzend eingetragen (im Interpreter wichtig!).

Kommen wir zum wesentlich interessanteren Compilermodus. Die
Benutzerebene ist TURBO 3.0 nachgebildet:

Nach der Wahl C vom Titelbild aus meldet sich die TURTLE-Grafik
mit den Optionen E)ditor, C)ompiler, D)irectory, R)un, L)oad,
S)ave, B)efehle, P)rint und natürlich Q)uit so:

```
TURTLE-GRAFIK      * E)ditor    D)ir   L(oad   S)ave      P)rint
File : ......      * C)ompiler  R)un           B)efehle   Q)uit
==============================================================
```

Zunächst ist kein File (Programm in der TURTLE - Quellsprache)
im Editor. Sie können es probieren: Nur die Optionen D), L), B)
und Q) sind aktiv.

Mit D) zeigt das System alle in der Kunstsprache geschriebenen
Files auf der Diskette an, das sind solche, die auf .PIC enden.
Das Suffix wird automatisch erzeugt und also nicht getippt. Als

lauffähiges Beispiel wird TESTBILD.PIC mitgeliefert. Laufwerkswechsel sind möglich (Frage Pfad? z.B. mit C: beantworten).

B) entspricht dem Kommando 'list' im Interpreter.

L) wird zum Laden von der Diskette benutzt. Zuvor wird signali-
siert, daß D) zwischengewählt werden kann. Wird ein File aus
den bereits vorhandenen genannt, so wird es geladen. Nennen Sie
hingegen einen noch nicht existierenden Namen, so wird NEUES
FILE gemeldet. - Nunmehr können Sie in den E)ditor gehen oder
mit P)rint das TURTLE-Programm auf den Drucker geben, sofern
ein solcher On-Line ist. Im Falle NEUES FILE wird der Zugang
zum Drucker blockiert, wenn im Editor noch nichts geschrieben
worden ist. Einige andere Feinheiten mit entsprechenden Meldungen werden Sie nach und nach entdecken ...

Laden Sie TESTBILD und gehen Sie in den E)ditor bzw. schreiben
Sie nach Aufruf L)oad das neue File dort:

```
 1   !rahmen mal 2 move 310 turn 90 move 208 turn 90 /
 2   jumpto 0 0 rahmen
 3   pause 2000 sauber
 4   jumpto 155 104
 5   !vier mal 4 move 80 turn 90 /
 6   !sechs mal 6 move 50 turn 60 /
 7   mal 12 sechs turn 30 /
 8   mal 4 turn 90 /
 9   pause 5000
10   sauber
11   _                    (d.h. Eingabezeile mit Cursor)
```

Dies ist ein komplettes Programm in unserer Sprache. In den
beiden Kopfzeilen darüber werden alle Optionen des Editors
angezeigt. Wir besprechen sie im folgenden. Zunächst:

Gehen Sie mit q <RETURN> in der 11. Zeile heraus und wählen Sie
jetzt R). - Dann wählen Sie C) und schauen zu ... Nachfolgendes
R) arbeitet das Programm ab, dessen Ergebnisse Sie sich aber
vorher schon überlegen können ...

Gehen Sie jetzt in den Editor zurück (zuvor einmal irgendeine
Taste betätigen, um R) zu beenden) und tippen Sie in der 11.
Zeile n <RETURN>. Sie könnten nunmehr z.B. Zeile 4 neu als

        jumpto 100   <RETURN)

mit fehlendem zweiten Parameter schreiben, dann mit q in der
letzten Zeile des Programms den Editor wieder verlassen und erneut compilieren ... Der Compiler verfügt über eine ganz gute
Fehlermeldungsliste zur Syntax unserer Kunstsprache. Er findet
alle wesentlichen (d.h. unter R) absturzrelevanten) Fehler typgerecht und lokalisiert sie auch schon einigermaßen gut, d.h.
er zeigt den "Fehleraufsetzpunkt" bis auf Ausnahmen korrekt an.
Im Editor können Sie Zeilen neu schreiben, wie eben vorgeführt,
weiter Zeilen löschen und neue einfügen. - Wollen Sie z.B. als
erste Zeile des Programms 'sauber' hinzufügen, so tippen Sie
zunächst e als letzte Programmzeile, dann 0 (nach der nicht
vorkommenden Zeile 0 einschieben), dann die neue Zeile (1) mit
<RETURN> ... Das veränderte Programm erscheint wieder.

Insgesamt stehen vorerst (ohne Rollen am Bildschirm) 19 Zeilen
zu 72 Zeichen für ein Programm zur Verfügung. Reichen diese
nicht aus, so können Sie mit k) das File komprimieren, d.h. auf
weniger Zeilen zusammenpressen. Dabei wird u.a. die Regel beachtet, daß eine 'Prozedurzeile' !... bis zum Zeilenende geht,
also nichts hinten angefügt werden darf, da dies die Definition
verlängern würde. Möglich ist es aber, vor einer Definition in
einer Zeile etwas zu schreiben wie z.B.

        n   sauber !name ...

Man programmiert sehr komfortabel, denn es gibt noch die Möglichkeit des Einfügens bereits vorhandenener Programme oder
Teilprogramme (durch späteres Löschen von Zeilen). Tippen Sie
im Editor dazu einmal r <RETURN> in der letzten Zeile.

Sie können jetzt in der Directory nachschauen (oder nicht) und
ein weiteres File "nebenladen", z.Z. nur TESTBILD. Machen Sie
das und fügen Sie es irgendwo ein. z.B. nach der letzten Zeile
des bereits im Editor stehenden Files. Sollten Sie dieses vorher nicht komprimiert haben, so verweigert das System wegen
Platzmangels das Einkopieren ...

Mit der Option w kann analog ein Teil (z.B. eine interessante
Definition) oder das gesamte File im Editor auskopiert werden,
wobei die Namenswahl beliebig ist. Wählen Sie einen bereits
existierenden Namen, so wird dieses File auf der Diskette überschrieben (Vorsicht: keine Rückmeldung!), sonst neu angelegt.
Es ist also möglich, eine besonders gute oder komplexe Definition einzeln abzuspeichern und später in andere Programme einzubinden. Besonders geeignet ist intercom daher zur Erzeugung
von komplizierten grafischen Mustern, die aus sich wiederholenden Grundelementen an verschiedenen Positionen X Y bestehen.
Denn Lage und Richtung von Grafikbausteinen können mit jumpto
bzw. turnto beeinflußt werden.

Die (vorläufig eingeführten) Zeilennummern im TURTLE-Programm
dienen nur der Orientierung und gegebenenfalls dem Ansteuern
über die Optionen n, e und l zum Verändern des Quelltextes im
Editor. Diese Optionen werden (wie auch q, k, r und w) stets
als letzte Zeile in Kleinschrift (!) eingegeben, also z.B.

        13 l <RETURN> zum Löschen einer überflüssigen Zeile.

Das Programm könnte ausgebaut werden:

So könnte man die Kommandos im Editor von den Zeilennummern ab-
gelöst als Kontrollzeichen direkt eingeben und es zudem möglich
machen, daß man sich im Quelltext frei bewegt, so wie in TURBO.
Die Fehlerlokalisation weist noch Mängel auf. Schließlich wäre
es wünschenswert, Parameter nicht nur fest belegen zu können,
sondern als echte Variable einzusetzen, etwa nach dem Muster

        1 D = 50 W = 60
        2 mal 5 move D turn W D = D - 5 W = W - 5 /

Dies ergäbe auf einfache Weise einen interessanten Streckenzug.
Für geometrische Muster böte sich damit die Möglichkeit der
Wiederholung unter gleichzeitiger Größenänderung ...

Die Arbeitsweise des Compilers kann im Quelltext studiert, ergänzt und geändert werden. Zur prinzipiellen Wirkungsweise jedoch ein paar Bemerkungen:

Nennen wir den vorgelegten Quelltext Alttext. Er ist zeilenweise organisiert und wird Zeile für Zeile bearbeitet, bis alle
Zeilen erfolgreich compiliert sind oder aber eine Fehlermeldung
auftritt. Wichtigstes Steuerzeichen ist das blank zwischen Wörtern und Parametern. (Eine neue Zeile wirkt nur wie ein blank.)
Weitere Steuerzeichen sind

> / für das Ende einer Schleife, danach ist Weiterschreiben
> zulässig; vor ... mal X ... / darf Text stehen;

> ! für Neudefinition von Wörtern, deren Inhalt mit Zeilen
> ende abgeschlossen wird; vor einer Definition darf Text
> stehen, danach nicht.

Eine Prozedur trennen sucht das erste blank im Text und trennt
das sich ergebende Vorderwort ab; der Rest des Textes heiße
Neutext. Nach folgendem Algorithmus wird abgearbeitet:

Wiederhole trennen ...

    Vorderwort abtrennen und Neutext festlegen

    Vorderwort beginnt mit !
        ! abschneiden und Wort ohne ! analysieren:
        falls schon früher definiert ——> Fehler
        sonst Wort in Befehlsliste aufnehmen und restliche Zeile als Neutext ablegen, dann Neutext
        rekursiv analysieren ...
  sonst:
  Vorderwort unbekannt (Schreibfehler, Zahl, nicht definiert)
        ——> Fehler

        falls Vorderwort ohne Parameter ...
            Neutext darf nicht mit Zahl beginnen,
            sonst ——> Fehler
        falls Vorderwort mit einem Parameter ...
            Neutext muß mit genau einer Zahl beginnen,
            sonst ——> Fehler
            falls Vorderwort mal, siehe unten ...
        falls Vorderwort mit genau zwei Parametern ...
            Neutext muß mit genau zwei Zahlen beginnen,
            sonst ——> Fehler

        Wenn ohne Fehler, dann fallweise Parameter abtrennen und Alttext := Neutext ohne Parameter

        falls Vorderwort mal ...
        im Neutext Inhalt ... bis zum Zeichen / suchen
        falls Inhalt leer oder / nicht vorhanden
            ——> Fehler
        sonst Neutext um inhalt / reduzieren, inhalt ablegen und rekursiv zur Prozedur trennen
        Alttext := Neutext reduziert um Inhalt mit /

... bis Alttext leer oder Fehlermeldung.

Dieser 'parser' (Spracherkennungsalgorithmus) ist genau auf die
implementierte Kunstsprache zugeschnitten. Die Neudefinition
von Wörtern mit ! erfolgt stets bis zum Zeilenende; beim Komprimieren von Texten wird dieses Zeilenende respektiert und
kein Text angebunden. Grund: Definitionen können damit zeilenweise in andere Programme übernommen werden. Sie werden theoretisch wie Prozeduren behandelt und sind als Blöcke beliebig
verschiebbar. Unter Laufzeit wird ein definiertes Wort wie ein
implementiertes behandelt; dem Wort wird dabei der erfolgreich
geprüfte Inhalt zugeordnet und abgearbeitet.

Die Fehlermeldungen sind nach 11 Typen spezifiziert:

    - Falsche Parameterzahl (keine, zu viele, zu wenige)
    - Schleife nicht abgeschlossen, d.h. ohne /
    - Schleife mal X ... / leer
    - Schleife beginnt ohne Parameter
    - Wort bereits definiert, d.h. Unterprogramm doppelt
    - Neudefinition leer, d.h. !neuname ohne Folgetext
    - Wort unbekannt oder undefinierter Fehler allgemein

Da der Compiler beim Bearbeiten der Zeilen versuchsweise im
Hintergrund die Grafik bearbeitet, werden alle Fehler erkannt,
auch wenn sie der Liste nicht explizit zugeordnet werden können, d.h. ein compiliertes Programm ist stets lauffähig. Tritt
daher ein Fehler auf, der in der obigen Liste nicht eigens aufgeführt ist, so wird dieser dem letzten Typ zugeordnet (allgemeiner Syntaxfehler). Dies kommt hie und da vor, z.B. im
Falle einer Neudefinition !neuwort ... mit blank nach !

Die Lokalisation des Fehlers im Editor erfolgt durch Längenbe-
stimmung des bereits erfolgreich compilierten Textes und Ansetzen des Zeichens ^ etwa unter jener Stelle des Alttextes, wo
der Abbruch erfolgte.

Die Anweisungsliste ist im Quelltext beliebig erweiterbar; von
Haus aus vorgesehen sind Befehle mit 0 ... 2 Parametern. Damit
können praktisch alle interessanten Geometrieroutinen einge-
richtet werden, da für Quadrate, Kreise, usw. stets zwei Parameter zur Beschreibung ausreichen. Die entsprechenden Prüfalgo-
rithmen zur Syntax können unverändert übernommen werden; man
hat lediglich einige Umnumerierungen vorzunehmen.

Die Leistungsfähigkeit des Compilers übersteigt jene der bekannten TURTLE-Grafik durchaus; so kann er gänzlich mit deut-
scher Sprachführung implementiert werden und ist daher sogar
von Kindern leicht bedienbar. Aber: Wer geschickt ist, kann
diese Programmstruktur für ganz andere Zwecke nutzen.

Zum Begriff Compiler noch eine Klarstellung: Genaugenommen compiliert unser Programm aus der beschriebenen Kunstsprache nur
zeilenweise (also im Sinne eines Interpreters) in die "Meta-
sprache" Pascal; dort ist unter Laufzeit aber das Sprachmuster
abschnittweise als MC-Code vorhanden und wird passend zusammengesetzt.

Wer das Programm lieber mit *hires* haben möchte, kann das sehr
leicht ändern: Man ersetze überall *graphmode* durch *hires*,
stelle den Faktor ms auf 0.5 um (wegen der höheren Auflösung in

der Richtung von x muß man y stärker stauchen) und ändere die
Festwerte in einigen Prozeduren ab, insbesondere in urnull.
Soll das Programm hingegen mit der Herculeskarte lauffähig
sein, so sind neben dem Auswechseln etlicher Anweisungen auch
ein paar kleine Strukturänderungen notwendig.

Und hier ist der Quelltext:

```
(* Für TURBO-Standard 319x199 (d.h. 209 * ms) Version 01/88 *)
(*  hires: graphmode durch hires ersetzen und ms umstellen  *)
(*                                                           *)
(* Dieses Programm simuliert die sog. TURTLE-Grafik in zwei  *)
(* Modi :  als Interpreter oder als Compiler für die Kunst- *)
(* sprache TURTLE. Die vorhandenen Befehle können jederzeit *)
(* durch selbst definierte ergänzt werden.                  *)


(* ---------> COPYRIGHT : H. Mittelbach FHM 1988 <--------- *)


(* Faktoreinstellung ms für Zenith - Bildschirm derart, daß *)
(* ein Kreis tatsächlich einer wird.   Am Printer erscheint *)
(* der Kreis leicht verzerrt als Ellipse;  ms u.U. ändern ! *)

PROGRAM intercom;             (* Grafik Interpeter/Compiler *)
(*$U+*)

CONST       f = 17;                         (* f feste Befehle *)
           ms = 0.95;     (* Maßstabsfaktor x:y am Bildschirm *)

TYPE kommando = string[80];(* max. Länge einer Befehlskette *)
        befehl = string[10];(* max. Wortlänge ohne Parameter *)

VAR   eingabe : kommando;
      festar : ARRAY[1..50] OF befehl;  (* 1 ... f besetzt *)
      merkar : ARRAY[17..50] OF kommando;        (* 34 neue *)
     m, code : integer;                 (* Befehle möglich *)
    fc, fpos : integer;        (* Fehlercode und Position *)

    x0, x1, y0, y1 : integer;               (* für Grafik *)
    color, winkel : integer;
               b : integer;             (* für Hauptmenü *)
           modus : char;
    lauf, mehrfach : boolean; (* als Interpreter/Compiler *)
            erfolg : boolean;         (* beim Compilieren *)

PROCEDURE vorrat;                         (* Festbelegung *)
BEGIN                                   (* Parameter: .... *)
festar[1]   := 'down';                          (* ohne *)
festar[2]   := 'up';                            (* ohne *)
festar[3]   := 'sauber';                        (* ohne *)
festar[4]   := 'urnull';                        (* ohne *)
festar[5]   := 'mitte';                         (* ohne *)
festar[6]   := 'mal';                              (* 1 *)
festar[7]   := 'move';                             (* 1 *)
festar[8]   := 'line';                             (* 1 *)
festar[9]   := 'jump';                             (* 1 *)
festar[10]  := 'turn';                             (* 1 *)
festar[11]  := 'turnto';                           (* 1 *)
festar[12]  := 'pause';                            (* 1 *)
```

```
festar[13] := 'kreis';                                    (* 1 *)
festar[14] := 'moveto';                                   (* 2 *)
festar[15] := 'lineto';                                   (* 2 *)
festar[16] := 'jumpto';                                   (* 2 *)
festar[17] := 'ellipse';                                  (* 2 *)

END;                            (* Liste beliebig erweiterbar *)

(* festar hält die Befehle, merkar fallweise deren Inhalte. *)
(* list ist Prozedur, ende Steuerwort;  beide werden direkt *)
(* im Programm aufgerufen und sind nicht in festar abgelegt *)
(* -------------------------------------------------------- *)
(* "Turtle" - Graphik ---------- Ursprung (0,0) links unten *)

PROCEDURE down;                                     (* schreibt *)
BEGIN   color := 7   END;

PROCEDURE up;                                 (* schreibt nicht *)
BEGIN   color := 0     END;

PROCEDURE sauber;            (* setzt Anfangsparameter Mitte *)
BEGIN
graphmode;
x0 := 160; y0 := 100; color := 7; winkel := 0
END;

PROCEDURE urnull;                    (* trägt Koordinaten ein *)
VAR i : integer;
BEGIN
draw (0, 199, 319, 199, color);
FOR i := 1 TO 6 DO draw (50 * i, 199, 50 * i, 195, color);
draw (0, 0, 0, 199, color);
FOR i := 1 TO 4 DO
    draw (0, 199 - 47 * i, 5, 199 - 47 * i, color)
END;

PROCEDURE mitte;               (* geht nach Bildschirmmitte *)
BEGIN
x0 := 160; y0 := 100; winkel := 0
END;

                    (* PROZEDUR mal ist im Compiler definiert *)

PROCEDURE move (zahl : integer);   (* bewegt um z in Richtg. *)
BEGIN
x1 := x0 + round (zahl * cos (winkel*pi/180) );
y1 := y0 - round (ms * zahl * sin (winkel*pi/180) );
draw (x0, y0, x1, y1, color);
x0 := x1; y0 := y1
END;

PROCEDURE line (zahl : integer);(* zieht Linie mit Rückkehr *)
BEGIN
x1 := x0 + round (zahl * cos (winkel*pi/180) );
y1 := y0 - round (ms * zahl * sin (winkel*pi/180) );
draw (x0, y0, x1, y1, color);
END;
```

```
PROCEDURE jump (zahl : integer);        (* springt um X Pixels *)
BEGIN
x0 := x0 + round (zahl * cos (winkel*pi/180) );
y0 := y0 - round (ms * zahl * sin (winkel*pi/180) );
END;

PROCEDURE turn (zahl: integer);         (* dreht um Winkel *)
BEGIN
winkel := winkel + zahl; winkel := winkel MOD 360
END;

PROCEDURE turnto (zahl: integer);       (* dreht nach Winkel *)
BEGIN
winkel := zahl
END;

PROCEDURE pause (zahl : integer);       (* In Millisekunden *)
BEGIN delay (zahl) END;

PROCEDURE kreis (zahl : integer); (* Näherung über Polygone *)
VAR   a1, b1, a2, b2 : integer;
                  w : real;
BEGIN
a1 := x0 + zahl; b1 := y0; w := 0;
IF zahl > 1 THEN REPEAT
                 w := w + 10 / (zahl + 50);
                 a2 := round (x0 + zahl * cos (w) );
                 b2 := round (y0 - ms * zahl * sin (w) );
                 draw (a1, b1, a2, b2, color);
                 a1 := a2; b1 := b2
               UNTIL w > 2 * pi
END;

PROCEDURE moveto (zahl1, zahl2: integer);    (* nach z1, z2 *)
BEGIN
x1 := zahl1; y1 := 199 - round (ms * zahl2);
draw (x0, y0, x1, y1, color);
x0 := x1; y0 := y1
END;

PROCEDURE lineto (zahl1, zahl2 : integer);
BEGIN          (* zieht X Pixels in Richtung Y, Start bleibt *)
x1 := x0 + round (zahl1 * cos (zahl2*pi/180) );
y1 := y0 - round (ms * zahl1 * sin (zahl2*pi/180) );
draw (x0, y0, x1, y1, color);
END;

PROCEDURE jumpto (zahl1, zahl2: integer);
BEGIN                                    (* springt nach z1,z2 *)
x0 := zahl1 ; y0 := 199 - round (ms * zahl2)
END;

PROCEDURE ellipse (zahl1, zahl2 : integer);
VAR    w, a, b, c, d : real;
      a1, b1, a2, b2 : integer;
   PROCEDURE kdreh;
   BEGIN
   a := zahl1 * cos (w);
   b := zahl2 * sin (w);
```

```pascal
   c := a*cos (winkel * pi / 180) + b*sin (winkel * pi / 180);
   d := a*sin (winkel * pi / 180) - b*cos (winkel * pi / 180)
   END;
BEGIN
w := 0; kdreh; a1 := round (x0 + c); b1 := round (y0 + ms * d);
REPEAT
   w := w + 10/(zahl1 + zahl2);
   kdreh; a2 := round (x0 + c); b2 := round (y0 + ms * d);
   draw (a1, b1, a2, b2, color);
   a1 := a2; b1 := b2
UNTIL w > 2 * pi
END;


(* --------------- Ende der (ausbaubaren) "Turtle" - Grafik *)
(* ------------------------------- Alle Parameter integer *)

PROCEDURE list;                 (* jeweils aktuelle Befehlsliste *)
VAR   i : integer;
      ant : char;
BEGIN
write    ('Vorhanden sind derzeit    ');
writeln ('(X bzw. Y ganzz. Parameter)');
write    ('   ende  &  list         ');
writeln ('Kommandos nur im Interpreter');
write    ('    !name bef ... bef      ');
writeln ('Einleitung für Superbefehl name');
FOR i := 1 TO f+m DO BEGIN
   write (festar[i]);
   IF i IN [6..17] THEN write (' X');
   IF i IN [14..17] THEN write (' Y');
   CASE i OF
   1 : write ('           legt Stift auf');
   2 : write ('            hebt Stift ab');
   3 : write ('         löscht, zur Mitte mit 0 Grad');
   4 : write ('         Eintrag Koordinatensystem');
   5 : write ('          zur Mitte mit 0 Grad');
   6 : write (' bef ... bef /       definiert Schleife X mal');
   7 : write ('         bewegt relativ um X Pixels');
   8 : write ('         zieht Zeiger relativ mit X Pixels');
   9 : write ('         springt relativ um X Pixels');
   10: write ('         dreht relativ um X Grad');
   11: write ('       dreht absolut nach X Grad');
   12: write ('        (X in msec)');
   13: write ('         Radius X in Pixels');
   14: write ('      bewegt absolut nach X Y');
   15: write ('      zieht Zeiger X in Richtung Y');
   16: write ('      springt absolut nach  X Y');
   17: write ('   Halbachsen X Y in Pixels');
             END;
   IF i > f THEN write ('    ---> ', merkar[i]);
   writeln
                        END;
read (kbd, ant)
END;


PROCEDURE syntax;         (* Fehlerliste zur aktuellen Belegung *)
BEGIN
IF (modus = 'C')                 (* Spezifikation nur für Compiler *)
   THEN BEGIN
```

```
            IF lauf = false THEN mehrfach := true;
            IF mehrfach = false THEN BEGIN
                write ('<ERROR ', fc, '> ');
                CASE fc OF
                 1 : write ('Ohne Parameter.');
                 2 : write ('Parameter fehlt.');
                 3 : write ('Nur ein Parameter.');
                 4 : write ('Beide Parameter fehlen.');
                 5 : write ('Zweiter Parameter fehlt.');
                 6 : write ('Nur zwei Parameter.');
                 7 : write ('mal ... / ohne Inhalt.');
                 8 : write ('  / fehlt oder unerlaubtes //.');
                 9 : write ('!... ohne Inhalt.');
                10 : write ('Wort ??? oder Syntax allgemein.');
                11 : write ('Wort unter !... nicht erlaubt.')
                END
                                        END
            END
    ELSE BEGIN                                  (* für Interpreter *)
          gotoxy (5, 24);
          writeln (' F E H L E R ! '); delay(500)
          END;
lauf := false
END;


(* ------------------------------------------------------------ *)
(* PROZEDUR trennen: als Zeileninterpreter, auch im Compi- *)
(* ler. 'trennen' bearbeitet eine Programmzeile '(n) satz' *)
(* sukzessive und rekursiv ohne Nummer (n),  bis satz = '' *)
(* erfüllt ist. Als Trennzeichen zwischen den einzelnen Be- *)
(* fehlen gilt ein blank,  das jeweils von der Subprozedur *)
(* endsignal gesucht wird. Die Subprozedur comp vergleicht *)
(* dann die solchermaßen isolierten Sprachbausteine mit der *)
(* jeweils aktuellen Liste und gibt  im Falle eines Fehlers *)
(* Typ (fc) unter Abbruch eine Meldung aus ...            *)
(* ------------------------------------------------------------ *)

PROCEDURE trennen (satz: kommando);   (* rekursiv über comp *)
VAR         s : integer;
      inarbeit : befehl;
    mit, schon : boolean;

   PROCEDURE schleife (zahl: integer; teil: kommando);
   VAR i : integer;                            (* mal *)
   BEGIN    FOR i := 1 TO zahl DO trennen (teil)    END;

   PROCEDURE endsignal (kette: kommando; was: char);
   BEGIN                       (* sucht Befehlsende 'was' *)
   s := 0; mit := true;
   REPEAT
   s := s + 1
   UNTIL (copy (kette, s, 1) = was) OR (s > length (kette));
   IF s > length (kette) THEN mit := false
   END;

   PROCEDURE testen (VAR zahl : integer);
   BEGIN       (* String nach Zahl, Abschnitt bis Endsignal *)
   val (copy (satz, 1, s - 1), zahl, code)
   END;
```

```
(* Es folgt der eigentliche 'scanner' zur  lexikalischen *)
(* Analyse: die Befehlslsite wird durchgesehen ...        *)

PROCEDURE comp(einzeln: befehl);
VAR k, l, c, num, num1: integer;
                teil: kommando;
BEGIN
c := 0; fc := 0;
REPEAT
   c := c + 1
UNTIL (festar[c] = einzeln) OR (c > f + m);

IF c = f + 1 + m THEN fc := 10;    (* Wort nicht in Liste *)


IF c IN [1 .. 5] THEN BEGIN               (* ohne Parameter *)
        endsignal (satz, ' '); testen (num);
        IF (s > 1) AND (code = 0) THEN BEGIN
                                 fc := 1; c := f + 1 + m
                                 END
                END;


IF c IN [6 .. 13] THEN BEGIN              (* ein Parameter *)
        endsignal (satz, ' '); testen (num);
        IF (code <> 0) OR ((code = 0) AND (s = 1))
            THEN BEGIN                    (* Parameter fehlt *)
                fc := 2; c := f + 1 + m
                END
            ELSE BEGIN
                satz :=
                   copy (satz,s+1, length (satz) - s + 1);
                endsignal (satz, ' '); testen (num1);
                IF (code = 0) AND (s > 1) THEN BEGIN
         (* Zweiter Parameter vorhanden *)    fc := 3;
                                     c := f + 1 + m;
                                     END
                END
                END;


IF c = 6 THEN BEGIN                       (* mal endet mit / *)
            endsignal (satz,'/');
            IF mit THEN BEGIN
            teil := copy (satz, 1, s - 2);
            IF teil = '' THEN BEGIN   (* Schleife leer *)
                            fc := 7;
                            c := f + m + 1
                            END
                    ELSE IF not erfolg
                            THEN trennen (teil);
            satz := copy (satz, s+2, length(satz) - s-1);
                    END
                ELSE BEGIN                (* '/' fehlt *)
                    fc := 8; c := f + 1 + m
                    END
            END;


IF c IN [14 .. 17] THEN BEGIN    (* genau zwei Parameter *)
            endsignal (satz,' '); testen (num);
            IF (code <> 0) OR ((code = 0) AND (s = 1))
                THEN
```

```
                        BEGIN           (* beide Parameter fehlen *)
                        fc := 4; c := f + 1 + m
                        END
                        ELSE
                        BEGIN
                        satz :=
                           copy (satz,s+1, length (satz) - s + 1);
                        endsignal (satz, ' '); testen (num1);
                        IF (code <> 0) OR ((code = 0) AND (s = 1))
(* ein Parameter fehlt *)        THEN BEGIN
                                    fc := 5; c  := f + 1 + m
                                       END
                                 ELSE BEGIN
          satz := copy (satz, s+1, length (satz) - s + 1);
          endsignal (satz, ' '); testen (fc);
                          IF (code = 0) AND (s > 1) THEN
(* dritter Parameter ex. *)        BEGIN
                                    fc := 6; c  := f | 1 | m
                                   END
                                      END

                 END
                     END;
fpos := length (satz);                   (* Fehleraufsetzpunkt *)

IF ((erfolg = true) AND (modus = 'C'))  OR  (modus = 'I')
   THEN BEGIN

CASE c OF          (* Liste vergleichen, Grafik abarbeiten *)
1  : down;
2  : up;
3  : sauber;
4  : urnull;
5  : mitte;
6  : schleife (num, teil);
7  : move (num);
8  : line (num);
9  : jump (num);
10 : turn (num);
11 : turnto (num);
12 : pause (num);
13 : kreis (num);
14 : moveto (num, num1);
15 : lineto (num, num1);
16 : jumpto (num, num1);
17 : ellipse (num, num1);
END;                                          (* OF CASE *)
        END;
                           (* Es folgen die 'Superbefehle' *)
IF (c > f) AND (c < f+1+m)
   THEN IF merkar[c] = '' THEN BEGIN          (* !... leer *)
                          fc := 9; c := f + 1 + m
                          END
                       ELSE trennen (merkar[c]);

IF c = f + 1 + m THEN BEGIN    (* d.h. trennen scheitert *)
                     syntax; satz := ''
                     END
END;
(* -------------------------- Ende des 'scanners' comp *)
```

```
BEGIN  (* ------------------------- Hauptprozedur trennen *)

   REPEAT                               (* rekursiv über comp *)
   IF length (satz) > 0 THEN BEGIN
   endsignal (satz, ' ');
   inarbeit := copy (satz, 1, s - 1);
   IF copy (inarbeit, 1, 1) = '!'
      THEN BEGIN                     (* Superbefehl generieren *)
           m := m + 1;
           festar[f+m] := copy (inarbeit, 2, s-2);
           merkar[f+m] := copy (satz, s+1, length (satz) - s);
           satz := '';
           IF not erfolg THEN BEGIN  (* bei R) unterdrücken *)
           b := 0; schon := false;
           REPEAT
              b := b + 1;
              IF festar[f+m] = festar[b] then schon := true
           UNTIL (schon = true) OR (b = f+m-1);
           IF schon = true THEN BEGIN    (* Def. wiederholt *)
                            fc := 11;
                            syntax;
                            m := m - 1
                            END
                       ELSE comp (festar[f+m])
                         END
           END
      ELSE BEGIN              (* erstes Befehlswort abtrennen *)
      satz :=
         copy (satz, s+1, length (satz) - length (inarbeit));
      comp (inarbeit)                          (* zur Analyse *)
           END;
                         END
   UNTIL satz = ''
END; (* --------------------------------------- OF trennen *)

(* ---------------------------------------------------------- *)
(* PROZEDUR translate                 Compiler - Simulation *)
(* Dieser Programmteil enthält die Subprozeduren load, save *)
(* und (MS.DOS) directory zum Aufruf über das Hauptmenü von *)
(* translate.  Von dort aus werden diese Optionen sowie der *)
(* Editor aufgerufen.  Der eigentliche Compiler benutzt die *)
(* Prozedur 'trennen' interpretierend und unterdrückt dabei *)
(* die Grafikausgabe, die nur im R)un-Modus aktiviert wird. *)
(*                                                          *)
(* Vorhanden sind auf TURTLE - GRAFIK - Ebene ...           *)
(*                     E)ditor und C)ompiler, Q)uit Programm *)
(*   Groß- oder        R)un für Starten des comp. Programms *)
(*   Kleinbuchstaben   L)oad und S)ave des Editorinhalts    *)
(*                     P)rinten des Editorinhalts           *)
(*                     D)irectory der Disk und B)efehlsliste *)
(*           und auf TURTLE - EDITOR - Ebene ...            *)
(*                     l)öschen, e)inschieben, n)eue Zeile  *)
(*   nur               r)ead & w)rite eines Blocks von/nach *)
(*   Kleinbuchstaben   Diskette, platzsparendens k)omprimie- *)
(*                     ren des Listings und q)uit Editor    *)
(* ---------------------------------------------------------- *)
```

```pascal
PROCEDURE translate;                              (* Compiler - Ebene *)

TYPE            disk = STRING [12];
                prog = ARRAY [1..20] OF kommando;  (* 20 Z. *)
VAR     i, k, belegt : integer;
            a, l, f : integer;
                t, p : prog;           (* PIC-Programm-Listings *)
        w, out, ant : char;
        name, kopie : STRING [8];
   picname, pickopie : disk;
 liesfil, schreibfil : FILE OF STRING [80];
               tall : boolean;


    (* -------------- Es folgen Subprozeduren von translate *)

    PROCEDURE load (was : disk; VAR wohin : prog;
                                        VAR bis : integer);
                                  (* File XXX.PIC laden *)
    BEGIN
    assign (liesfil, was); (*$I-*)  reset (liesfil);    (*$I+*)
    IF ioresult <> 0 THEN
       BEGIN                        (* XXX.PIC nicht vorhanden *)
       writeln;
       FOR i := 1 TO 20 DO wohin [i] := ''; bis := 0;
       writeln ('Neues File generiert ... '); delay (1500)
       END
                   ELSE
       BEGIN                        (* File XXX.PIC vorhanden *)
       i := 1;
       WHILE NOT eof (liesfil)
               DO BEGIN
                    read (liesfil, wohin [i]); i := i + 1
                    END;
       bis := i - 1
       END;
    close (liesfil)
    END;                                             (* OF load *)

    PROCEDURE eintrag;                      (* in TURTLE - Kopf *)
    BEGIN
    gotoxy (1, 5); clreol; gotoxy (1, 6); clreol;
    gotoxy (1, 8); clreol; gotoxy (8, 2); write (name : 8);
    gotoxy (1, 4); erfolg := false
    END;

    PROCEDURE save (was : disk; VAR woher : prog;
                                      VAR bis : integer);
                                (* File XXX.PIC speichern *)
    BEGIN
    IF bis > 0 THEN
       BEGIN
       assign (schreibfil, was); rewrite (schreibfil);
       FOR i := 1 TO bis DO write (schreibfil, woher[i]);
       close (schreibfil)
       END
    END;                                             (* OF save *)
```

```
PROCEDURE directory;              (* unter MS-DOS bzw. PC-DOS *)

   TYPE str64 = STRING [64];
        str10 = STRING [10];
   VAR  suchstring : STRING [64];             (* Pfadangabe *)

   PROCEDURE catalog (VAR pfad : str64);
   CONST  attribut = $20;                   (* normale Datei *)
   VAR  registerrec : RECORD
                        al, ah : byte;
                        bx, cx, dx, bp, di,
                        si, ds, es, flags : integer
                        END;

          buffer : str64;
        name, erw : STRING [10];
            ch : char;

      PROCEDURE auswertg (VAR name, erw : str10);
         VAR i : byte;
         BEGIN
         i := 30; name := ''; erw  := '';
         WHILE (buffer [i] <> #0) AND (buffer[i] <> '.')
         AND (i > 13) DO BEGIN
                     name := name + buffer[i]; i := i + 1
                       END;
         IF buffer [i] = '.' THEN
            BEGIN
            i := i + 1;
            WHILE (buffer [i] <> #0) AND (i < 43) DO
               BEGIN
               erw := erw + buffer [i]; i := i + 1
               END
            END
         END;                            (* Prozedur Auswertung *)

   BEGIN                                   (* Prozedur Catalog *)
   suchstring := suchstring + '\*.*' + chr(0);
   WITH registerrec DO       (* Setzen der Pufferadresse *)
      BEGIN                            (* MS-DOS Funktion 1A *)
      ah := $1a;
      ds := seg (buffer); dx := ofs (buffer);
      msdos (registerrec)
      END;

   WITH registerrec DO          (* ersten Eintrag suchen *)
      BEGIN                          (* MS-DOS-Funktion 4E *)
      ah := $4e; ds := seg (pfad);
      dx := ofs (pfad) + 1; cx := attribut;
      msdos (registerrec);
      IF al <> 0 THEN          (* al = 0 : Eintrag gefunden *)
         BEGIN
         writeln ('Kein Eintrag ...'); exit
         END
                  ELSE
                  BEGIN
                  auswertg (name, erw);
                  IF erw = 'PIC'
                     THEN write (name : 12 , '.', erw)
```

```pascal
                    END;
         END;
      WITH registerrec DO          (* nächsten Eintrag suchen *)
         REPEAT                          (* MS-DOS-Funktion 4F *)
            ah := $4f; cx := attribut;
            msdos (registerrec); auswertg (name, erw);
            IF erw = 'PIC'
               THEN write (name : 12, '.', erw)
         UNTIL al <> 0            (* al <> 0 : kein weiterer *)
      END;                              (* Eintrag vorhanden *)

   BEGIN                                   (* Aufruf directory *)
      write ('Pfad : '); readln (suchstring);
      writeln;
      catalog (suchstring); writeln
   END; (* -------------------- Ende der Prozedur directory *)
   (* --------------- Ende der Subprozeduren von translate *)


BEGIN   (* ----------- der eigentlichen Prozedur translate *)

belegt := 0; lauf := false; name := '';

REPEAT                           (* Hauptmenü von Turtle *)
   textmode;
   gotoxy (1, 1); clrscr;
   write ('TURTLE - GRAFIK      *    E) ditor        D) ir     ');
   write ('L) oad       S) ave      P) rint');
   write ('File : ', name : 8, '      *   C) ompiler');
   write ('      R) un               B) efehle   Q) uit ');
   FOR i := 1 TO 80 DO write (chr(205));
   IF name = ''
      THEN BEGIN
           gotoxy (1, 5); writeln ('Kein Quelltext vorhanden.')
           END;
   gotoxy (80, 3); read (kbd, w); w := upcase (w);
   gotoxy (1, 5); clreol;

   CASE w OF

   (* ----------------------------------------------- Editor *)
   'E' : IF name = ''
         THEN BEGIN
              writeln ('Kein File generiert, erst L) oad ... ');
              delay (1500)
              END
         ELSE
         BEGIN (* ----------------------- Menü des Editors *)
         REPEAT
         clrscr;
   write ('TURTLE - EDITOR      *   r) ead  bzw.  w) rite ');
   write ('... Block          k) ompress File');
   write ('File : ', name : 8, '      *    Zeile ... l) ösch');
   write ('en  e) inschieben  n) eu    q) uit Edit');
         write ('Eingaben mit <RETURN>    ');
         FOR i := 1 TO 56 DO write (chr(205)); (* --------- *)
         REPEAT
         gotoxy (1,5);
         erfolg := false;
```

```pascal
    FOR i := 1 TO belegt DO BEGIN
                            write (i:2, ' ', t[i]);
                            writeln;
                            END;

      fall := false;                (* verlängernde Eingabe *)
      i := belegt + 1;
      write (i : 2, ' ');
      IF i = 20 THEN
         write ('Quelltextspeicher voll!  Weiter ... ');
      readln (t[i]);                        (* Eingabe *)

(*k*)     IF (t[i] = 'k') AND (belegt > 1)    (* Textfile *)
          THEN BEGIN                         (* komprimieren *)
          fall := true; l := 1;
          REPEAT
             IF (length (t[l]) + length (t[l+1]) < 65)
                AND (copy (t[l], 1, 1) <> '!') THEN
                BEGIN
                t[l] := t[l] + ' ' + t[l+1];
                FOR a := l+1 TO belegt-1 DO
                    t[a] := t[a+1];
                belegt := belegt - 1
                END;
             l := l + 1
          UNTIL l > belegt - 1
             END;

(*r*)     IF t[i] = 'r' THEN              (* Block einlesen *)
          BEGIN
          gotoxy (30, 6); clreol;
          fall := true; kopie := '';
          gotoxy (30, 7);
          write ('   File (ohne .PIC)? : ');
          readln (kopie);
          IF kopie <> '' THEN BEGIN
             pickopie := kopie + '.pic'; f := 0;
             load (pickopie, p, f); writeln;
             FOR a := 1 TO f DO BEGIN
                            gotoxy (30, 7 + a);
                            write ('   ', p[a]); clreol
                               END;
             gotoxy (30, 7 + f + 1);
                               END;
          write ('   Nach welcher Zeile einfügen? ');
          a := -1 ; read (a);
          IF (belegt + f < 20) AND (a >= 0)
                            THEN BEGIN
          FOR l := belegt + f DOWNTO a+f+1 DO
              t[l] := t[l-f];
          FOR l := a+1 TO a+f DO
              t[l] := p[l-a];
          belegt := belegt + f
                            END
                            ELSE BEGIN
                               gotoxy (30, 7 + f + 3);
                            write ('   File zu lang. ');
                               delay (2500) END
      END;
```

194

```pascal
(*w*)      IF t[i] = 'w' THEN            (* Block auskopieren *)
           BEGIN
           fall := true;
           gotoxy (50, 5); clreol;
           gotoxy (50, 6);
           writeln ('   Block auf Disk kopieren.');
           gotoxy (50, 7);
           write   ('   Anfangszeile: '); readln (a);
           gotoxy (50, 8);
           write   ('   Letzte Zeile: '); readln (l);
           gotoxy (50, 9);
           write   ('   Filename (ohne .PIC)?  ');
           readln (kopie);
           IF kopie <> '' THEN BEGIN
              pickopie := kopie + '.pic';
              assign (schreibfil, pickopie);
              rewrite (schreibfil);
              FOR f := a TO l DO write (schreibfil, t[f]);
              close (schreibfil)
                                        END
           END;
(*n*)      IF t[i] = 'n' THEN            (* Zeile ändern *)
           BEGIN
           fall := true; writeln;
           write ('Welche Zeile ändern ...  '); readln (i);
           writeln;
           IF (i > 0) AND (i <= belegt) THEN
              BEGIN
              write (i : 2, '  ');
              readln (t[i])  (* Neueingabe einer Zeile *)
              END
           END;
(*l*)      IF (NOT fall) AND (t[i] = 'l') (* Zeile löschen *)
           THEN BEGIN
           fall := true; writeln;
           write ('Welche Zeile löschen ... '); readln (i);
           IF (i <= belegt) AND (i > 0) THEN
              BEGIN
              FOR k := i TO belegt - 1 DO t[k] := t[k + 1];
              belegt := belegt - 1
              END
                END;
(*e*)      IF (NOT fall) AND (t[i] = 'e')
           AND (belegt < 19)
           THEN BEGIN                 (* Zeile einschieben *)
           fall := true; writeln;
           write ('Nach welcher Zeile eine neue ... ');
           readln (i);
           IF (i > -1) AND (i < belegt) THEN
              BEGIN
              FOR k := belegt DOWNTO i + 1
                 DO t[k+1] := t[k];
              belegt := belegt + 1;
              writeln ('Zeile einschieben ... ');
              write (i+1 : 2, '  '); readln (t[i+1])
              END
                END;                              (* of 'e' *)
        IF (NOT fall) AND (t[i] = 'q') THEN fall := true;
```

```pascal
            IF (NOT fall) AND (belegt < 19)
                THEN belegt := belegt + 1
            UNTIL (belegt > 18) OR (fall = true)
(*q*)  UNTIL t[i] = 'q';
            END;
(* ------------------------------------------ Ende Editor *)


    'C' : BEGIN   (* --------------------------- Compiler *)
            IF belegt = 0
                THEN BEGIN
                    writeln ('Kein Quelltext vorhanden.   ');
                    delay (1500)
                    END
            ELSE IF NOT (erfolg) THEN
                    BEGIN
                    m := 0; lauf := true;
                    mehrfach := false; i := 1;
                    REPEAT
                        write ('Zeile ', i : 2, ' : ');
                        trennen (t[i]); writeln; i := i + 1
                    UNTIL (i - 1 = belegt) OR (lauf = false);
                    IF lauf = true
                        THEN BEGIN
                            erfolg := true;
                            write (i-1, ' Zeile(n)');
                            writeln (' erfolgreich compiliert.');
                            delay (1000)
                            END
                        ELSE BEGIN          (* Fehleraufsetzpunkt *)
                            gotoxy (1, i + 4);
                            writeln ('              ', t[i-1]);
                            gotoxy (12, i + 5);
                            FOR b := 1 TO length (t[i-1]) - fpos
                                DO write (' ');
                            writeln ('^   verbessern ...');
                            writeln;
                            write ('          : ');
                            readln (t[i-1])
                            END
                    END
                                    ELSE
                    BEGIN
                    writeln ('Bereits compiliert ...');
                    delay (1500)
                    END
            END;
(* ----------------------------------------- Ende Compiler *)


    'R' : BEGIN                  (* Grafik - Mode: Darstellung *)
            IF erfolg THEN BEGIN
                        writeln ('Running ... '); delay (500);
                        graphmode; sauber;
                        FOR i := 1 TO belegt DO
                            trennen (t[i]);
                        read (kbd, out);
                        END
                    ELSE BEGIN
                        write ('Quelltext erstellen bzw. c');
                        writeln ('ompilieren ... ');
```

```pascal
                          delay (1500)
                          END
              END;

'D' : BEGIN   directory; read (kbd, out)   END;

'S' : BEGIN                          (* File XXX.PIC speichern *)
      IF (picname <> '') AND (belegt <> 0)
          THEN BEGIN
                  writeln (picname, ' wird gespeichert ... ');
                  save (picname, t, belegt);
                  delay (1500)
                  END
          ELSE
          BEGIN
          writeln ('Kein File im Editor.       ');
          delay (1500)
          END
      END;

'L' : BEGIN;                              (* Anderes File laden *)
      writeln;
      IF belegt > 0
      THEN BEGIN
          write ('Aktuelles File abspeichern? (J/N) ... ');
          read (kbd, ant); ant := upcase (ant);
          IF ant <> 'N' THEN save (picname, t, belegt);
          writeln;
          name := ''; picname := ''; belegt := 0;
          m := 0
          END;
      write ('Disk-Inhalt (J/N) ?  '); read (kbd, ant);
      ant := upcase (ant);
      IF ant = 'J' THEN directory;
      writeln;
      write ('Neues File (ohne .PIC) ? : '); readln (name);
      IF name <> ''
          THEN BEGIN
                  picname := name + '.pic';
                  load (picname, t, belegt);
                  eintrag
                  END
      END;

'B' : list;                              (* Befehlsliste ausgeben *)

'P' : BEGIN                          (* Editorinhalt auf Drucker *)
      IF belegt = 0 THEN
          BEGIN
          writeln ('Kein Quelltext vorhanden.');
          delay (1500)
          END
                    ELSE
          BEGIN
          writeln ('Drucker einschalten ...    ');
          read (kbd, out);
          writeln (lst, 'File : ', name);
          writeln (lst);
          FOR i := 1 TO belegt DO
```

```pascal
                    writeln (lst, i : 2, '    ', t[i]);
                    writeln (lst)
                END
            END;

    'Q' : BEGIN                                (* Zum Programmende *)
            IF belegt > 0 THEN
                BEGIN
                write  ('Aktuelles File noch abspeichern? ');
                writeln ('(J/N) ...');
                read (kbd, ant); ant := upcase (ant);
                IF ant <> 'N' THEN save (picname, t, belegt)
                END
            END
END (* OF CASE *)

UNTIL w = 'Q';

END;
(* --------------------------- Ende der Prozedur translate *)
(* -------------------------------------------------------- *)
BEGIN  (* --------------------------------- Hauptprogramm *)
REPEAT
clrscr;                                        (* Startmenü *)
FOR b := 1 TO 80 DO BEGIN
                    gotoxy (b,  2); write (chr(176));
                    gotoxy (b, 20); write (chr(176));
                    gotoxy (b,  8); write (chr(176))
                    END;
FOR b := 2 TO 20 DO BEGIN
                    gotoxy (1,  b); write (chr(176));
                    gotoxy (2,  b); write (chr(176));
                    gotoxy (80, b); write (chr(176));
                    gotoxy (79, b); write (chr(176))
                    END;
gotoxy (21, 4);
write ('TURTLE - GRAFIK PROGRAMM Version 01/88');
gotoxy (21, 5);
write ('    für Standard graphmode 319x199 ');
gotoxy (21, 6);
write (' Copyright: H. Mittelbach, FHM 1988');
gotoxy (21,10);
write (' Interpreter (Direktmodus) ........ I');
gotoxy (21,12);
write (' Compiler (in Run-Time) .......... C');
gotoxy (21,14);
write (' Hinweise ........................ H');
gotoxy (21,18);
write (' Wahl ..... (E = Programmende) ---> ');
read (kbd, modus); modus := upcase (modus);
m := 0; vorrat;
IF modus = 'I' THEN BEGIN   (* Direkter Interpreter - Modus *)
   sauber;
   REPEAT
      gotoxy (1,24); clreol; write ('>>>  '); read (eingabe);
      IF eingabe = 'list' THEN BEGIN
                                textmode; list;
                                graphmode
                                END
```

```pascal
                                    ELSE IF eingabe <> 'ende'
                                         THEN trennen (eingabe)
     UNTIL eingabe = 'ende';
     textmode
                        END;

IF modus = 'C' THEN translate; (* mittelb. Compiler - Modus *)
IF modus = 'H' THEN                                    (* Hilfen *)
     BEGIN
     clrscr;
     writeln ('Hinweise ...'); writeln; delay (2000);
     writeln ('Den Interpreter können Sie jederzeit');
     writeln ('durch die Eingabe  <ende>  verlassen.');
     writeln; delay (3000);
     writeln ('Mit dem Befehl  <list>  im Interpreter');
     writeln ('            bzw.  B)      im Compiler');
     writeln; delay (3000);
     write    ('wird die jeweils vorhandene Menge L von');
     writeln (' Anweisungen (Kleinschrift!) aufgelistet.');
     writeln; delay (4000);
     write    ('Testen Sie die einzelnen Anweisungen');
     writeln (' zunächst im Interpretermodus aus ... ');
     writeln; delay (3000);
     writeln ('Eine Superanweisung wird durch  ...');
     writeln ('!wort befehl befehl befehl ... definiert.');
     write    ('Sie endet am Zeilenende.');
     writeln ('  wort ist außerhalb der Liste L frei wählbar.');
     writeln ('Vorher definierte worte gelten als Befehle.');
     writeln; delay (3000);
     writeln ('Die Schleife ... ');
     writeln ('mal X befehl befehl ... befehl /');
     writeln ('ist mit / abzuschließen.');
     writeln; delay (4000);
     writeln ('Diese Informationen sollten ausreichen ... ');
     read (kbd, modus)
     END

UNTIL modus = 'E'
END.    (* ------------------------------------------------ *)
```

20. NÜTZLICHE PROGRAMME

In diesem Kapitel sollen - knapp kommentiert - ergänzend einige
Programme vorgestellt werden, die entweder ein paar zusätzliche
Sprachmöglichkeiten von Pascal erläutern oder aber Anwendungs-
beispiele illustrieren, wie man sie hin und wieder benötigt.
Wir beginnen mit einem kleinen Programm zur Tonerzeugung:

```
PROGRAM tonleiter_chromatisch;
VAR  basis, ton : real;
              n : integer;
          leiter : SET OF 1..13;
BEGIN
clrscr;
write ('Grundfrequenz eingeben ... ');
readln (basis);
leiter := [1, 3, 5, 6, 8, 10, 12, 13];
   (* [1...13] sind alle Tasten einer Oktave am Klavier, *)
   (* die schwarzen [2, 4, 7, 9, 11] werden ausgelassen. *)
writeln;
FOR n := 1 TO 13 DO
    If n IN leiter THEN BEGIN
        ton := basis * exp ((n - 1)/12 * ln(2) );
        writeln (ton : 7 : 1);
        sound (round (ton));
        delay (500)
                        END;
nosound; delay (1000);
FOR n := round (2 * basis) DOWNTO round (basis) DO BEGIN
                            sound (n); delay (5)
                                     END;
nosound
END.
```

Die Prozedur sound (x) mit ganzzahligem x erzeugt einen Dauer-
ton der Frequenz x "im Hintergrund" des Programms unter Laufzeit, d.h. die Folgeanweisungen werden weiter bearbeitet; daher
muß spätestens mit Ende des Programms der Tongenerator wieder
abgestellt werden: *nosound*.

Im Beispiel wird eine chromatische Tonleiter vorgeführt; diese
hat von Oktave zu Oktave (Frequenzen von basis bis 2*basis) 12
Halbtonschritte, die "gleichabständig" über die 12. Wurzel aus
2 eingestellt werden müssen.

Das folgende Programm erklärt das Abfragen der Pfeiltasten (die
ein Signal ESC ... an den Rechner senden) durch ein laufendes
Programm; beispielsweise könnte man diese Routine in das Programm game_of_life aus Kapitel 8 einbauen und damit das Setzen
der Anfangspopulation bequemer machen.

```
PROGRAM cursor_bewegung;
   (* Erklärt das Ansprechen von Steuertasten auf der Konsole *)
VAR            taste : char;
    x, y, posx, posy : integer;
      u1, v1, u2, v2 : integer;
```

```
PROCEDURE cmove;                        (* Tastenabfrage CursorPaddle *)
BEGIN
read (kbd, taste);
IF (ord(taste) = 27) AND keypressed
    THEN BEGIN   read (kbd, taste);
                 CASE ord(taste) OF
                 75 : posx := posx - 1;          (* Pfeil links *)
                 77 : posx := posx + 1;          (* Pfeil rechts *)
                 72 : posy := posy - 1;          (* Pfeil nach oben *)
                 80 : posy := posy + 1           (* Pfeil nach unten *)
                 END
         END
END;

PROCEDURE kreuz (a, b, color : integer);     (* Bewegungsdemo *)
BEGIN
draw (a - 2, b, a + 2, b, color);
draw (a, b   2, a, b ! 2, color);
END;

PROCEDURE suche;
BEGIN
REPEAT
   x := posx; y := posy;
   kreuz (x, y, 7);
   cmove;
   kreuz (x, y, 0)
UNTIL taste = 'e'
END;

BEGIN (* ------------------------------- Hauptprogramm ---- *)
graphmode;
posx := 160; posy := 100;
suche;
u1 := posx; v1 := posy;
kreuz (u1, v1, 7); posx := posx + 5; posy := posy + 5;
REPEAT
   suche;
   u2 := posx; v2 := posy;
   kreuz (u1, v1, 0);
   draw (u1, v1, u2, v2, 7);
   u1 := u2; v1 := v2
UNTIL taste = '0'
END. (* -------------------------------------------------- *)
```

Immer wieder nützlich ist ein Programm, mit dem man die Parameter eines vorhandenen Druckers setzen und verändern kann; die
entsprechenden Steuerzeichen findet man im Manual des Druckers.
Der folgende Bibliotheksbaustein init.bib ist auf den Drucker
NEC P6/P7 zugeschnitten, einen EPSON-kompatiblen Drucker, der
beim Neustart nach dem Einschalten ohne weitere Steuersequenzen
den sog. IBM-Zeichensatz mit der Schrift COURIER 10 cpi (d.h.
10 Character per inch) einstellt. Zum Testen ist ein Kurzpro-
gramm mitgeliefert, aus dem init.bib ausgekoppelt worden ist.

Geringfügige Änderungen des Bausteins passen ihn an jeden ver-
fügbaren Drucker an; man kann die angegebene Prozedur u.U. auch
verkürzt einsetzen.

```pascal
(* [kp20]init.bib -------- Druckerinitialisierung NEC P 6/7 *)
(* Einstellungen der wichtigsten Optionen laut   NEC-Manual *)
(* Mit instar/fixar im  Hauptprogramm  erreicht man Anzeige *)
(* der einmal gesetzten Werte bei Wiederaufruf von initlp.  *)

PROCEDURE initlp;
LABEL 100;
VAR  i, k, code : integer;
            ant : STRING[2];

        instar : ARRAY[1..15] OF integer;
         fixar : ARRAY[1..15] OF STRING[6];

BEGIN
                          (* Voreinstellungen / defaults *)
(*  Diesen Teil u.U. an Anfang eines Hauptprogramms nehmen; *)
(*  dann bleiben bei Wiederaufruf von initlp die defaults.  *)
FOR i := 1 TO 14 DO instar[i] := 0;
instar [1] :=  1; instar [3] := 1; instar [5] := 1;
instar [7] :=  1; instar[10] := 1; instar[14] := 5;
instar[15] := 30;
(* d.h. Courier/normal/LQ/10cpi/link. Rand5 / 6 Zeilen/inch *)
clrscr;
writeln ('INITIALISIERUNG DES NEC P6 / P7');
writeln ('================================     LPT ON-LINE! ');
writeln ('Copyright:  H. Mittelbach  1988'); writeln;
writeln ('Schrifttyp COURIER .................. (1) ');
writeln ('        oder KURSIV.................... (2) ');
writeln ('Schriftart NORMAL ................... (3) ');
writeln ('        oder PROPORTIONAL.............. (4) ');
writeln ('Schreibgeschwindigkeit LQ ........... (5) ');
writeln ('                    oder DRAFT......... (6) ');
writeln ('Zeichendichte 10 cpi ................ (7) ');
writeln ('           oder 12 cpi ............... (8) ');
writeln ('           oder 15 cpi................ (9) ');
writeln ('Zeichengröße NORMAL ................. (10) ');
writeln ('          oder BREIT.................. (11) ');
writeln ('          oder HOCH................... (12) ');
writeln ('          oder beides zusammen ....... (13) ');
writeln ('Linker Rand bei ..................... (14) ');
writeln ('Zeilenabstand in n/180 Zoll ........ (15) ');
REPEAT
100:
FOR i := 1 TO 15 DO BEGIN
                gotoxy(50, i+4);
                IF instar[i] = 1 THEN write (' * ')
                                 ELSE write ('   ');
                IF i = 14 THEN write (instar[14], ' ');
                IF i = 15 THEN write (instar[15], ' ');
                END;
writeln; writeln;
write   ('Uebernahme (0), sonst (1) bis (15) ... >>> ');
clreol; readln(ant);
val(ant, k, code);
IF code <> 0 THEN goto 100;
CASE k OF
1, 2:    BEGIN
         FOR i := 1 TO 2 DO instar[i] := 0; instar[k] := 1
         END;
```

```
3, 4:       BEGIN
            FOR i := 3 TO 4 DO instar[i] := 0; instar[k] := 1
            END;
5, 6:       BEGIN
            FOR i := 5 TO 6 DO instar[i] := 0; instar[k] := 1
            END;
7,8,9:      BEGIN
            FOR i := 7 TO 9 DO instar[i] := 0; instar[k] := 1
            END;
10,11,12,13: BEGIN
                FOR i := 10 TO 13 DO instar [i] := 0;
                instar[k] := 1
                END;
14:         BEGIN
            gotoxy (50, 18); clreol; readln (instar[14])
            END;
15 :        BEGIN
            gotoxy (50,19); clreol; readln (instar[15])
            END
   END                                          (* OF CASE *)
   UNTIL k = 0;
                                (* Setzungen laut Druckerhandbuch *)
 fixar[1] := chr(53);                             (* Kursiv aus *)
 fixar[2] := chr(52);                             (* Kursiv ein *)
 fixar[3] := chr(112) + chr(0);                    (* Prop. aus *)
 fixar[4] := chr(112) + chr(1);                    (* Prop. ein *)
 fixar[5] := chr(120) + chr(1);                    (* Letter Qu. *)
 fixar[6] := chr(120) + chr(0);                       (* Draft *)
 fixar[7] := chr(80);                                (* 10 cpi *)
 fixar[8] := chr(77);                                (* 12 cpi *)
 fixar[9] := chr(103);                               (* 15 cpi *)
 FOR i := 1 TO 9 DO fixar[i] := hr(27) + fixar[i];  (* ESC+ *)
 fixar[10] :=                            (* Breit und Hoch aus *)
    chr(28) + chr(69) + chr(0) +chr(28) + chr(86) + chr(0);
 fixar[11] := chr(28) + chr(69) + chr(1);        (* Breit ein *)
 fixar[12] := chr(28) + chr(86) + chr(1);         (* Hoch ein *)
 fixar[13] := fixar[11] + fixar[12];            (* beides ein *)
 (* ---------------------------- Signale an den Drucker *)
 FOR i := 1 TO 9 DO
   IF instar[i] = 1 THEN write(lst, fixar[i]);
write (lst, fixar [10]);                          (* Groß aus *)
FOR i := 10 TO 13 DO                            (* neu setzen *)
   IF instar[i] = 1 THEN write(lst, fixar[i]);
write (lst, chr(27) + chr(108) +  chr(instar[14])); (* Rand *)
write (lst, chr(27) + chr(51) + chr(instar[15])); (* Zeilen *)
write (lst, chr(27) + chr(67) + chr(0) + chr(12))
                               (* Seitenlänge normal 12 Zoll *)
END; (* -------------------------------------------------- *)


Dazu ein kleines Testprogramm:

   PROGRAM drucker;
   (*$Iinit.bib*)

   BEGIN
   initlp; writeln (lst, 'Testtext')
   END.
```

Das folgende Programm ist eine Mini-Textverarbeitung; man kann
damit die Tastatur zum direkten Schreiben kleiner Texte wie
Etiketten, Notizen, Kurzbriefe und so weiter verwenden. Zu beachten ist, daß Schreibfehler nur korrigiert werden können, solange die Zeile mit <RETURN> noch nicht übernommen worden ist.
Neu ist die Verwendung eines Bildschirmfensters mit der Anweisung *window (...);*.

```
PROGRAM scriptor_direkt;
        (* Demo: Drucker im Direktmodus als Schreibmaschine *)

VAR     zeile : STRING [90];
      l, z, n : integer;

PROCEDURE box (x, y, b, t : integer);
VAR k : integer;
BEGIN
gotoxy (x, y); write (chr(201));
FOR k := 1 TO b - 2 DO write (chr(205)); write (chr(187));
FOR k := 1 TO t - 2 DO BEGIN
                   gotoxy (x, y + k); write (chr(186));
                   gotoxy (x + b - 1, y + k); write (chr(186))
                      END;
gotoxy (x, y + t- 1); write (chr(200));
FOR k := 1 TO b - 2 DO write (chr(205)); write (chr(188))
END;

(*$Iinit.bib*)

BEGIN (* -------------------------------------- Hauptprogramm *)
initlp;
clrscr; box (1, 1, 80, 24); gotoxy (5, 1);
write (' Texteingabe: Zeilenende mit <RETURN>,');
write (' Textende mit \ an Zeilenanfang ');
gotoxy (5,24); write (' Neue Seite mit # an Zeilenanfang: ');
              write (' Numerierung stellt automatisch um ');
              window (2, 3, 79, 22);
gotoxy (1, 1);
z := 1;                                        (* Zeilenzähler *)
REPEAT
   If z > 65 THEN write (chr(7));     (* Warnung: Bell für # *)
   write (z : 3, '   ');
   readln (zeile);
   IF (copy (zeile, 1, 1) <> '\')
      AND (copy (zeile, 1, 1) <> '#')
         THEN BEGIN
             writeln (lst, zeile);
             z := z + 1
             END;
   IF copy (zeile, 1, 1) = '#'
      THEN BEGIN
           FOR n := 1 TO 35 DO write (' ');
           writeln ('*****'); writeln; z := 1;
           write (lst, chr(12))        (* Neue Seite Printer *)
           END
UNTIL copy (zeile, 1, 1) = '\';
window (1, 1, 80, 25); clrscr; writeln ('Programmende ... ')
END. (* -------------------------------------------------- *)
```

Ausbaufähig ist das folgende Programm zum Kopieren von Pascal-
Files von Diskette auf Drucker oder Diskette, das ebenfalls
initlp zum Einstellen benutzt. Zwar kann man ein File XXX.PAS
(oder allgemeiner jedes mit <RETURN>s am Zeilenende versehene
File) unter MS.DOS mit copy XXX.TYP > prn direkt zum Drucker
senden, jedoch leistet das folgende Programm insofern mehr, als
es das Listing bei Bedarf mit Zeilennummern versieht und zudem
weitere Informationen hinzuzusetzen gestattet, wenn man im
Quelltext entsprechende Einbauten vorsieht: So ließe sich der
File-Name auf jeder neuen Seite wiederholen, eine Angabe des
Erstellers wäre möglich u. dgl.

Eine interessante (und sehr einfache) Erweiterung: Wenn man die
Zeilennummern auch auf dem Bildschirm anzeigen läßt, kann man
sich ein sehr langes Programm erst dort ansehen, sich von dort
die Zeilennummern merken und dann beim Kopieren auf den Druk-
ker nach Eingabe dieser zweier Zeilennummern nur Ausschnitte
aus großen Programmen auslisten lassen. Gängige Lister sehen
diese oftmals nützliche Option leider nicht vor ...

```
PROGRAM superkopieren;
                (* für alle Textfiles aus dem TURBO - Editor *)
(*$U+*)
VAR                     line : STRING [150];
            altname, neuname : STRING [14];
                       laufw : STRING [1];
             altfil, neufil : text;
                      inhalt : ARRAY [1..80] OF STRING[12];
       anzahl, zeile, n, k : integer;
       wohin, num, w, seite : char;

(*$Iinit.bib*)

  PROCEDURE directory;              (* unter MS-DOS bzw. PC-DOS *)

     TYPE      str64 = STRING [64];
               str10 = STRING [10];
     VAR  suchstring : STRING [64];              (* Pfadangabe *)

     PROCEDURE catalog (VAR pfad : str64);
     CONST  attribut = $20;
     VAR   registerrec : RECORD
                         al, ah : byte;
                         bx, cx, dx, bp, di,
                         si, ds, es, flags : integer
                         END;

                 buffer : str64;
             name, erw : STRING [10];
                   ch : char;

        PROCEDURE auswertg (VAR name, erw : str10);
           VAR i : byte;
           BEGIN
           i := 30; name := ''; erw  := '';
           WHILE (buffer [i] <> #0) AND (buffer[i] <> '.')
           AND (i > 13) DO BEGIN
                   name := name + buffer[i]; i := i + 1
                   END;
```

```pascal
                  IF buffer [i] = '.' THEN
                     BEGIN
                     i := i + 1;
                     WHILE (buffer [i] <> #0) AND (i < 43) DO
                        BEGIN
                        erw := erw + buffer [i]; i := i + 1
                        END
                     END
              END;
   BEGIN
   suchstring := suchstring + '\*.*' + chr(0);
   WITH registerrec DO
      BEGIN
      ah := $1a; ds := seg (buffer); dx := ofs (buffer);
      msdos (registerrec)
      END;
   WITH registerrec DO
      BEGIN
      ah := $4e; ds := seg (pfad);
      dx := ofs (pfad) + 1; cx := attribut;
      msdos (registerrec);
      IF al <> 0 THEN
         BEGIN
         writeln ('Kein Eintrag ...       '); exit
         END
                   ELSE
                   BEGIN
                   auswertg (name, erw);
                   inhalt [anzahl + 1] := name + '.' + erw;
                   anzahl := anzahl + 1
                   END
      END;
   WITH registerrec DO
      REPEAT
         ah := $4f; cx := attribut;
         msdos (registerrec); auswertg (name, erw);
         inhalt [anzahl + 1] := name + '.' + erw;
         anzahl := anzahl + 1
      UNTIL al <> 0
END;
BEGIN
(* write ('Pfad : '); readln (suchstring); writeln; *)
   anzahl := 0;
   gotoxy (1,1); clreol; gotoxy (1,1);
   write ('Laufwerk : '); readln (laufw);
   laufw := upcase (laufw); suchstring := laufw + ':';
   catalog (suchstring)
END;

PROCEDURE filesuche;
VAR okay : boolean;
BEGIN
REPEAT
   write ('Name <L:NAME.TYP> ');
   write ('des zu kopierenden Files ... ');
   readln (altname);
   assign (altfil, altname);
   (*$I-*) reset (altfil); (*$I+*)
   okay := IORESULT = 0;
```

```pascal
    IF (NOT okay) THEN writeln ('File existiert nicht ... '
UNTIL okay
END;


PROCEDURE kopie;
BEGIN
clrscr; writeln ('File ... '); writeln;
REPEAT
   readln  (altfil, line);
   IF wohin = 'P' THEN IF num = 'J'
                          THEN writeln (lst, n : 4, '  ',line)
                          ELSE writeln (lst, line);
   writeln (line);
   IF (n MOD 20 = 0) AND (wohin = 'B') THEN read (kbd, w);
   IF wohin = 'D' THEN writeln (neufil, line);
   IF (wohin = 'P') AND (seite = 'J')
      THEN IF n MOD 58 = 0 THEN BEGIN
                                write (lst, chr(12));
                                writeln (lst);
                                writeln (lst, '        ', altname)
                                writeln (lst)
                                      END;
   n := n + 1
UNTIL EOF (altfil);
close (altfil);
writeln; write (n-1 : 3, ' Programmzeilen.  ');
IF wohin = 'B' THEN read (kbd, w)
END;

PROCEDURE drucker;
BEGIN
filesuche;
writeln;
write ('Zeilennummern gewünscht (J/N) ....        ');
readln (num); num := upcase (num);
write ('Seitenvorschub gewünscht (J/N) ...        ');
readln (seite); seite := upcase (seite);
write  (lst, chr(27), chr(67), chr(72));
writeln (lst);
writeln (lst, '        ', altname); writeln (lst);
kopie
END;


PROCEDURE diskette;
BEGIN
filesuche;
writeln;
write ('Name <L:NAME.TYP> der Kopie ...                ');
readln (neuname);
assign (neufil, neuname);
rewrite (neufil);
kopie;
close (neufil)
END;
```

```
BEGIN  (* ------------------------------------ Hauptprogramm *)
clrscr; anzahl := 0;
writeln ('>>>  Dieses Programm kopiert Textfiles  *.TYP,');
writeln ('die im TURBO - Editor erstellt worden sind ... ');

REPEAT
IF anzahl > 0
   THEN BEGIN
         clrscr;
         writeln ('Files auf Laufwerk ', laufw, ': ');
         writeln;
         FOR k := 1 TO anzahl  - 1 DO write (inhalt [k] : 16);
         END;
writeln;
writeln ('--------------------------------------------------');
writeln ('Inhalt der Diskette ....................    I');
writeln ('Drucker: Schriften einstellen ..........    S');
writeln ('Kopie von Diskette auf ... Drucker ......    P');
writeln ('                         Bildschirm ...    B');
writeln ('                         Diskette .....    D');
write   ('Programmende ...........................    E');
write   ('         Wahl >>> '); readln (wohin);
wohin  := upcase (wohin); writeln;
n := 1; num := 'N';
case wohin of
'I' : directory;
'S' : BEGIN initlp; clrscr END;
'P' : drucker;
'D' : diskette;
'B' : BEGIN
      filesuche; kopie; clrscr
      END
END
UNTIL wohin = 'E'

END. (* ------------------------------------------------ *)
```

Das folgende Programm erlaubt die Erstellung eines Jahreskalen-
ders mit Monatskalendarium; auf jedem Blatt kann man in einem
Rahmen (u.U. mit zweitem Endlos-Papierdurchlauf am Drucker)
eine Computergrafik, ein Foto oder dgl. unterbringen und auf
diese Weise ein sehr persönliches Geschenk gestalten ... Das
Programm ist unmittelbar lauffähig; es schreibt unterhalb eines
umrandeten Feldes (etwa 1/2 DIN A4 für Bilder u. dgl.) das jeweilige Monatskalendarium und wartet dann (Papier am Drucker
von Hand auf den neuen Seitenanfang weiterdrehen, denn die Ka-
lendarien sind verschieden lang!) auf die Leertaste ...

```
PROGRAM kalenderdruck;
                 (* druckt Kalender für beliebige Jahre *)
VAR  jahr, mon, t, z, k, merk : integer;
                      taste : char;      (* Seite weiter *)
                      worte : ARRAY[1..5] OF STRING[20];

PROCEDURE box (x, y, b, t : integer);
VAR i, k : integer;
BEGIN
write (lst, chr(201));
```

```
FOR k := 1 TO b - 2 DO write (lst, chr(205)); write (lst,
chr(187)); writeln (lst);
FOR k := 1 TO t - 2 DO BEGIN
                      write (lst, chr(186));
                      FOR i := 1 TO b-2 DO write (lst, ' ');
                      writeln (lst, chr(186))
                         END;
write (lst, chr(200));
FOR k := 1 TO b - 2 DO write (lst, chr(205));
writeln (lst, chr(188))
END;


(*$Iinit.bib*)

(* getester Vorschlag für die Einstellungen:
   Schrift Kursiv / Normal / Letter Q. / 12 cpi / Großschrift /
   linker Rand auf 3 *)

PROCEDURE monat (m : integer);              (* mit Schaltjahren *)
BEGIN
write (lst, '        ');
CASE m OF
1  : write (lst, 'JANUAR ');
2  : write (lst, 'FEBRUAR ');
3  : write (lst, 'MÄRZ ');
4  : write (lst, 'APRIL ');
5  : write (lst, 'MAI ');
6  : write (lst, 'JUNI ');
7  : write (lst, 'JULI ');
8  : write (lst, 'AUGUST ');
9  : write (lst, 'SEPTEMBER ');
10 : write (lst, 'OKTOBER ');
11 : write (lst, 'NOVEMBER ');
12 : write (lst, 'DEZEMBER ')
END;
IF m in [1, 3, 5, 7, 8, 10, 12] THEN z := 31 ELSE z := 30;
IF (m = 2) THEN IF (jahr MOD 4 = 0) THEN z := 29
                                    ELSE z := 28
END;


BEGIN (* ------------------------------- Hauptprogramm *)
initlp; clrscr;
write  ('Jahr 19.. eingeben, z.B. 87 ... ');
readln (jahr);
write  ('Wochentag des 1. Jan. eingeben (Montag = 1 usw.)  ');
readln (merk);
FOR k := 1 TO 40 DO writeln (lst);              (* Titelblatt *)
writeln (lst, '           PERSÖNLICHER');
writeln (lst, '           JAHRESKALENDER');
writeln (lst);
writeln (lst, '                    19', jahr);
writeln (lst);                    (* Es folgt Warteschaltung *)
read (kbd, taste);             (* Vorher: neue Seite per Hand *)

FOR mon := 1 TO 12 DO BEGIN (* ----------------------------- *)
    FOR k := 1 TO 6 DO writeln (lst);
    box (1, 1, 39, 18);                         (* Rahmen *)
    FOR k := 1 TO 3 DO writeln (lst);
```

```
      monat (mon); writeln (lst, '19', jahr);        (* Kalender *)
      write (lst, '     ');
      FOR k := 1 TO 32 DO write (lst, '-'); writeln (lst);
      write (lst, '     ');
      writeln (lst, 'MO   DI   MI   DO   FR   SA   SO');
      write (lst, '     ');
      FOR k := 1 TO 32 DO write (lst, '-'); writeln (lst);
      write (lst, '     ');
      FOR k := 1 TO merk -1 DO write (lst, '     ');
      FOR k := 1 TO z DO BEGIN
                  IF k < 10 THEN write (lst, ' ');
                  write (lst, k, '   ');
                  IF (k + merk - 1) MOD 7 = 0 THEN BEGIN
                                 writeln (lst);
                                 write (lst, '     ');
                                                          END
                  END;
      merk := (z + merk - 1) MOD 7;
      IF merk <> 0 THEN BEGIN
                  writeln (lst);
                  write (lst, '     ');
                  END;
      FOR k := 1 TO 32 DO write (lst, '-');
      writeln (lst);
      merk := merk + 1;                 (* Es folgt Warteschaltung *)
      read (kbd, taste)       (* Papier von Hand weiterdrehen *)
                  END
END. (* --------------------------------------------------------- *)
```

In der vorstehenden Version geht der Autor von großer Schrift
aus (siehe Vorschlag nach Include-File). Eine Weiterschaltung
des Druckers auf die jeweils neue Seite des Endlospapiers muß
daher von Hand vorgenommen werden, denn der interne Zeilen-
zähler kann kleine und große Schrift nicht unterscheiden, sodaß
der Vorschub (normalerweise per *writeln (lst, chr(12);*) nicht
umbruchgerecht erfolgt.

Abschließend noch ein kleines "didaktisches Programm" aus einem
Paket von Lernprogrammen für Pascal ....

```
PROGRAM schleife;

VAR anfang, ende : integer;
    x, schritt : real;
             c : char;

PROCEDURE box (x, y, b, t : integer);
VAR k : integer;
BEGIN
gotoxy (x, y); write (chr(201));
FOR k := 1 TO b - 2 DO write (chr(205)); write (chr(187));
FOR k := 1 TO t - 2 DO BEGIN
                  gotoxy (x, y + k); write (chr(186));
                  gotoxy (x + b - 1, y + k); write (chr(186))
                  END;
gotoxy (x, y + t- 1); write (chr(200));
FOR k := 1 TO b - 2 DO write (chr(205)); writeln (chr(188));
writeln
END;
```

```
PROCEDURE schleife;
BEGIN
x := anfang; delay (1000); box (43, 8, 37, 5);
WHILE x < ende DO
                BEGIN
   gotoxy (45, 9); write ('Abfrage: ', x : 6 : 2, ' < ', ende);
   IF x < ende THEN write (' ja') ELSE write (' nein');
   delay (1500); gotoxy (65, 9); write ('      ');
   gotoxy (55, 10); write ('Ausgabe:      ', x * x : 6 : 2);
   x := x + schritt; delay (1000);
   gotoxy (55, 11); write ('Weiterschalten: ',x : 6 : 2);
   delay (500);
   END;
IF x >= ende THEN
   BEGIN
   gotoxy (65 , 9); write (' nein')
   END;
gotoxy (54, 9); write (x : 6 : 2); delay (1000);
gotoxy (54, 6); write (' beendet.   '); delay (2000)
END;

BEGIN (* ------------------------------------------------- *)
REPEAT
   clrscr; writeln;
   writeln ('  PROGRAM schleife; ');
   writeln ('  VAR anfang, ende : integer; ');
   writeln ('           schritt : real; ');
   writeln ('  BEGIN '); writeln ('  x := anfang; ');
   writeln ('  ende := .?.');  writeln ('  schritt :=  ');
   writeln ('  WHILE x < ende DO BEGIN  ');
   writeln ('                   writeln (x * x); ');
   writeln ('                   x := x + schritt ');
   writeln ('                   END ');
   writeln ('  END. '); box (1, 1, 40, 14); lowvideo; writeln;
   write ('    Anfangswert für x ... '); readln (anfang);
   gotoxy ( 8, 6); write ('           ');
   gotoxy ( 8, 6); write (anfang, ';');
   gotoxy ( 1,18); write ('    Endwert für x ....... ');
   readln (ende);
   gotoxy (11, 7); write ('        ');
   gotoxy (11, 7); write (ende, ';');
   gotoxy (1,19); write ('    Schrittweite ........ ');
   readln (schritt);
   gotoxy (14, 8); write (schritt : 5 : 2, ';');
   normvideo; gotoxy (44, 6); write ('Ausführung ...');
   IF anfang <= ende
      THEN IF schritt > 0 THEN schleife
                          ELSE write (' in ewiger Schleife!')
      ELSE write (' nicht möglich.');
   read (kbd, c); c := upcase (c)
UNTIL c = 'E'
END. (* ------------------------------------------------- *)
```

Das letzte Kapitel bringt ergänzende Hinweise sowie Übungsaufgaben (teils mit Lösungen) zu den einzelnen Kapiteln. Die Abschnitte sind fortlaufend numeriert, wobei die erste Nummer auf das passende Kapitel weist. Lesen Sie sich nach dem Bearbeiten eines Kapitels die Hinweise auf jeden Fall durch, bei Fragen auch schon vorher. - Dieses Kapitel wurde erst nach Abschluß des gesamten Textes erstellt und klärt daher u.U. Probleme auf, die vorher unbeachtet blieben.

* * *

1.1 Englische Fachwörter schreiben wir bei ihrem ersten Vorkommen in einfache Gänsefüßchen, u.U. mit Erläuterung oder Übersetzung. Eingeschobene Redewendungen und dgl. werden mit doppelten Gänsefüßchen versehen.

1.2 Die Geschichte der Rechenautomaten ist alt: In China werden heute noch mechanische Rechengeräte ("Abakus" mit Kugeln) verwendet, die als Vorläufer erster mechanischer Automaten (ab ca. 1700) gelten können. Wie PCs sind das "digitale" Rechner, d.h. solche, die Zahlen diskret in Stellenschreibweise darstellen. Hiervon zu unterscheiden sind "analoge" Rechengeräte: Urvater ist hier der Rechenstab (oft falsch "Rechenschieber" genannt). Elektronische Baumuster sind ebenfalls vorhanden: Solche Maschinen heißen Analogrechner; sie arbeiten mit Schwingkreisen und dgl.; die Ablesung der Ergebnisse erfolgt auf Meßinstrumenten nach Art der Amperemeter. Im Gegensatz zu Digitalrechnern sind Analogrechner nicht in unserem Sinne programmierbar, sondern werden auf Schaltbrettern problembezogen verdrahtet; sie simulieren das Problem. Kombinationen beider Typen nennt man "Hybridrechner". - Anmerkungen zur Historie samt einigen großen Namen findet man in dem Buch von REMBOLD.

1.3 Beim Einschalten eines PCs wird das Betriebssystem geladen, in den Arbeitsspeicher gebracht. Dieser wird automatisch in verschiedene Bereiche unterteilt, für MS.DOS, Programme, Daten usw. DOS verwaltet diese Bereiche und stellt sicher, daß die Systemprogramme selber normalerweise zugriffsgeschützt sind, d.h. vom Anwender nicht zufällig verändert werden können. Geschieht dies doch, so spricht man vom "Abstürzen" des Systems (Systemhalt); dann wird ein Neustart notwendig ("Warmstart"). Bei u.U. gleicher Konsequenz davon zu unterscheiden: "Hängenbleiben" z.B. in einer Schleife; das System arbeitet zwar weiter, aber ohne Ende. Um hierbei Neustart zu vermeiden, gibt es Compileroptionen (Kap. 3).

1.4 Die Verwandlung von Dezimalzahlen in Hexazahlen erfolgt mit einem zur Seite 12 unten analogen Algorithmus, wie man ausprobieren kann. Die Reste können jetzt freilich von 0 bis 15 (= F) laufen. Verwandeln Sie übungshalber einmal dezimal 3871 in die Hexazahl F1C: 15*16*16 + 1*16 + 12 = 3871.

1.5 Eine Schreibmaschinenseite hat etwa 2 KB technischen Informationsinhalt, d.h. benötigt ca. diesen Speicherplatz im Rechner bzw. auf Diskette. Tatsächlich ist eine Seite aber weniger "wert", denn sie bleibt auch bei Zeichenausfall (je

nach Textcharakter bis zu 30 % weniger!) noch lesbar. Diese
Redundanz (Weitschweifigkeit) berücksichtigt ein Programm
nicht, wohl aber der vorgebildete Leser.

2.1 Standardbezeichner und komplette Anweisungen werden im laufenden Text zur Verdeutlichung kursiv eingetragen; bei reservierten Wörtern END usw. kann darauf verzichtet werden.

2.2 Der Deklarationsteil ist ein typisches Wesensmerkmal von
Pascal-Programmen; für den Anwender ist er als vollständige
Liste aller benutzten Konstanten, Variablen samt Typ, Prozeduren (später) etc. zu verstehen; der Compiler braucht
diese Liste zum Generieren des Maschinenprogramms, denn
schon bei der Übersetzung werden (anders als in BASIC) diese unter Laufzeit benötigten Speicherplatzadressen nach Art
und Größe festgelegt und im Objektcode als Informationen
mit abgelegt; beim Abarbeiten spart das Organisationszeit.
Entsprechende Hinweise werden zu Ende des Compilierens gemeldet und sind für Fortgeschrittene von Interesse.

2.3 Zum ASCII-Code: Stimmen Tastaturbezeichnungen und ausgege-
bene Zeichen nicht überein oder druckt ein Drucker andere
Zeichen als erwartet, so ist der falsche "Tastaturtreiber"
bzw. "Druckertreiber" geladen. Mindestens das erstere Programm befindet sich auf der Systemdiskette und muß beim
Start des Rechners eingebunden werden (siehe Kapitel 13).

2.4 Beliebte Anfängerfehler bestehen darin, arithmetische Ausdrücke fehlerhaft in Pascal zu übersetzen. - Schreiben Sie
sich ein Programm, das Formelwerte wie

$$z = \sqrt{\frac{a * b * (c + a)}{c - a / b}}$$

oder kompliziertere nach Eingabe von a, b und c ausrechnet.
Zu unterscheiden ist a/b/c = a/(b*c) von a/b*c usw. !

3.1 Der Wert kommerzieller Software bemißt sich u.a. auch nach
der Qualität ihrer Dokumentation und Benutzerführung. Das,
was der Benutzer unter Laufzeit - abgesehen von den Ergeb-
nissen - wahrnimmt, nennt man die "Benutzeroberfläche". Sie
ist sozusagen die konkrete Ausführung der Eigenschaft Benutzerführung. Grafische Benutzeroberflächen und solche mit
Fenstertechnik (TURBO 4.0) sind immer mehr im Kommen ...

3.2 Pascal ist ein Pseudocode mit streng formal geregelter Syntax; man erkennt aber z.B. beim Fellachenprogramm unschwer,
daß auch eine "private" Kunstsprache zur Beschreibung eines
Algorithmus ausreicht. Siehe Kapitel 19.

3.3 Zur sauberen Quelltextgestaltung gehört unbedingt das Einrücken von Blöcken: Man übersieht dann sicher, ob ein mit
BEGIN geöffneter Block überhaupt und insbes. an der richtigen Stelle mit END wieder abgeschlossen wird. Fehlende
END werden vom Compiler bemerkt, aber meistens zu weit
hinten im Programm. Bei langen Quelltexten, in denen END

mehrmals abgeht, ist es ohne Einrückungen u.U. schwierig, nachträglich die richtige Stelle für ein END zu finden!

3.4 Tote Schleifen kann man in der Testphase eines Programms sicher beherrschen, wenn man in allen problematischen Schleifen später wieder zu löschende Anweisungen wie z.B. *writeln ('Schleife sowieso');* einbringt, als "Signale" in RUN-TIME. Damit bleibt der Bildschirm in einem derartigen Fall nicht ohne Information. Außerdem kann das Programm dann immer mit CTRL-C abgebrochen werden, während dies ohne Ausgaben *writeln;* nur mit der Compileroption (*\$U+*) möglich ist. Mit dieser Option wird nämlich nach jeder Anweisung unter Laufzeit auf der Tastatur nachgefragt, ob ein Abbruch gewünscht ist. Das Programm ist daher auch langsamer. Wichtig: <u>Jedes Programm vor dem ersten Testlauf auf Diskette abspeichern!</u>

3.5 Wandeln Sie das Fakultätenprogramm so ab, daß es zur Berechnung von ganzzahligen Potenzen a^b für nicht zu große a und b verwendet werden kann:

```
PROGRAM potenzberechnung;
VAR  b, h, pro, i : integer;
BEGIN
clrscr;
write ('Basis ...... '); readln (b);
write ('Exponent ... '); readln (h);
pro := 1;
FOR i := 1 TO h DO pro := pro * b;
writeln; writeln (b ,'^', h, ' = ', pro)
END.
```

3.6 Das Flußdiagramm für die Fellachenmultiplikation ist:

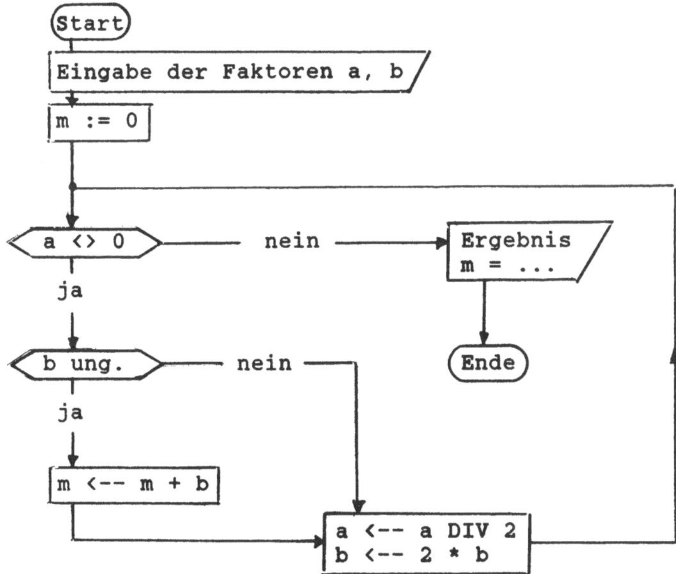

3.7 Drei-a-Problem: Skizzieren Sie ein Flußdiagramm, später
    auch ein Struktogramm. Lösung: ohne BOOLEsche Variable geht
    es zunächst nicht:

```
PROGRAM drei_a_algorithmus;
VAR a , n : integer;
        w : boolean;
BEGIN
n := 0; readln (a);
WHILE  a <> 1 DO BEGIN
                writeln (a); n := n + 1; w := true;
                IF a MOD 2 = 0 THEN BEGIN
                                    a := a DIV 2;
                                    w := false
                                END;
                IF w THEN a := 3 * a + 1
                END;
writeln; writeln (n)
     (*  REPEAT
        writeln (a);
        IF a MOD 2 = 0 THEN a := a DIV 2
                       ELSE a := 3 * a + 1
        UNTIL a = 1 *)
END.
```

Nach Kapitel 4 kann die in Klammern angegebene kürzere
Lösung anstelle der WHILE-Schleife formuliert werden.

4.1 In FOR-Schleifen, dies zur Wiederholung, darf die Laufvari-
    able keinesfalls verändert werden. Logisch falsch ist also

```
FOR i := 1 TO 10 DO BEGIN
                writeln (i : 3, i * i);
                i := i + 2     (* !!! *)        END;
```

4.2 Das Erstellen von mehr oder weniger komplizierten Tabellen
    gehört zu den Grundaufgaben der EDV. Hier einige Beispiele:

Eine Tabelle für die Sinusfunktion mit x im Bogenmaß soll
so erstellt werden, daß je Zeile um Eins, je Spalte um 0.1
vorangeschritten wird, also z.B.

```
x          .0      .1      .2      .3      ...      .9
-----------------------------------------------------------
0          .0.000 .0.0.. ...... ...... ...... ......
1          .....
```

An zweiter Stelle in Zeile 2 steht formatiert sin (1.1).

```
PROGRAM sinustabelle;
VAR x, s : integer;               BEGIN
write (' x ');
FOR s := 0 TO 9 DO write ('.', s, '    '); writeln;
FOR s := 1 TO 72 DO write ('-'); writeln;
FOR x := 0 TO 5 DO BEGIN
write (x : 2);
FOR s := 0 TO 9 DO write (sin (x + s/10) : 7 : 3);
writeln             END          END.
```

Entsprechend können Funktionen zweier Variabler $z = f(x,y)$ tabelliert werden in der Form

```
x/y      1      2      3      4      5    ...
--------------------------------------------
 1       ...    ...    ...    ...    ...
 2       ...    ...
```

wobei die Tabelle jetzt in den Zeilen etwa nach x, in den Spalten nach y voranschreitet, also Werte f(x,y) enthält.

4.3 Für den barometrischen Luftdruck p(h) als Funktion der See-höhe gilt die Formel

$$p(h) = p(0) * e^{-0.1251 * h} \qquad \text{(mit h in km !).}$$

Erzeugen Sie eine (sog. Reduktions-) Tabelle:

```
h( in m !)        mm HG - Säule
-------------------------------------------------------
    0        740.0   750.0   760.0   770.0   780.0
   10         ...    749.1   759.0   769.0    ...
   ..         ...
  100         ...
```

Die Tabelle zeigt für fünf verschiedene p auf Meereshöhe die entsprechenden Werte in der Kolonne darunter für andere Höhen auf eine Dezimale genau. Wir geben 2 Lösungen:

```
PROGRAM barometer1;
VAR   n, h, p0, s : integer;
              p : real;
BEGIN
clrscr; h := 0;
writeln (' h(m)     mm HG - Säule'); writeln;
FOR n := 1 TO 10 DO BEGIN
    p0 := 740;
    FOR s := 1 TO 5 DO BEGIN
                    write (h : 5, '  ');
                    p := p0 * exp (-0.1251*h/1000);
                    write (p : 7 : 1); p0 := p0 + 10
                    END;
    writeln; h := h + 10
                END
END.


PROGRAM barometer2;
VAR   p0, h : integer;
         p : real;
                                  BEGIN
clrscr; h := 0;
REPEAT
    write (h : 5, '  '); p0 := 740;
    REPEAT
        p := p0 * exp (-0.1251 * h / 1000);
        write (p : 7 : 1); p0 := p0 + 10
    UNTIL p0 > 780;
    writeln; h := h + 10
UNTIL h > 100                     END.
```

4.4 Für jede der natürlichen Zahlen von 1 bis 100 sollen alle
Teiler sowie deren jeweilige Anzahl in Tabellenform

```
   n    Teiler / Anzahl
---------------------------------
   1    1 / 1
 ...
 100    1   2   4   5   10  20  50 100  / 8
```

übersichtlich als Liste ausgegeben werden ...

```pascal
PROGRAM teiler;
VAR n , d, a : integer;
BEGIN
clrscr; writeln ('Zahl   Teiler   /  Anzahl');
FOR n := 1 TO 10 DO BEGIN
     write (n : 3, '    1'); a := 1;
     FOR d := 2 TO n DO BEGIN
        IF n MOD d = 0 THEN BEGIN
                          write (d : 4); a := a + 1
                          END
                  END;
     IF a = 2 THEN writeln (' ... prim')
              ELSE writeln ('  /  ', a)
                  END
END.
```

4.5 Skizzieren Sie für die in Kapitel 4 angegebenen Programme
die Flußdiagramme und die Struktogramme. - Schreiben Sie
die Programme auch mit anderen Schleifenkonstruktionen.

4.6 Schreiben Sie ein Pascal-Programm mit sauberer Menüführung,
das nach einmaliger Eingabe des Tageskurses in einem Vor-
programm die wiederholte Umrechnung von DM in US-Dollar
oder umgekehrt gestattet. Es muß also im Hauptmenü drei Optionen geben, die man z.B. mit einem CASE-Schalter anwählt.
Beginnen Sie das Menü mit *clrscr;*. Damit das Ergebnis nach
CASE ... lesbar bleibt, sollte man eine Leertastenschaltung
einbauen, d.h. eine Variable w vom Typ *char*, die nach dem
Programmschalter über *readln (w);* das Programm anhält, bis
die Leertaste (oder eine andere) gedrückt wird ...

```pascal
PROGRAM bankumrechnung;
VAR    dm, g : real;
       wahl : char;
BEGIN
clrscr;
write ('Dollarkurs: 1 US-Dollar = ... DM ? '); readln (dm);
REPEAT
   clrscr;
   writeln ('       DM in Dollar ...    1');
   writeln ('   oder Dollar in DM ...   2');
   writeln ('   Programmende ........   E');
   writeln;
   write ('   Wahl ....                '); readln (wahl);
   CASE wahl OF
   '1' : BEGIN
           write ('  Eingabe DM ... '); read (g);
           write (' ... sind ', g/dm : 5 : 2, ' DOLLAR');
```

```
                read (kbd, wahl)
                END;
        '2' : BEGIN
                write ('  Eingabe Dollar ... '); read (g);
                write (' ... sind ', g * dm : 5 : 2, ' DM');
                read (kbd, wahl)
                END
        END
    UNTIL wahl = 'E'
    END.
```

4.7 In den USA gibt man den Benzinverbrauch MpG gerne in Miles
    per Galon an. Für die Umrechnung aus Liter (Lkm) je 100 km
    gilt die Formel

    MpG = 3.79 * 100 / (1.609 * Lkm).

    Das Programm soll Hin- und Rückrechnung gestatten wie 4.6.

5.1 Die Programmzeile von Seite 40 Mitte entspricht dem Bild

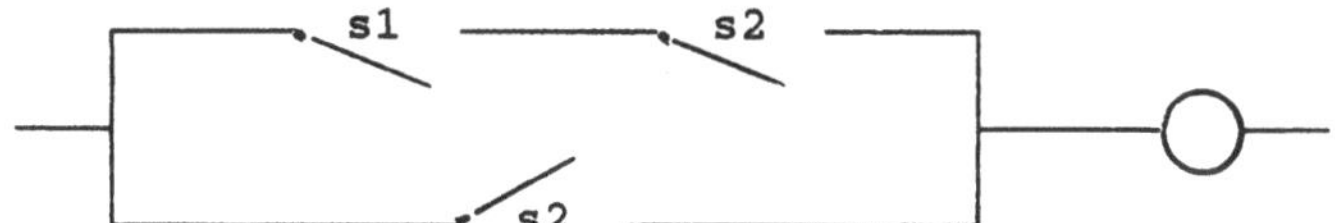

    Schaltung: (s1 AND s2) OR s3 ...

5.2 (NOT u) OR v ist mit u ——> v gleichwertig, denn es hat
    dieselbe Wahrheitstafel wie die Implikation von S. 41.

u	v	NOT u		(NOT u) OR v
true	true	false		true
true	false	false		false
false	true	true		true
false	false	true		true

5.3 Zeigen Sie analog, daß u OR (NOT u) eine Tautologie ist.

6.1 Die Aufgabe 4.4 kann dahin verbessert werden, daß die Tei-
    ler vor der Ausgabe in einem Feld abgelegt werden und die
    Ausgabezeile zuerst deren Anzahl enthält, ehe die Teiler
    selber angezeigt werden. - Teilerfeld [1..20] vereinbaren,
    bei jedem neuen n von vorne einschreiben und mitzählen,
    dann Zählerstand ausgeben und danach Feld "vorlesen" ...

6.2 Das Programm grosszahl von Seite 45 soll dahingehend abge-
    ändert werden, daß Potenzen a^b für ganze Zahlen a und b
    berechnet werden können, so etwa 2^63: a und b eingangs des
    Programms abfragen, die WHILE-Schleife durch DO-Schleife
    FOR num := 1 TO b DO ... ersetzen und jeweils mit dem
    festen Faktor a multiplizieren. Zur Multiplikation großer
    Zahlen überhaupt: Siehe BASIC-Programmbeispiel in dem Buch
    "Simulationen in BASIC".

6.3 Erweitern Sie das Programm textsort im Sinne von Seite 50
oben und setzen Sie zusätzlich jene Routine ein, mit der
die Ausgabeliste bei jedem neuen Anfangsbuchstaben eine
Leerzeile zwischenschießt. (Auf Diskette als SORT.PAS.)

6.4 Schreiben Sie analog zum Programm dualwandler ein Programm
hexawandler, mit dem dezimal geschriebene Ganzzahlen in
Hexazahlen umgewandelt werden können. Die Fälle, wo die
vorkommenden Reste > 9 (bis 15) sind, werden am besten mit
einer CASE-Verzweigung den Buchstaben A bis F zugeordnet
und - wie alle Reste - in einem Feld des Typs *char* abgelegt, das man dann rückwärts auslesen kann.

6.5 Das lineare Gleichungssystem (sog. Dreiecksmatrix)

$$x_1 + a * x_2 + a^2 * x_3 + \ldots + a^{n-1} * x_n = 1$$
$$x_2 + a * x_3 + \ldots + a^{n-2} * x_n = a$$
$$x_3 + \ldots + a^{u-3} * x_n = a^2$$
$$\ldots\ldots\ldots\ldots\ldots$$
$$x_n = a^{n-1}$$

hat für jedes n und jedes a genau eine Lösung der Gestalt
$(x_1, \ldots, x_n)$. Man findet diese rückwärtsgehend von der
letzten Zeile aus (dort steht ja x_n) in der Form

$$x_k = a^{k-1} - (a*x_{k+1} + \ldots + a^{n-k} * x_n)$$

für k = n-1, ..., 1 durch Einsetzen aller späteren x_i.

Schreiben Sie ein Programm, das nach Eingabe von n bzw. a
die Koeffizientenmatrix der linken Seite und den Spalten-
vektor der rechten Seite zuerst aufbaut und dann die Lösung
ausrechnet ... Komfortable Lösung:

```
PROGRAM lineares_system;
VAR n, zeile, spalte : integer;
             a, s : real;
             matrix : ARRAY [1..10, 1..10] OF real;
             b, x : ARRAY [1..10] OF real;
BEGIN
clrscr;
write ('Größe der Matrix ... '); readln (n);
FOR zeile := 1 TO n DO
    FOR spalte := 1 TO n DO matrix [zeile, spalte] := 0;
write ('a = '); readln (a);
FOR zeile := 1 TO n DO matrix [zeile, zeile] := 1;
FOR zeile := 1 TO n - 1 DO
    FOR spalte := zeile + 1 TO n DO
    matrix [zeile, spalte] := a*matrix [zeile, spalte - 1];
    b[1] := 1;
    FOR zeile := 2 TO n DO b[zeile] := a * b[zeile - 1];
    x [n] := b [n];
    FOR zeile := n - 1 DOWNTO 1 DO
        BEGIN
        s := 0;
        FOR spalte := zeile + 1 TO n DO
            s := s + matrix [zeile, spalte] * x [spalte];
        x [zeile] := (b [zeile] - s) / matrix [zeile,zeile]
        END;
```

```
          writeln;
          FOR zeile := 1 TO n DO BEGIN
              FOR spalte := 1 TO n DO
                  write (matrix [zeile, spalte] : 7 : 2);
              write (b[zeile] : 11 : 2);
              writeln;
                                  END;
          writeln; writeln ('Lösung ... x(1) bis x(', n, ')');
          writeln;
          FOR spalte := 1 TO n DO writeln (x [spalte] : 10 : 3)
END.
```

6.6 Ein Wort (z.B. OTTO) heißt Palindrom, wenn es in beiden
Richtungen gelesen gleich ist. Schreiben Sie ein Programm,
das nach Eingabe eines Wortes auf diese Eigenschaft testet
und von Groß- bzw. Kleinschreibung unabhängig ist!

```
PROGRAM palindrom;
VAR   n : integer;
      wort : STRING [20];
        w : boolean;
BEGIN
clrscr; write ('Wort ... '); readln (wort); w := true;
FOR n := 1 TO length (wort) DO
    IF upcase (copy (wort, n, 1))
       <> upcase (copy (wort, length (wort) - n + 1, 1))
        THEN w := false;
IF w THEN write (wort, ' ist ein Palindrom.')
     ELSE write (wort, ' ist leider keines.')
END.
```

7.1 Der Zufallsgenerator ist wichtigstes Werkzeug für alle Pro-
    gramme, die Simulationen durchführen. - Viele Beispiele
    findet man in dem Buch "Simulationen in BASIC". Im Kapitel
    8 wird eine Möglichkeit beschrieben, Programme in der Test-
    phase zunächst mit einem reproduzierbaren Generator laufen
    zu lassen, ehe auf "echten" Zufall umgestellt wird.

7.2 Auch ohne spezielle Kenntnisse aus der Wahrscheinlichkeits-
    rechnung lassen sich viele Fragen durch Versuch ausreichend
    genau beantworten, wie die Geburtstagsaufgabe exemplarisch
    zeigt. Diese läßt sich natürlich auch theoretisch lösen.

7.3 Eine 5*5 Matrix soll per Zufall mit Elementen aus der Menge
    der Zahlen 2, 4, 6, ..., 50 belegt werden, wobei Wiederho-
    lungen möglich sind; beim Beschreiben soll das größte Ele-
    ment der Matrix ermittelt werden. Nach Abschluß soll mitge-
    teilt werden, in welcher Zeile und Spalte (u.U. mehrmals!)
    dieses Maximum vorkommt. - Man findet ein Maximum in einer
    Liste, indem man anfangs max auf einen kleinen Wert setzt
    und beim Durchlesen vergleicht, ob ein a größer ist. Trifft
    dies zu, so wird max auf a gesetzt. (Analog für Mimimum.)

```
PROGRAM matrix_maximal;
VAR  zeile, spalte, z,
                max, min : integer;
                  matrix : ARRAY [1..5, 1..5] OF integer;
BEGIN
```

```
clrscr; max := 0; min := 22;
FOR zeile := 1 TO 5 DO BEGIN
    FOR spalte := 1 TO 5 DO BEGIN
        z := 2 * random (26);
        matrix [zeile, spalte] := z;
        write (z : 4);
        IF z > max THEN max := z;
        IF z < min THEN min := z
                              END;
    writeln
                      END;
writeln;                          (* Ausgabe *)
FOR zeile := 1 TO 5 DO BEGIN
    FOR spalte := 1 TO 5 DO
    IF matrix [zeile, spalte] = max
        THEN write ('  ', max : 2)
        ELSE IF matrix [zeile, spalte] = min
                THEN write ('  ', min : 2)
                ELSE write ('   .');
    writeln
                      END
END.
```

7.4 Schreiben Sie ein Programm, das insgesamt 100 dreistellige
Zufallszahlen (also aus 100 ... 999) erzeugt und diese gut
lesbar auf dem Bildschirm ausgibt. Das Programm soll mit
einem Tonsignal *write (chr(7));* jedesmal dann reagieren,
wenn eine neue Zufallszahl größer ist als das Maximum unter
den bisher erzeugten.

```
PROGRAM zufallsmaximum;
VAR n, max, z, u : integer;
BEGIN
clrscr; u := 0; max := 99;
FOR n := 1 TO 200 DO BEGIN
    z := 100 + random (900);
    IF z > max THEN BEGIN
                    write (chr(7)); max := z; u := u + 1
                    END;
    write (z : 4)
                    END;
writeln;
writeln ('Maximum ........... ', max : 3);
writeln ('Überschreitungen ... ', u : 3)
END.
```

7.6 Überlegen Sie sich Ausdrücke, mit denen eine Auswahl
ganz bestimmter Zahlen im Einzelfall jeweils zufällig
gesetzt werden kann. Man erhält z.B. - 2, + 2 mit
4 * random (2) - 2.

7.7 Es werde eine Folge von Nullen und Einsen 1 1 0 1 0 0 ...
fortlaufend gewürfelt. Ein Programm soll feststellen, wann
dabei erstmals eine Abfolge von n = 6 Nullen oder aber
Einsen in einem solchen sog. BERNOULLI-Experiment auftritt,
d.h. nach dem wievielten Mal z eines Wechsels von Null auf
Eins oder umgekehrt.

Struktogramm dieses Ablaufs:

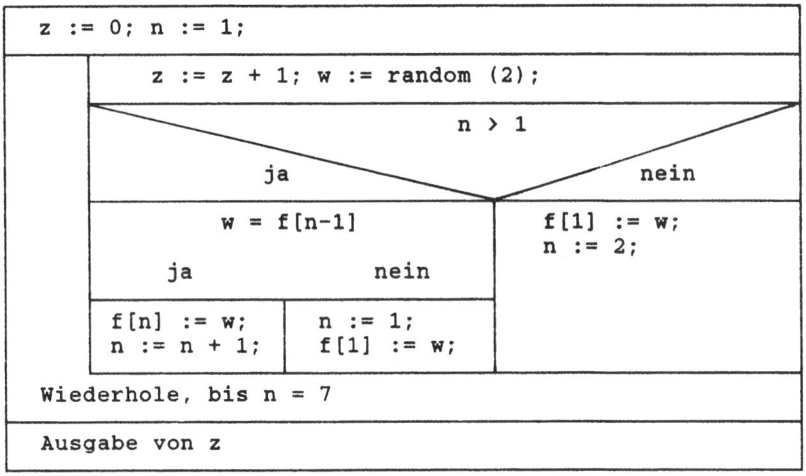

```
+-----------------------------------------------------------+
| z := 0; n := 1;                                           |
+-----+-----------------------------------------------------+
|     |        z := z + 1; w := random (2);                 |
|     +-----------------------------------------------------+
|     |                   n > 1                             |
|     |     ja                            nein              |
|     +---------------------------+-------------------------+
|     |         w = f[n-1]        |    f[1] := w;           |
|     |                           |    n := 2;              |
|     |    ja           nein      |                         |
|     +---------+-----------------+                         |
|     | f[n] := w;  | n := 1;     |                         |
|     | n := n + 1; | f[1] := w;  |                         |
+-----+---------+-----------------+-------------------------+
| Wiederhole, bis n = 7                                     |
+-----------------------------------------------------------+
| Ausgabe von z                                             |
+-----------------------------------------------------------+
```

```pascal
PROGRAM zufallsfolge;
VAR   n , z, w, i : integer;
            f : ARRAY [1..6] OF integer;
BEGIN
z := 0; n := 1; f[1] := random (2);
REPEAT
    w := random (2);
    IF (n = 1)
       OR ( (n > 1) AND (w <> f[n-1]) )
          THEN BEGIN
               clrscr; z := z + 1;
               f[1] := w; n := 2;
               END
          ELSE BEGIN
               f[n] := w; n := n + 1
               END;
    FOR i := 1 TO n-1 DO write (f[i]); writeln;
UNTIL n > 6;
writeln; writeln (z, ' Versuche')
END.
```

8.1 Klar ist, daß Namen für Prozeduren und Funktionen wie bei
    Bezeichnern nicht deckungsgleich mit reservierten Wörtern
    definiert werden dürfen. Im Falle von Standardbezeichnern
    erhält man veränderte Bedeutungen (daher der Name).

8.2 In Standard-Pascal lautet der Deklarationsteil

```
PROGRAM name   (input, output);
   LABEL ...
   CONST ...
   VAR ...
   PROCEDURE ...
   FUNCTION ...      (u.U. hier forward-Deklarationen)
```

wobei die Wörter LABEL, CONST und VAR nur einmal vorkommen
dürfen und die Reihenfolge verbindlich ist. In TURBO darf

man davon abweichen und auch wiederholen; damit wird das
Einbinden von Blöcken aus anderen Programmen (mit u.U. Ver-
schiebungen von Teilen in die Deklaration) erleichtert.

8.3 Lokale und globale Variable sind sehr sorgfältig zu unterscheiden! - Kommt ein Name zufällig sowohl global als auch
lokal vor (z.B. beim nachträglichen Einbau einer Routine
aus einem anderen Programm, die eine im stehenden Hauptprogramm bereits deklarierte Variable ebenfalls enthält),
so kann in der Prozedur logisch nicht unterschieden werden,
ob ein Zugriff auf die Variable des Hauptprogramms oder nur
der Prozedur gemeint ist. Hier gilt die Vereinbarung, daß
nur lokal bearbeitet wird; ansonsten wären die BLOCK-READ-
Routinen des Editors nur bedingt brauchbar. - Schreibt man
ein Programm neu, sollte man Namensgleichheit von Variablen
des Hauptprogramms mit solchen von Prozeduren vermeiden.

8.4 Prozeduren, in denen sowohl call by value wie auch call by
reference vorkommen soll, werden entsprechend

```
PROCEDURE name (a, b : typ1; VAR c, d : typ2);
PROCEDURE name (a : typ1; b : typ2; VAR c : typ3; d: typ4);
```

je nach übereinstimmenden oder verschiedenen Typen definiert. a und b ist dann call by value, c und d call by
reference ... Beim Aufruf sind dann unter a und b auch
direkte Einträge *name (12, 13.1, wort, eingabe);* möglich,
nicht aber bei c und d! (Siehe Ende Kapitel 10, S. 82.)

8.5 Schreiben Sie eine Funktion einstieg, die - in einem beliebigen Programm vorab eingetragen - den Start nur möglich
macht, wenn eine bestimmte Zeichenkette eingegeben wird.

```
PROGRAM code_geheim;

FUNCTION einstieg : boolean;
CONST    code = 'GEHEIM';
VAR       n : integer;
       wort : STRING [10];
BEGIN
n := 1; clrscr; einstieg := false;
writeln ('Drei Versuche ... '); writeln;
REPEAT
   write ('Codewort ... '); readln (wort); n := n + 1
UNTIL (n > 3) OR (wort = code);
IF wort = code THEN einstieg := true
END;

BEGIN (* Hauptprogramm *)
IF einstieg THEN BEGIN
             writeln ('Programm gestartet ... ')
             END
          ELSE BEGIN
             clrscr; gotoxy (10, 10);
             writeln ('K E I N   Z U G A N G !');
             END
END.
```

Andere, direkte Lösung 8.5 mit Programmabsturz:

```
PROGRAM code_geheim;
CONST    code = 'GEHEIM';
VAR      n : integer;
         wort : STRING [10];
BEGIN
n := 1; clrscr;
writeln ('Drei Versuche ... '); writeln;
REPEAT
   write ('Codewort ... '); readln (wort);
   n := n + 1
UNTIL (n > 3) OR (wort = code);
IF wort <> code THEN BEGIN
                writeln ('K E I N   Z U G A N G !');
                writeln (ln (0))
                END
END.
```

8.6 Ein Pascal-Programm soll all jene ganzen Zahlen von 1 bis
    250 ausgeben, die nicht durch 7 teilbar sind und/oder keine
    Ziffer 7 enthalten; 14, 77, 227 z.B. werden <u>nicht</u> ausge-
    geben. Konstruieren Sie die Lösung zu einem Hauptprogramm

```
BEGIN
clrscr;
FOR n := 1 TO 250 DO IF test THEN write (n : 4)
END.
```

mit einer *FUNCTION test (k : integer) : boolean;* Hinweis:
Eine Zahl $z = z_n \ldots z_0$ enthält an der Position i die Ziffer
7, wenn gilt $(z \text{ DIV } 10^i) \text{ MOD } 10 = 7$.

```
PROGRAM sieben;
VAR n : integer;
FUNCTION test (k : integer) : boolean;
BEGIN
test := true;
IF k MOD 7 = 0 THEN test := false;
IF k MOD 10 = 7 THEN test := false;
IF (k DIV 10) MOD 10 = 7 THEN test := false;
IF (k DIV 100) MOD 10 = 7 THEN test := false
END;
BEGIN  (* Hauptprogramm *)  END.
```

8.7 Die Seite 398 des "Neuen logarithmisch-trigonometrischen
    Handbuchs auf sieben Decimalen" von BRUHNS (Leipzig 1869)
    (damals Handrechnungen!) sieht ausschnittweise so aus:

10°

′	″	Sin.	d.	Cos.	d.	Tang.	d. c.	(
0	0	9.239 6702		9.993 3515		9.246 3188		0.′
	10	9.239 7896	1194	9.993 3477	38	9.246 4419	1231	0
	20	9.239 9090	1194	9.993 3440	37	9.246 5650	1231	
			1193		37		1230	
	30	9.240 0283		9.993 3403		9.246 6880		
	40	9.240 1476	1193	9.993 3366	37	9.246 8110	1230	
	50	9.240 2669	1193	9.993 3329	37	9.246 9340	1230	
			1192		37		122	
1	0	9.240 3861		9.993 3292		9.247 0569		
	10	9.240 5053	1192	9.993 3254	38	9.247 1798	17	

Schreiben Sie ein Programm, das diese Tafel nachbildet, wobei die Routinen für Minuten und Sekunden besondere Auf-
merksamkeit erfordern.

```
PROGRAM logtafel_handbuch;
CONST modul = 0.4342944819;
VAR grad, min, sec : integer;

FUNCTION ls (arg: real) : real;
BEGIN
ls := 10 + modul * ln (sin (arg * pi / 180))
END;


BEGIN
clrscr;
FOR grad := 10 TO 10 DO BEGIN          (* ein Durchlauf *)
    writeln ('          ', grad : 2, ' GRAD');
    writeln ('--------------------------');
    writeln ('Min.  Sek.        SINUS ');
    writeln ('--------------------------');
    writeln;
    FOR min := 0 TO 1 DO BEGIN
        sec := 0;
        REPEAT
          IF sec = 0 THEN write (min : 2, '        ')
                     ELSE write ('        ');
          write (sec : 2, '        ');
          writeln (ls (grad + min/60 + sec/3600) : 9 : 7);
          sec := sec + 10
        UNTIL sec > 50;
        writeln;
                        END
                    END
    END.
```

8.8 Schreiben Sie ein Programm, das von einem Menü aus mehrere
    Funktionen wahlweise benutzen kann, die im Deklarationsteil
    wie folgt in beliebig langer Liste definiert sind:

```
FUNCTION y (num : integer; x : real) : real;
VAR ...
BEGIN
CASE num OF
1 : y := ...
2 : y := ...                     (* Anwendung im Kapitel 16 *)
...
```

9.1 Übliche Wortlängen für *integer* sind heute 2 oder 4 Byte.
    Rechnerintern werden sie im Hexacode abgelegt, der mit dem
    Binärcode eng zusammenhängt.

9.2 Nach dem Muster des Programms acht_bit_Rechner kann Soft-
    ware erstellt werden, die weit größere Ganzzahlen bearbei-
    tet, etwa für Bilanzierungsaufgaben.

10.1 Das TURBO-Handbuch unterscheidet (unpräzise) rekursiven
     und nicht-rekursiven (absoluten) Code und meint damit das

Vorkommen von Selbstaufrufen bei Prozeduren oder nicht.
Ein mit Rekursion gelöstes Problem kann aber u.U. auch
ohne Rekursion gelöst werden (wie die Wurzelspirale), dann
liegt mathematisch gesprochen <u>keine</u> Rekursion vor!

10.2 Rekursionen sind besonders in der Grafik sehr beliebt und
seit HILBERT im Gespräch. Ein berühmtes Beispiel sind die
MANDELBROT-Mengen.

11.1 Es empfiehlt sich, interessante Routinen möglichst allgemein zu formulieren und auf Bibliotheksdisketten abzulegen; eine Dokumentation ist dann unumgänglich!

12.1 Im Hinblick auf Dateiprogramme, die auf periphere Speicher
zugreifen, ist die einmal definierte Datenstruktur per RE-
CORD ein gut zu überlegendes Kriterium. Spätere Änderungen
der Datenstruktur (und damit also Programmänderungen) verhindern das Einlesen bereits bestehender alter Dateien;
die Datenbestände müßten dann entweder neu eingegeben oder
mit einem eigens (für einen einzigen Lauf) konzipierten
Kopierprogramm auf die neue Struktur umgesetzt werden.

12.2 Schreiben Sie ein Programm, das eine zunächst leere Menge
mit maximal 20 ganzen Zahlen bis 100 auffüllt und dann die
erzeugte Menge samt Anzahl der Elemente anzeigt.

```
PROGRAM leere_menge;
VAR    i, z : integer;
       menge : SET OF 1..100;
BEGIN
clrscr; z := 0; menge := [];
FOR i := 1 TO 20 DO menge :=  menge + [random (100)];
FOR i := 1 TO 100 DO
    IF i IN menge THEN BEGIN
                      write (i : 3); z := z + 1
                      END;
writeln; writeln ('Anzahl .... ', z)
END.
```


13.1 In der Übungsphase ist es sinnvoll, jene Dateien, auf die
zugegriffen wird, auf der Programmdiskette zu haben bzw.
dort vorab zu erzeugen. - Jedoch sind Laufwerksangaben wie
mitgeteilt durchaus möglich. Hat das Programm die absturz-
verhindernde IORESULT-Routine eingebaut, so kann die Diskette solange gewechselt werden, bis die gewünschte Datei
gefunden ist.

13.2 *Filesize* und *filepos* lesen nicht die Datei sequentiell
durch, sondern holen die Informationen über die Directory
bzw. berechnen sie aus der Komponentenbauweise der Datei.

14.1 Das wiedergegebene Dateiprogramm war die erste Stufe eines
Konzepts, mit dem heute die Studienreisen eines Berufs-
verbandes verwaltet werden. Bei Interesse kann dieses Programm direkt beim Autor angefordert werden.

15.1 GRAPHICS.COM druckt Grafiken unter *hires* um 90 Grad ge-
drecht aus, damit die hohe Auflösung erhalten bleibt. Ist
GRAPHICS nicht geladen, so wird mit Shift PrtSc eine Text-
seite ausgedruckt.

16.1 Programme, die unter der Herculeskarte laufen, können mit
GRAPHICS.COM nichts anfangen; gedruckt wird der Inhalt des
Bildspeichers von *graphmode*, der dann kein Bild enthält.
Man erhält einen Ausdruck auf EPSON-kompatiblen Druckern
wie z.B. auch auf NEC P6/7 durch Einbau der Tool-Prozedur

hardcopy (true, 6);

an passender Programmstelle. In unseren Beispielen kann
dies als Abfrage vor dem Weiterschalten zu *leavegraphic;*
vorgesehen werden in der Form (z.B. S. 135, Programmende)

w := upcase (w);
IF w = 'J' THEN hardcopy (false, 69;

Die Grafik wird zwar sehr langsam, aber mit hoher Qualität
ausgegeben. *true* statt *false* liefert ein inverses Bild.

16.2 Das Wechseln der Disketten (Programmdisk gegen Toolbox)
beim Compilieren ist lästig unmd erfordert zudem jedesmal
langsames Diskettenlesen. Abhilfe: Eine sog. "Ramdisk" mit
ca. 100 kB installieren als virtuelles Laufwerk C: und
nach dem Rechnerstart GRAPHIX.SYS etc. von der Toolbox auf
C: kopieren. Man ruft dann im Programm als Includefiles
per (*$I C:name.TYP*) auf, schont das Laufwerk und spart
zugleich Compilierzeit, denn in C: liest sich schnell.

17.1 MS.DOS bzw. TURBO verwaltet drei Stapelspeicher: Im sog.
CPU-Stack sind die statischen Variablen unter Laufzeit
abgelegt bzw. zwischengespeichert. Unmittelbar nach dem
Code des Programms im Speicher befindet sich der 'Heap',
der dynamische Zeigervariablenspeicher. Weiter gibt es
noch einen Rekursions-Heap für rekursive Algorithmen; er
beinhaltet Listen wie etwa jene von S. 73 unten.

17.2 Das Programm backtracking zeigt, daß dieser Suchalgo-
rithmus nur schwerfällig und sehr problembezogen programmiert werden kann. PROLOG sieht solche Sprachmuster
als Implementierung vor und ist daher weit besser für
Suchaufgaben dieser Art geeignet.

18.1 Das Programm zeigt, wie der Inhalt von Zeigervariablen auf
Diskette abgelegt wird. Die Zeigervariable selbst kann als
Adresse nicht abgelegt werden!

18.2 Die angegebene Directory-Routine läuft nur unter MS.DOS/
PC.DOS. - Für CP/M siehe "TURBO-Pascal aus der Praxis".

19.1 Das Programm unter Herculeskarte hält der Autor vorrätig.
Eine Reihe fertiger TURTLE-Quelltexte wird mitgeliefert.

<u>**ANHANG A : MS.DOS UND TURBO**</u>

Dieser Abschnitt beschreibt in äußerst komprimierter Form die
allernotwendigsten Kenntnisse im Umgang mit einem DOS-Rechner
und mit TURBO. Wir unterstellen dabei die heute übliche Kon-
figuration: zwei Laufwerke.

Beim Einschalten des Systems beginnt ein Drive zu laufen; dies
ist das sog. Systemlaufwerk A:, d.h. das erste. In ihm muß eine
Systemdiskette mit MS.DOS oder PC.DOS eingelegt werden. Sie
sollten sich diese mitgelieferte Diskette möglichst bald kopieren. Nach einiger Zeit erscheint am Bildschirm die Meldung A>_
mit dem blinkenden Cursor:

Nunmehr ist das Rechnersystem auf der Betriebssystemebene für
Kommandos bereit; "aktiv" ist das Laufwerk A:, d.h. ohne nähere
Hinweise werden Kommandos von dort aus bzw. nach dort ausgeführt. Es gibt zwei Arten: Die häufiger gebrauchten 'commands'
sind mit dem Betriebssystem in den Rechner geladen worden und
stehen vom Arbeitsspeicher aus ohne Systemdisk jederzeit zur
Verfügung, beispielsweise

        dir
        copy altname.typ neuname.typ
        rename altname.typ neuname.typ
        erase filename.typ

Jede solche Kommandozeile nach A> wird mit <RETURN> eingegeben.
Diese vier sog. <u>internen</u> Kommandos sollte man auf jeden Fall
kennen und anwenden können. dir ist das Inhaltsverzeichnis der
Diskette: bei langen Verzeichnissen besser dir/w oder dir/p
eingeben! Bei angeschlossenem Drucker kann man die Ausgabe auch
dortin umleiten per dir ... > prn mit der Angabe w, p wahlweise. Für das Kopieren mit copy (im Beispiel wird auf ein und
dieselbe Diskette kopiert) ist normalerweise der Gebrauch

        copy filename.typ b:

häufiger, Kopieren vom Laufwerk A: auf das Laufwerk B:. Dabei
kann der Filename auch verändert werden. Dann heißt es

        copy filename.typ b:neuname.typ

Eine solche Zeile stets nach der Laufwerksangabe A> schreiben,
dann die <RETURN> - Taste! Mit type filename.typ > prn können
Sie ein Textfile direkt auf den Drucker bringen.

rename ... dient der Namensänderung von Files auf Diskette,
erase ... löscht dort das angegebene File. Geben Sie anfangs
stets die vollen Namen an; später können Sie auch mit dem sog.
Joker-Zeichen * arbeiten, das mehrere Files gleichzeitig anzu-
sprechen gestattet.

Laufwerkswechsel erfolgen mit dem Kommando B: oder A:, je
nachdem, wo man vorher ist. Ist A: aktiv, so wird nach

        B:

jetzt B: aktiv (Monitor ... B>_ ...) und umgekehrt.

Zwei sehr wichtige <u>externe</u> Kommandos sind

     format   (zum Formatieren neuer Disketten)
     diskcopy   (zum Kopieren einer ganzen Diskette)

Man gibt sie bei aktivem Laufwerk A: mit eingelegter Systemdiskette ein. Von dort her werden die Kommandos geladen; sie
sind also nicht "resident", sondern nur temporär vorhanden.
Nach dem Laden kommen Benutzerhinweise. Bei zwei Laufwerken ist
es günstiger, ebenfalls von A: aus

     format b:
     diskcopy a: b:

einzusetzen. Die neu zu formatierende Diskette kommt jetzt in
das Laufwerk B: und die Systemdiskette in A: muß nicht entfernt
werden. Für den Fall des Diskettenkopierens kommt die Quell-
diskette nach dem Start von diskcopy in Laufwerk A: (wird also
gegen die Systemdiskette ausgewechselt) und die Zieldiskette in
Laufwerk B:. Nach Abschluß der jeweiligen Vorgänge fragt das
System nach Wiederholung. – Haben Sie format oder diskcopy aufgerufen, finden dann aber keine Diskette oder möchten aufhören,
so drücken Sie die Tasten CTRL und C gleichzeitig.

Die bisher genannten Kommandos sind jene, die man zum Umgang
mit MS.DOS oder der IBM-Version PC.DOS unbedingt braucht. In-
formieren Sie sich daher noch genauer, lassen Sie sich am
besten den Gebrauch von einem Kundigen zeigen. Zum Umgang mit
TURBO benötigen Sie für den Anfang zwei bis drei formatierte
Disketten ...

Haben Sie die Diskette zu diesem Buch erworben, so sollten Sie
diese unbedingt kopieren: Original durch Schreibschutzaufkleber
sichern, dann in Laufwerk A: die Systemdiskette für MS.DOS ein-
legen und eine neue Diskette in Laufwerk B:

     diskcopy a: b:

Nach Aufforderung die Buchdiskette ins Laufwerk A: und Vorgang
beenden. – Niemals eine Diskette einem Laufwerk entnehmen, das
noch in Bewegung ist (rotes Licht!).

TURBO: Auch hier die gelieferten Disketten kopieren und die
Originale verwahren! Wenn das Betriebssystem geladen ist, legen
Sie in das aktive Laufwerk A: eine Diskette mit TURBO und den
notwendigen zusätzlichen Dateien ein und tippen

     turbo

Nach einer Zwischenfrage erscheint das Menü. Wechseln Sie bei
zwei Laufwerken mit der Option L)ogged Drive auf das Laufwerk
B: und legen Sie dort eine formatierte Arbeitsdiskette ein.

Haben Sie die Diskette zum Buch nicht, dann ...

Nach Aufruf eines W)orkfile (Namen z.B. uebung1) kommen Sie in
den E)ditor zum Schreiben eines Textes. Zeilenweise jeweils mit
<RETURN> abschließen, mit den Cursortasten auch kreuz und quer
bewegen und korrigieren. Am besten: zeigen lassen!

Editor mit der eingestellten Funktionstaste (F 10) oder mit
CTRTL-K CTRL-D (beide jeweils gleichzeitig drücken) verlassen
und dann C)ompilieren. Spätestens jetzt mit S)ave abspeichern.
Das Laufwerk B: wird angesprochen ... Ist C) erfolgreich ge-
wesen, dann mit R)un das Programm starten. Ansonsten vertrauen
Sie der Benutzerrückführung per ESC in den Editor.

Wird der Pascaltext später verändert und wieder abgespeichert,
so überschreibt das System den alten Text, es sei denn, sie
haben eine andere Diskette in B: eingelegt. Die jeweils vor-
herige Version Ihres Textes wird unter einem File des Typs .BAK
als Sicherungskopie ebenfalls gespeichert und könnte bei Ver-
lust des Files .PAS mit rename ... vom Betriebssystem aus um-
getauft und damit wieder verwendungsfähig gemacht werden. Sie
können aber auch ausdrücklich einmal als Workfile name.BAK
anfordern.

Haben Sie die Buchdiskette, so können Sie vom TURBO-Menü aus
mit D) den Inhalt der in Laufwerk B: eingelegten Kopie des
Originals abfragen. Dann rufen Sie W)orkfile auf und geben als
Antwort einen Programmnamen (ohne die Endung .PAS) ein, den Sie
vorher im Inhaltsverzeichnis gelesen haben, z.B. KP02SUMM. Ist
dieses geladen, können Sie die Buchdiskette im Laufwerk B: gegen eine formatierte Arbeitsdiskette auswechseln. Im E)ditor
wird das Programm lesbar. Bearbeiten können Sie es wie soeben
beschrieben. Beim ersten Abspeichern mit S entsteht auf diese
Weise automatisch eine Kopie des Quelltextes auf der Arbeitsdiskette, u.U. schon verändert, wenn Sie in den Zwischenzeit im
Editor waren ...

Das TURBO-Handbuch erläutert ausführlich den Umgang; nach und
nach werden Sie sich sicher im Sprachsystem bewegen können. Sie
sollten sich insbesondere bald über die Editoroptionen infor-
mieren, damit das Schreiben und Korrigieren von Texten zum Ver-
gnügen wird.

* * *

Zum Schluß noch eine Anmerkung, die für Sie nach etwas Übung
mit dem TURBO-Editor von Interesse sein kann:

Sie können ein Workfile BRIEF.TXT aufrufen und dann im Editor
wie auf einer Schreibmaschine einen Brief schreiben. Das Ende
einer Zeile (nach ca. 60 Anschlägen, von ganz links ab gerech-
net) signalisieren Sie mit <RETURN>. Worttrennungen machen Sie
wie üblich mit einem - davor. Am Bildschirm können Sie den Text
beliebig korrigieren. Nach dem Abspeichern des Textes laden Sie
das Programm superkopieren aus dem Kapitel 20. Mit ihm können
Sie Ihren Brief völlig neutral und unter Ausnutzung aller Möglichkeiten Ihres Druckers gestalten ... Zwar gibt es auch ein
TURBO-lister-Programm, aber dieses ist wenig flexibel und erzeugt zudem ungewünschte Kopfzeilen mit "Werbung". - Nach dem
Durcharbeiten des Buches sollten Sie sogar imstande sein, das
Programm superkopieren so zu modifizieren, daß Sie im Workfile BRIEF.TXT Steuerzeichen für den Drucker einsetzen und
damit bei der laufenden Textausgabe Schriftartenwechsel, Unter-
streichungen und so weiter sicher beherrschen. Schauen Sie im
Druckerhandbuch nach, welche Signale dafür zuständig sind und
wie sie gesendet werden.

<u>ANHANG B : LITERATURVERZEICHNIS</u>

Zuerst die offiziellen Handbücher; sie werden zusammen mit dem
Sprachsystem von HEIMSOETH SOFTWARE München vertrieben:

     TURBO PASCAL 3.0 (2. Aufl.), München 1985
     TURBO PASCAL 4.0 (brandneu), München 1988

(Die Version 4.0 ist erheblich besser als ihre Vorgänger; die
Version 2.0 war schon im Oktober 1984 am deutschen Markt.)

BAUMANN R.:
Informatik mit Pascal. Klett, Stuttgart 1981 ff.
(Ein ausgezeichnetes Schulbuch, das umfassend orientiert)

BIELIG-SCHULZ G. und SCHULZ C.:
3D-Graphik in PASCAL. Teubner, Stuttgart 1987
(Systematische, bausteinartige Behandlung gängiger Techniken)

BÖHME G.:
Einstieg in die Mathematische Logik. C.Hanser, München-Wien 1981
(Ein für Anfänger interessantes Buch zur Zweiwertlogik)

ERBS H.:
33 Spiele mit Pascal. Teubner, Stuttgart 1983
(Gut ausgeführte Programmbeispiele in Standard-Pascal)

ERBS H. und STOLZ O.:
Einf. in die Programmierung mit PASCAL. Teubner, Stuttgart 1982
(Ein unkonventionelles Lehrbuch zum gesamten Sprachumfang)

GERHARDT H.:
PC-DOS MS-DOS 3.2 (Betriebssystem). Markt & Technik, Haar 1987
(Allg. Beschreibung, viele Tricks und Tips, mit Diskette)

GLAESER G.:
3 D - Programmierung mit BASIC. Teubner, Stuttgart 1986
(Zwar BASIC, aber die Bausteine sind übersetzbar)

HARTWIG O.:
TURBO-PASCAL für Insider. Markt & Technik, Haar 1987
(Sehr nützliches Buch mit professionellen Bausteinen, Diskette)

HARTWIG O.:
PC/XT/AT für Insider, Markt & Technik, Haar 1987
(Äußerst informativ, vor allem Interrupts etc., mit Diskette)

HERSCHEL R.:
TURBO-Pascal. Oldenbourg, München - Wien 1985
(Systematisches Lehrbuch, Programmbeispiele leider knapp)

LEHMANN E.:
Fallstudien mit dem Computer. Teubner, Stuttgart 1986
(Viele interessante und umfangreiche Pascal-Beispiele)

LEHMANN E.:
Lineare Algebra mit dem Computer. Teubner, Stuttgart 1983
(Ebenfalls gut ausgeführte Problemlösungen zur lin. Algebra)

MITTELBACH H.:
SIMULATIONEN in BASIC. Teubner, Stuttgart 1984
(BASIC-Programme, alle leicht in Pascal übersetzbar)

MITTELBACH H. und WERMUTH G.:
TURBO-PASCAL aus der Praxis. Teubner, Stuttgart 1987
(Für Fortgeschrittene, baut auf dem vorliegenden Buch auf)

OTTMANN Th., SCHRAPP M. und WIDMAYER P.:
PASCAL in 100 Beispielen. Teubner, Stuttgart 1983
(Beispielsammlung mit durchwegs einfacheren Programmen)

REMBOLD U. (Hrsg.):
Einführung in die INFORMATIK, C. Hanser, München-Wien 1987
(Umfassendes Lehrbuch zum Umfeld des Programmierens)

SCHUMANN J. und GERISCH M.:
SOFTWARE-ENTWURF. VEB Verlag Technik Berlin, Berlin 1984
(Grundsatzerörterungen für professionelle Programmierer)

VARGA T.:
Mathematische Logik für Anfänger,
Teil I bzw. Teil II. Harri Deutsch, Frankfurt 1972/73
(Sehr beispielbezogenes Lehrbuch für Anfänger)

WEBER W.J.:
PASCAL in Übungsaufgaben. Teubner, Stuttgart 1986
(Beispiele unterschiedlichen Schwierigkeitsgrades)

WIRTH N.:
Algorithmen und Datenstrukturen. Teubner, Stuttgart 1986
(Ein unbedingtes "Muß" für Profis, vom Sprach-"Erfinder")

WIRTH N.:
Systematisches Programmieren. Teubner, Stuttgart 1978
("Klassisches Lehrbuch", der Vollständigkeit halber genannt)

* * *

Einige der aufgeführten Titel werden im vorliegenden Buch an
der einen oder anderen Stelle ausdrücklich zitiert; ich gebe
gerne zu, daß ich bei dieser Gelegenheit Ideen und Routinen,
wenn auch abgewandelt, von den jeweiligen Autoren übernommen
oder eingebaut habe. Urheberrechtlich hatte ich dabei keine
Gewissensbisse: Erstens ist bzw. war der Übergang zu eigenen
Gedanken meistens recht fließend; zweitens habe ich keinem
Autor oder Verlag geschadet, denn bis auf eine Ausnahme beschränkt sich der "geistige Diebstahl" auf die rote Buchreihe
MikroComputer-Praxis des Verlags Teubner. Das Diebesgut ist
also letztlich "im Hause geblieben"...

b**ANHANG C : DIE DISKETTE**

--- Inhalt der Diskette (5.25", 360 kB, sog. IBM-Format) ---

INFO.COM   mit Versionsnummer und Hinweisen

```
KP02... SUMM.PAS   UEBU.PAS   TEIL.PAS   SUCH.PAS   FRAG.PAS
        ASCI.PAS   TEXT.PAS   VIKA.PAS

KP03... FAKU.PAS   FELL.PAS

KP04... MULT.PAS   WER1.PAS   WER2.PAS   WER3.PAS   EWIG.PAS
        RECH.PAS   PRIM.PAS   BAUM.PAS   WOCH.PAS   NEWT.PAS

KP05... LICH.PAS   AFFE.PAS

KP06... LOGT.PAS   REKA.PAS   INIT.PAS   GROS.PAS   TEXT.PAS
        EING.PAS   ANGE.PAS   DUAL.PAS   SORT.PAS

KP07... WUER.PAS   GEBU.PAS   ZUFA.PAS   XYZU.PAS   KREI.PAS
        RAND.PAS   PULL.PAS

KP08... GOSU.PAS   TEXT.PAS   ZUGR.PAS   ABHO.PAS   REFE.PAS
        MEHR.PAS   MEH2.PAS   PLAT.PAS   PROC.PAS   WERT.PAS
        ARIT.PAS   ZUFA.PAS   GAME.PAS   GALV.PAS   GALH.PAS

KP09... ACHT.PAS

KP10... FIB1.PAS   FIB2.PAS   FIB3.PAS   FAKU.PAS   HOFR.PAS
        HOFS.PAS   HOFD.PAS   PLEX.PAS   PREK.PAS   PCHR.PAS
        DAME.PAS

KP11...            PRIM.BIB   BUBB.BIB   STEC.BIB   ARIT.BIB
        PRIM.PAS   VERG.PAS   BIBL.PAS

KP12... PALE.PAS   ZEIC.PAS   VERT.PAS   VISK.PAS   MELD.PAS
        EING.PAS   LOTT.PAS   BERE.PAS   ABFR.PAS   PRIM.PAS
        ERAT.PAS

KP13... LIES.PAS   SCHR.PAS   ZUFA.PAS   LSTX.PAS   FREU.PAS
        FEIN.PAS   WORT.PAS   BINA.PAS          VIERWORT.DTA

KP14... ADRE.PAS

KP15\   KREI.PAS   BEWE.PAS   HYPE.PAS   ROSE.PAS   KURV.PAS
        SATU.PAS   SPIR.PAS   WUR1.PAS   WUR2.PAS   PYTH.PAS
        TREE.PAS   KOME.PAS   FLUG.PAS   DIFF.PAS   TELE.PAS

KP16... HERC.PAS   DREI.PAS   ZUFA.PAS   FUAX.PAS

KP17... VERK.PAS   ZEIG.PAS   VEDE.PAS   MEHR.PAS   BACK.PAS
        BAUM.PAS   WEGE.PAS

KP18... STAP.PAS

KP19... INTE.PAS                      dazu ... TESTBILD.PIC

KP20\   TONL.PAS   CURS.PAS   DRUC.PAS   SCRI.PAS   SUPE.PAS
        KALE.PAS   SCHL.PAS                       INIT.BIB
```

```
KP21\    POTE.PAS   DREI.PAS   SINU.PAS   BARO.PAS   BAR2.PAS
         TEIL.PAS   BANK.PAS   LINS.PAS   PALI.PAS   MAXM.PAS
         ZUMA.PAS   FOLG.PAS   CODE.PAS   COD2.PAS   SIEB.PAS
         LOGT.PAS   LEER.PAS    in der Reihenfolge ab S. 213.
```

Dies sind 140 Programme (.PAS), 5 Moduln (.BIB) und 2 Datenfiles (.DTA bzw. .PIC) nach dem gegenwärtigen Stand. - Hinzu
kommt noch ein File INFOrmation.COM zum Direktaufruf ab MS.DOS
mit Versionsnummer und jeweils aktuellen Hinweisen.

Alle Programmnamen beginnen mit der Kapitelnummer KPnn, gefolgt
von vier Zeichen, die sich aus dem Namen im Buchtext ablesen
lassen. In 7 Fällen (siehe dazu INFO.COM) sind Programme auf
Diskette abgelegt, die im Buch nicht vollständig ausgeführt
sind, so z.B. KP10PCHR.PAS, ein Permutationsprogramm für Buch-
stabenfolgen (S. 79).

Die Programme bis einschl. Kapitel 14, weiter dann 16 bis 19
sind in der Hauptdirectory aufrufbar. Für die Kapitel 15, 20
und 21 sind 3 Unterverzeichnisse angelegt, die unter MS.DOS mit
cd\KPnn angesprochen und mit cd\ wieder verlassen werden
können. cd bedeutet change directory.

Unter TURBO gibt man per A)ctive directory fallweise KPnn ein.
Wiederaufruf von A) mit der Antwort \ führt in die Hauptdirectory zurück.

Mit copy file.typ > prn können alle Quelltexte .PAS bzw. .BIB
zum Drucker gesendet werden. - Analoges gilt für das Kommando
type, das ohne Zusatz zum Monitor sendet.

VIERWORT.DTA ist ein Datenfile zu den Programmen WORT.PAS und
LSTX.PAS. TESTBILD.PIC ist ein Musterprogramm für INTE.PAS,
eigentlich ein Textfile.

<u>Sehr wichtig:</u>

Arbeiten Sie auf keinen Fall mit der gelieferten Diskette, <u>nur</u>
mit einer per diskcopy [a: b:] erstellten schreibgeschützten
Arbeitskopie! Da die Diskette fortlaufend beschrieben worden
ist, führt das Löschen nur eines einzigen Files mit dem Versuch
nachherigen Wiederaufkopierens (insbesondere eines um wenige
Zeichen verlängerten Textes) mit hoher Wahrscheinlichkeit zu
einer defekten Directory. Daher: Ein gewünschtes Programm von
der Diskettenkopie laden und dann auf eine andere formatierte
Diskette abspeichern, ehe Sie damit arbeiten.

<u>Sie sollten also keinesfalls auf die Buchdiskette schreiben!</u>

Teubner Studienbücher

Informatik

Berstel: **Transductions and Context-Free Languages**
278 Seiten. DM 42,– (LAMM)

Beth: **Verfahren der schnellen Fourier-Transformation**
316 Seiten. DM 36,– (LAMM)

Bolch/Akyildiz: **Analyse von Rechensystemen**
Analytische Methoden zur Leistungsbewertung und Leistungsvorhersage
269 Seiten. DM 29,80

Dal Cin: **Fehlertolerante Systeme**
206 Seiten. DM 25,80 (LAMM)

Ehrig et al.: **Universal Theory of Automata**
A Categorical Approach. 240 Seiten. DM 27,80

Giloi: **Principles of Continuous System Simulation**
Analog, Digital and Hybrid Simulation in a Computer Science Perspective
172 Seiten. DM 27,80 (LAMM)

Kupka/Wilsing: **Dialogsprachen**
168 Seiten. DM 22,80 (LAMM)

Maurer: **Datenstrukturen und Programmierverfahren**
222 Seiten. DM 28,80 (LAMM)

Oberschelp/Wille: **Mathematischer Einführungskurs für Informatiker**
Diskrete Strukturen. 236 Seiten. DM 24,80 (LAMM)

Paul: **Komplexitätstheorie**
247 Seiten. DM 27,80 (LAMM)

Richter: **Logikkalküle**
232 Seiten. DM 25,80 (LAMM)

Schlageter/Stucky: **Datenbanksysteme: Konzepte und Modelle**
2. Aufl. 368 Seiten. DM 36,– (LAMM)

Schnorr: **Rekursive Funktionen und ihre Komplexität**
191 Seiten. DM 25,80 (LAMM)

Spaniol: **Arithmetik in Rechenanlagen**
Logik und Entwurf. 208 Seiten. DM 25,80 (LAMM)

Vollmar: **Algorithmen in Zellularautomaten**
Eine Einführung. 192 Seiten. DM 25,80 (LAMM)

Weck: **Prinzipien und Realisierung von Betriebssystemen**
2. Aufl. 299 Seiten. DM 38,– (LAMM)

Wirth: **Compilerbau**
Eine Einführung. 4. Aufl. 117 Seiten. DM 18,80 (LAMM)

Wirth: **Systematisches Programmieren**
Eine Einführung. 5. Aufl. 160 Seiten. DM 25,80 (LAMM)

Preisänderungen vorbehalten

 B. G. Teubner Stuttgart

Leitfäden und Monographien der Informatik

Brauer: **Automatentheorie**
493 Seiten. Geb. DM 58,–

Engeler/Läuchli: **Berechnungstheorie für Informatiker**
120 Seiten. DM 24,–

Loeckx/Mehlhorn/Wilhelm: **Grundlagen der Programmiersprachen**
448 Seiten. Kart. DM 42,–

Mehlhorn: **Datenstrukturen und effiziente Algorithmen**
Band 1: Sortieren und Suchen
2. Aufl. 317 Seiten. Geb. DM 48,–

Messerschmidt: **Linguistische Datenverarbeitung mit Comskee**
207 Seiten. Kart. DM 36,–

Niemann/Bunke: **Künstliche Intelligenz in Bild- und Sprachanalyse**
256 Seiten. Kart. DM 38,–

Pflug: **Stochastische Modelle in der Informatik**
272 Seiten. Kart. DM 36,–

Richter: **Betriebssysteme**
2. Aufl. 303 Seiten. Kart. DM 36,–

Wirth: **Algorithmen und Datenstrukturen**
Pascal-Version
3. Aufl. 320 Seiten. Kart. DM 38,–

Wirth: **Algorithmen und Datenstrukturen mit Modula - 2**
4. Aufl. 299 Seiten. Kart. DM 38,–

Leitfäden der angewandten Informatik

Bauknecht/Zehnder: **Grundzüge der Datenverarbeitung**
3. Aufl. 293 Seiten. DM 34,–

Beth / Heß / Wirl: **Kryptographie**
205 Seiten. Kart. DM 25,80

Bunke: **Modellgesteuerte Bildanalyse**
309 Seiten. Geb. DM 48,–

Craemer: **Mathematisches Modellieren dynamischer Vorgänge**
288 Seiten. Kart. DM 36,–

Frevert: **Echtzeit-Praxis mit PEARL**
2. Aufl. 216 Seiten. Kart. DM 34,–

Gorny/Viereck: **Interaktive grafische Datenverarbeitung**
256 Seiten. Geb. DM 52,–

Hofmann: **Betriebssysteme: Grundkonzepte und Modellvorstellungen**
253 Seiten. Kart. DM 34,–

Holtkamp: **Angepaßte Rechnerarchitektur**
233 Seiten. DM 38,–

Hultzsch: **Prozeßdatenverarbeitung**
216 Seiten. Kart. DM 25,80

Kästner: **Architektur und Organisation digitaler Rechenanlagen**
224 Seiten. Kart. DM 25,80

Kleine Büning/Schmitgen: **PROLOG**
304 Seiten. Kart. DM 34,–

Meier: **Methoden der grafischen und geometrischen Datenverarbeitung**
224 Seiten. Kart. DM 34,–

 B. G. Teubner Stuttgart

Leitfäden der angewandten Informatik

Fortsetzung

Meyer-Wegener: **Transaktionssysteme**
242 Seiten. DM 38,–

Mresse: **Information Retrieval – Eine Einführung**
280 Seiten. Kart. DM 38,–

Müller: **Entscheidungsunterstützende Endbenutzersysteme**
253 Seiten. Kart. DM 28,80

Mußtopf / Winter: **Mikroprozessor-Systeme**
302 Seiten. Kart. DM 32,–

Nebel: **CAD-Entwurfskontrolle in der Mikroelektronik**
211 Seiten. Kart. DM 32,–

Retti et al.: **Artificial Intelligence – Eine Einführung**
2. Aufl. X, 228 Seiten. Kart. DM 34,–

Schicker: **Datenübertragung und Rechnernetze**
2. Aufl. 242 Seiten. Kart. DM 32,–

Schmidt et al.: **Digitalschaltungen mit Mikroprozessoren**
2. Aufl. 208 Seiten. Kart. DM 25,80

Schmidt et al.: **Mikroprogrammierbare Schnittstellen**
223 Seiten. Kart. DM 34,–

Schneider: **Problemorientierte Programmiersprachen**
226 Seiten. Kart. DM 25,80

Schreiner: **Systemprogrammierung in UNIX**
Teil 1: Werkzeuge. 315 Seiten. Kart. DM 48,–
Teil 2: Techniken. 408 Seiten. Kart. DM 58,–

Singer: **Programmieren in der Praxis**
2. Aufl. 176 Seiten. Kart. DM 28,80

Specht: **APL-Praxis**
192 Seiten. Kart. DM 24,80

Vetter: **Aufbau betrieblicher Informationssysteme
mittels konzeptioneller Datenmodellierung**
4. Aufl. 455 Seiten. Kart. DM 48,–

Weck: **Datensicherheit**
326 Seiten. Geb. DM 44,–

Wingert: **Medizinische Informatik**
272 Seiten. Kart. DM 25,80

Wißkirchen et al.: **Informationstechnik und Bürosysteme**
255 Seiten. Kart. DM 28,80

Wolf/Unkelbach: **Informationsmanagement in Chemie und Pharma**
244 Seiten. Kart. DM 34,–

Zehnder: **Informationssysteme und Datenbanken**
4. Aufl. 276 Seiten. Kart. DM 36,–

Zehnder: **Informatik-Projektentwicklung**
223 Seiten. Kart. DM 32,–

Zöbel/Hogenkamp: **Konzepte der parallelen Programmierung**
235 Seiten. Kart. DM 36,–

Preisänderungen vorbehalten

 B. G. Teubner Stuttgart

MikroComputer-Praxis
DISKETTEN

Becker/Beicher: **TURBO-PROLOG in Beispielen**
Diskette für IBM-PC u. kompatible; TURBO-PROLOG dBASE III plus   i. Vorb.

Bielig-Schulz/Schulz: **3D-Graphik in PASCAL**
Diskette für Apple II; UCSD-PASCAL   DM 48,–*
Diskette für IBM-PC u. kompatible; TURBO-PASCAL   DM 48,–*

Duenbostl/Oudin/Baschy: **BASIC-Physikprogramme 2**
Diskette für Apple II   DM 52,–*
Diskette für C 64 / VC 1541, CBM-Floppy 2031, 4040; SIMON'S BASIC   DM 52,–*

Erbs: **33 Spiele mit PASCAL**
. . . und wie man sie (auch in BASIC) programmiert
Diskette für Apple II; UCSD-PASCAL   DM 46,–*

Fischer: **TURBO-BASIC in Beispielen**
Diskette für IBM-PC u. kompatible; TURBO-BASIC   DM 38,–*

Fischer: **COMAL in Beispielen**
Diskette für C 64 / VC 1541; CBM-Floppy 4040, COMAL-80 Version 0.14   DM 42,–*
Diskette für CBM 8032, CBM-Floppy 8050, 8250; COMAL-80 Version 0.14   DM 42,–*
Diskette für IBM-PC u. kompatible; COMAL-80 Version 2.01   DM 42,–*
Diskette für Schneider CPC 464 / CPC 664 / CPC 6128; COMAL-80 Version 1.83   DM 48,–*

Glaeser: **3D-Programmierung mit BASIC**
Diskette für Apple II e, II c und II plus   DM 48,–*
Diskette für C 64 / VC 1541, CBM-Floppy 2031, 4040   DM 48,–*

Grabowski: **Computer-Grafik mit dem Mikrocomputer**
Diskette für C 64 / VC 1541; CBM-Floppy 2031, 4040   DM 48,–*
Diskette für CBM 8032; CBM-Floppy 8050, 8250; Commodore-Grafik   DM 48,–*

Grabowski: **Textverarbeitung mit BASIC**
Diskette für CBM 8032; CBM-Floppy 8050, 8250   DM 44,–*
Diskette für IBM-PC u. kompatible   DM 44,–*

Hainer: **Numerik mit BASIC-Tischrechnern**
Diskette für C 64 / VC 1541; CBM-Floppy 2031, 4040   DM 48,–*
Diskette für IBM-PC u. kompatible   DM 48,–*

Hartmann: **Computerunterstützte Darstellende Geometrie**
Diskette für IBM-PC u. kompatible; PASCAL i. Vorb.

Holland: **Problemlösen mit micro-PROLOG**
Diskette für Apple II; CP/M; micro-Prolog 3.1   DM 42,–*
Diskette für IBM-PC u. kompatible; micro-Prolog 3.1   DM 42,–*

Hoppe/Löthe: **Problemlösen und Programmieren mit LOGO**
Ausgewählte Beispiele aus Mathematik und Informatik
Diskette für Apple II; IWT-LOGO   DM 42,–*
Diskette für C 64 / VC 1541; CBM-Floppy 2031, 4040   DM 42,–*

Horn: **PC-Nutzung mit TURBO-PASCAL**
Diskette für IBM-PC u. kompatible; TURBO-PASCAL i. Vorb.

Könke: **Lineare und stochastische Optimierung mit dem PC**
Diskette für IBM-PC u. kompatible   DM 46,–*

Koschwitz/Wedekind: **BASIC-Biologieprogramme**
Diskette für Apple II; DOS 3.3   DM 46,–*
Diskette für C 64 / VC 1541; CBM-Floppy 2031, 4040; SIMON'S BASIC   DM 46,–

Lehmann: **Fallstudien mit dem Computer**
Markow-Ketten und weitere Beispiele aus der Linearen Algebra
und Wahrscheinlichkeitsrechnung
Diskette für Apple II; UCSD-PASCAL   DM 44,–*
Diskette für IBM-PC u. kompatible; TURBO-PASCAL   DM 44,–*

B. G. Teubner Stuttgart

MikroComputer–Praxis Fortsetzung

DISKETTEN

Lehmann: **Lineare Algebra mit dem Computer**
Diskette für Apple II; UCSD-PASCAL   DM 46,–*
Diskette für IBM-PC u. kompatible; TURBO-PASCAL   DM 46,–*

Lehmann: **Projektarbeit im Informatikunterricht**
Entwicklung von Softwarepaketen und Realisierung im PASCAL
Projekt „ZINSY" (Zeitschriften-Informationssystem)
Diskette für Apple II; UCSD-PASCAL   DM 46,–*
Diskette für IBM-PC u. kompatible; TURBO-PASCAL   DM 46,–*
Projekt „Mucho" (Multiple Choice-Test)
Diskette für Apple II; UCSD-PASCAL   DM 46,–*
Diskette für IBM-PC u. kompatible; TURBO-PASCAL   DM 46,–*

Mehl/Nold: **dBASE III Plus in 100 Beispielen**
Diskette für IBM-PC u. kompatible; dBASE III Plus   i. Vorb.

Menzel: **BASIC in 100 Beispielen**
Diskette für Apple II; DOS 3.3   DM 42,–*
Buch mit Beilage Diskette für CBM-Floppy 8050, 8250   DM 62,–
Diskette für C 64 / VC 1541; CBM-Floppy 2031, 4040   DM 42,–*
Diskette für IBM-PC u. kompatible   DM 38,–*

Menzel: **Dateiverarbeitung mit BASIC**
Diskette für Apple II; DOS 3.3 bzw. CP/M   DM 48,–*
Diskette für C 64 / VC 1541; CBM-Floppy 2031, 4040; bzw. für CBM 8032,
CBM-Floppy 8050, 8250   DM 48,–*

Menzel: **LOGO in 100 Beispielen**
Diskette für Apple II; MIT-LOGO, dt. IWT-Version   DM 42,–*
Diskette für C 64 / VC 1541; CBM-Floppy 2031, 4040   DM 42,–*

Mittelbach: **Einführung in TURBO-PASCAL**
Diskette für IBM-PC u. kompatible; TURBO-PASCAL   DM 38,–*

Mittelbach: **Simulationen in BASIC**
Diskette für Apple II; DOS 3.3   DM 46,–*
Diskette für C 64 / VC 1541; CBM-Floppy 2031, 4040   DM 46,–*
Diskette für CBM 8032, CBM-Floppy 8050, 8250   DM 46,–*

Mittelbach/Wermuth: **TURBO-PASCAL aus der Praxis**
Diskette für IBM-PC u. kompatible; TURBO-PASCAL   DM 42,–*

Nievergelt/Ventura: **Die Gestaltung interaktiver Programme**
Buch mit Beilage Diskette für Apple II; UCSD-PASCAL   DM 62,–

Ottmann/Schrapp/Widmayer: **PASCAL in 100 Beispielen**
Diskette für Apple II; UCSD-PASCAL   DM 48,–*

Die vorstehenden Disketten enthalten die Programm- bzw. Beispielsammlungen
der gleichnamigen zugehörigen Bücher, wobei Verbesserungen oder vergleichbare
Änderungen vorbehalten sind.

* = Unverbindliche Preisempfehlung

Preisänderungen vorbehalten

 B. G. Teubner Stuttgart

ComputerPraxis im Unterricht

Die Metzler + Teubner Buch- und Diskettenreihe für die
allgemeine und berufliche Lehrer- und Erwachsenenbildung

Baumann: **Computereinsatz in Sozialkunde, Geographie und Ökologie**
212 Seiten. DM 28,80

Fleischhauer/Schindler: **Schüler führen ein Bankkonto**
288 Seiten. DM 28,80

Fleischhauer/Käberich/Schindler/Steigerwald: **Schüler schreiben eine
Computerzeitung**
In Vorbereitung

Franze/Menzel: **AppleWorks-Praxis**
207 Seiten. DM 28,80

Franze/Menzel/Mödl: **FRAMEWORK-Praxis**
Band 1: Konzepte
254 Seiten. DM 28,80
Band 2: Einsatzmöglichkeiten
In Vorbereitung

Herrmann/Schmälzle: **Daten und Energie**
224 Seiten. DM 28,80

Käberich/Steigerwald: **Schüler arbeiten mit einer Datenbank**
272 Seiten. DM 28,80

Klingen/Otto: **Computereinsatz im Unterricht**
260 Seiten. DM 28,80

Kloß: **Computereinsatz im Erdkundeunterricht**
187 Seiten. DM 28,80

Lehmann/Madincea/Pannek: **Materialien zur ITG**
Band 1: Unterrichtseinheiten
306 Seiten. DM 28,80
Band 2: Didaktisch-methodische Hinweise
77 Seiten. DM 14,80

Menzel/Probst/Werner: **Computereinsatz im Mathematikunterricht**
Band 1: Materialien für die Klassenstufen 5 bis 8
In Vorbereitung
Band 2: Materialien für die Klassentufen 9 und 10
254 Seiten. DM 28,80

Schwarze/Hamann: **Computereinsatz in der Meßtechnik**
197 Seiten. DM 28,80

Schwarze/Holzgrefe: **Computereinsatz beim Regeln und Steuern**
204 Seiten. DM 28,80

Werner u. a.: **Schüler arbeiten mit dem Computer**
Materialien für die Sekundarstufe I
272 Seiten. DM 28,80

 B. G. Teubner Stuttgart

MikroComputer–Praxis Fortsetzung

Die Teubner Buch- und Diskettenreihe für
Schule, Ausbildung, Beruf, Freizeit, Hobby

Klingen/Liedtke: **Programmieren mit ELAN**
207 Seiten. DM 24,80

Könke: **Lineare und stochastische Optimierung mit dem PC**
157 Seiten. DM 26,80

Koschwitz/Wedekind: **BASIC-Biologieprogramme**
191 Seiten. DM 24,80

Lehmann: **Fallstudien mit dem Computer**
256 Seiten. DM 24,80

Lehmann: **Lineare Algebra mit dem Computer**
285 Seiten. DM 24,80

Lehmann: **Projektarbeit im Informatikunterricht**
236 Seiten. DM 24,80

Löthe/Quehl: **Systematisches Arbeiten mit BASIC**
2. Aufl. 188 Seiten. DM 24,80

Lorbeer/Werner: **Wie funktionieren Roboter**
2. Aufl. 144 Seiten. DM 24,80

Mehl/Nold: **d BASE III Plus in 100 Beispielen**
In Vorbereitung

Mehl/Stolz: **Erste Anwendungen mit dem IBM-PC**
284 Seiten. DM 26,80

Menzel: **BASIC in 100 Beispielen**
4. Aufl. 244 Seiten. DM 25,80

Menzel: **Dateiverarbeitung mit BASIC**
237 Seiten. DM 28.80

Menzel: **LOGO in 100 Beispielen**
234 Seiten. DM 25,80

Mittelbach: **Einführung in TURBO-PASCAL**
234 Seiten. DM 26,80

Mittelbach: **Simulationen in BASIC**
182 Seiten. DM 24,80

Mittelbach/Wermuth: **TURBO-PASCAL aus der Praxis**
219 Seiten. DM 24,80

Nievergelt/Ventura: **Die Gestaltung interaktiver Programme**
124 Seiten. DM 24,80

Ottmann/Schrapp/Widmayer: **PASCAL in 100 Beispielen**
258 Seiten. DM 26,80

Otto: **Analysis mit dem Computer**
239 Seiten. DM 24,80

v. Puttkamer/Rissberger: **Informatik für technische Berufe**
284 Seiten. DM 24,80

Weber: **PASCAL in Übungsaufgaben.** Fragen, Fallen, Fehlerquellen
152 Seiten. DM 23,80

Preisänderungen vorbehalten

 B. G. Teubner Stuttgart